Beck'sche Reihe
BsR 270

Behandeln die Bände 1 und 2 der „Einführung in die Wissenschaftstheorie" mehr die Bereiche des „rein Erkennenden" – in Band 1 (BsR 60) die Sprachanalyse und Deduktion sowie die Induktion in Natur- und Sozialwissenschaften, in Band 2 (BsR 61) die geisteswissenschaftlichen Methoden Phänomenologie, Hermeneutik, historische Methode sowie die Dialektik –, so trägt dieser Band 3 der in den letzten Jahren feststellbaren stärkeren Hinwendung zur „Praxis" im weitesten Sinne des Wortes Rechnung: der Logik von Sätzen, die keine Aussagen über Sachverhalte sind (der sogenannten Modallogik), der linguistischen „Pragmatik", der Handlungstheorie, der Ethik sowie der Systemtheorie.

Ein für alle drei Bände gedachter „Führer durch die wissenschaftstheoretische Literatur" (Zeitschriften, Lexika, Einführungen, Handbücher) sowie ein für jede Auflage aktualisiertes „Literaturverzeichnis zu den Bänden 1–3" bilden den Abschluß von Band 3 und damit eines Gesamtwerkes, das sich seit zwei Jahrzehnten bei Oberstufenschülern und Studenten großer Beliebtheit erfreut.

Helmut Seiffert ist Honorarprofessor für Grundlagen der Wissenschaftstheorie an der Universität Kassel und Autor zahlreicher einschlägiger Werke.

HELMUT SEIFFERT

Einführung in die Wissenschaftstheorie

Dritter Band

Handlungstheorie – Modallogik
Ethik – Systemtheorie

Literatur
zu den Bänden 1–3

Zweite, überarbeitete Auflage

VERLAG C.H.BECK MÜNCHEN

CIP-Titelaufnahme der Deutschen Bibliothek

Seiffert, Helmut:
Einführung in die Wissenschaftstheorie / Helmut
Seiffert. – München : Beck
Bd. 3. Handlungstheorie – Modallogik – Ethik –
Systemtheorie – Literatur zu den Bänden 1–3. –
2., überarb. Aufl. – 1992.
(Beck'sche Reihe; Bd. 270)
ISBN 3 406 36450 0

NE: GT

Originalausgabe
ISBN 3 406 36450 0

2., überarbeitete Auflage. 1992
Einbandentwurf von Uwe Göbel, München

Gesamtherstellung: Appl, Wemding
Printed in Germany

HELMUT KRAUCH

in Verbundenheit

INHALT

AUS DEM VORWORT ZUR ERSTEN AUFLAGE

Die ersten beiden Bände dieser *Einführung in die Wissenschaftstheorie* erschienen in der Erstausgabe um die Wende von den sechziger zu den siebziger Jahren. Sie behandelten – und behandeln noch in der 1983 erschienenen Neuausgabe – Sprachanalyse, Deduktion, Induktion, Phänomenologie, Hermeneutik und historische Methode sowie die Dialektik; Themenkomplexe also, wie sie bis etwa 1970 im Mittelpunkt des Interesses standen.

Seit 1970 scheint nun die weitere Entwicklung der philosophischen, wissenschaftstheoretischen und allgemeinen Diskussion bestimmt durch eine immer stärkere Hinwendung zur „Praxis" im weitesten Sinne dieses Wortes, das heißt zu Fragen der Logik von Sätzen, die keine Aussagen über Sachverhalte sind (der sogenannten „Modallogik"), der linguistischen „Pragmatik", der Handlungstheorie, der Ethik.

Kennzeichnend für diese Entwicklung sind etwa der Titel des von Manfred Riedel herausgegebenen zweibändigen Sammelwerkes *Rehabilitierung der praktischen Philosophie* (1972 und 1974) sowie die Hinwendung der konstruktivistischen Schule Paul Lorenzens zu Fragen der Handlungstheorie und Ethik.

Im Zuge dieser Fortentwicklung erscheinen die in den ersten beiden Bänden dargestellten Bereiche aus der heutigen Sicht gewissermaßen nachträglich abgegrenzt als die Bereiche des „rein Erkennenden", was freilich auch nur sehr cum grano salis zu verstehen ist.

Der angedeuteten Entwicklung möchte ich dadurch Rechnung tragen, daß ich die Neubearbeitung der bisherigen beiden Bände der *Einführung in die Wissenschaftstheorie* durch den vorliegenden dritten Band ergänzt habe, der in die Handlungstheorie, die Modallogik, die Ethik und die Systemtheorie einführen soll.

Der vorliegende Band enthält außerdem noch ein Literaturverzeichnis zum Gesamtbereich der Wissenschaftstheorie.

Diesen Band widme ich Helmut Krauch. Was ich ihm verdanke, kann ich hierdurch nur unvollkommen zum Ausdruck bringen. Vor dreißig Jahren schon gründete Helmut Krauch in Heidelberg die „Studiengruppe für Systemforschung". Seitdem ist er, in Zusammenarbeit mit Hans Paul Bahrdt, Horst Rittel und Werner Kunz, zu einem der führenden Forschungssoziologen und Wissenschafts„politologen" der Bundesrepublik geworden. Insbesondere das Kapitel über die Systemtheorie wäre ohne die Anregung Helmut Krauchs undenkbar; unser beiderseitiges Interesse an (vor allem) jeweils einem der beiden Aspekte des Systembegriffes ist hier zusammengeflochten.

Buckenhof, im Februar 1984 *Helmut Seiffert*

VORWORT ZUR ZWEITEN AUFLAGE

Haupttext, Literaturführer und *Anmerkungen* wurden nur auf Fehler und überholte Angaben hin durchgesehen. Das *Literaturverzeichnis* dagegen wurde auf den gegenwärtigen Stand gebracht: einige Titel wurden herausgenommen, andere neu hinzugefügt. Die verbleibenden Titel wurden auf Neuausgaben hin geprüft und diese gegebenenfalls in der Regel in einfachster Form (^{6}1988 = 6. Auflage 1988) genannt. Zusätzliche Angaben werden nur ausnahmsweise gemacht. Dieses vereinfachte Verfahren rechtfertigt sich durch die Tatsache, daß die ursprünglichen Literaturangaben oft – über die Anmerkungen – mit dem ursprünglichen und ja nicht geänderten Text eine Einheit bilden.

Vor einigen Wochen starb Wolfgang Stegmüller. Das veranlaßt mich zu einigen Worten des Gedenkens. Auch ich gehöre zu den vielen Lesern, die diesem bedeutenden und mit der Gabe klarer und lebendiger Formulierung ausgestatteten Wissenschaftstheoretiker die erste Einführung in die Welt der analytischen Philosophie verdanken. Ich war damals, 1966, noch völlig verstrickt im Historismus und empfand die Möglichkeit zu systematischem Denken, die mir hier gezeigt wurde, wie eine Befreiung. Daß ich schon wenige Jahre später mich veranlaßt sah, der Dogmatisierung der analytischen Denkweise das gute Recht des historischen Denkens entgegenzuhalten, steht auf einem anderen Blatt und schmälert nicht das Verdienst jener philosophischen Bewegung, in deren Dienst Wolfgang Stegmüller seine ganze Arbeit gestellt hat.

Hundert Jahre alt geworden wäre in diesem Jahr Rudolf Carnap, als dessen Prophet in Deutschland Stegmüller gesehen wurde. Carnap studierte vor dem Ersten Weltkrieg in Jena, gleichzeitig mit Wilhelm Flitner, der sich von dem Dilthey-Schüler und feurigen jungen Privatdozenten Herman Nohl faszinieren ließ – vierzig Jahre vor mir, für den Herman Nohl der große Mentor des geisteswissenschaftlichen Denkens wurde. Wilhelm Flitner, tief in Historie und Hermeneutik eingesponnen, und Rudolf Carnap, in einer Frühphase seines Denkens extremer Physikalist – zwischen beiden Denkern schienen mir Welten zu liegen. Ich kam gar nicht auf die Idee, sie irgendwie zusammenzubringen. Und doch: wie man aus Flitners lesenswerter Autobiographie entnehmen kann, waren sie engste Freunde, verbunden im jugendbewegten Kreis, der sich um Herman Nohl und Eugen Diederichs in Jena damals gesammelt hatte. Und die philosophiegeschichtliche Pointe: weil der ebenfalls in Jena lehrende Gottlob Frege nur einen einzigen Hörer, Carnap, hatte, vervollständigte Flitner das Trio, ohne das nach der Devise „tres faciunt collegium“ (der Dozent zählte mit) keine Vorlesung hätte zustandekommen können. Frege liest für Carnap und Flitner! Flitner erlebte 1989 seinen hundertsten Geburtstag noch wirklich und starb erst fünf Monate danach, im Januar 1990.

Man sieht: auch in Philosophie und Wissenschaftstheorie können sich die Extreme berühren – und das ist ein tröstlicher Gedanke.

Buckenhof, im August 1991 *Helmut Seiffert*

1. KAPITEL

HANDLUNGSTHEORIE

A. HANDELN ALLGEMEIN

I. Handeln und Erkennen

Wer einen Garten besitzt, kann zweierlei tun. Er kann entweder seinen Garten vom Liegestuhl aus genußvoll betrachten und sich an Blumen und Schmetterlingen erfreuen – vor allem, wenn es ein naturbelassener Garten ist –, oder aber er kann Spaten, Hacke, Harke und Gartenschere zur Hand nehmen und den zunächst gegebenen Zustand des Gartens durch Arbeit mit Händen oder Werkzeugen verändern.

Dies gilt auch ganz allgemein: wir können etwas in der Welt, so wie es ist, anschauen – oder aber wir können in die Welt eingreifen und einen gegebenen Zustand abändern. Das erste nennen wir *Erkennen*, das zweite nennen wir *Handeln.*[1]

Wir unterscheiden also zwischen Erkennen und Handeln, oder, wenn wir die Termini griechischer Herkunft benutzen, zwischen *Theorie* und *Praxis* (wobei zu bedenken ist, daß „Theorie" von einem griechischen Wort für ‚schauen' abgeleitet ist, zu dem übrigens auch „Theater" gehört).

Wir können also vorläufig sagen: „Erkennen" oder „Theorie" ist das bloße Erblicken, *Wahrnehmen* von etwas, das sich durch unser Wahrnehmen nicht ändert.

„Handeln" oder „Praxis" dagegen ist das *Verändern* eines Zustandes, einer Situation – oder am besten noch allgemeiner: eines *Sachverhaltes* durch unser Eingreifen, durch unsere Hand (daher eben „handeln").

Jemand nimmt seinen Spaten und gräbt seinen Garten um. Oder er geht zum Bus, um zur Arbeit zu fahren. Oder er liest ein Buch. Oder er stellt ein Werkstück her. Oder er erklärt einer Frau seine Liebe. Oder er trifft als verantwortlicher Leiter einer Institution, als Politiker, als Wähler eine Entscheidung. Oder er tanzt oder spielt auf der Flöte.

Alle diese Tätigkeiten bezeichnen wir als „Handlungen" (‚Handlung': griechisch prãxis, lateinisch actio, englisch action).

Nicht jede menschliche Tätigkeit muß eine „Handlung" sein. Tätigkeiten wie husten, stolpern, atmen, das Schließen der Augen, wenn sich ein Gegenstand plötzlich auf sie zu bewegt, gähnen, schlafen können wir nicht als „Handlung" bezeichnen. Ebenfalls nicht als „Handlungen" bezeichnen wir „Stimmungen" wie Schreck, Angst, Erregung, Mißtrauen oder Kummer, Freude und Wut.[2]

In diesen Fällen sprechen wir von „Verhalten". Wie aus einem Teil unserer Beispiele schon deutlich wird, können sich auch Tiere „verhalten": atmen, gähnen, schlafen. „Verhalten" können sich Tiere und Menschen; „handeln" kann nur der Mensch.

Das „Verhalten" ist oft nur eine automatische oder „instinktive" Reaktion auf äußere Einwirkungen oder gar nur ein „Reflex" wie das Atmen.

Das Handeln dagegen ist eine bewußte, auf ein bestimmtes Ziel hin orientierte Tätigkeit.

Den Unterschied zwischen menschlichem Sichverhalten und Handeln könnte man etwa an folgendem Beispiel klar machen: Wenn wir stolpern, so *verhalten* wir uns nur. Stellen wir uns nun jedoch einen Spazierstock her, um künftiges Stolpern zu vermeiden, so *handeln* wir.

Ganz anderer Art als die Abgrenzung zwischen „Handeln" und „Verhalten" ist die Abgrenzung zwischen „Handlung" und – wie Wilhelm Kamlah es nennt – „*Widerfahrnis*".[3]

„Handeln" und „Verhalten" sind Tätigkeiten verschiedener Art.

Der Begriff der „Widerfahrnis" dagegen ist in der Regel dem Begriff des Handelns als „Kehrseite" zugeordnet. Wenn ein anderer Mensch handelt, so kann mir diese Handlung „widerfahren": ich empfinde sie als ein „Leiden" im Sinne der uns aus der Grammatik bekannten Gegenüberstellung von „Aktiv" und „Passiv", von Handlungs- und Leideform eines Verbums. „Ich liebe" sagt der Handelnde – „ich werde geliebt" sagt derjenige, dem die Liebe des anderen „widerfährt". Ähnlich: der Vorgesetzte „lobt" – der Untergebene „wird gelobt". Der Arzt „behandelt" den Patienten – der Patient „wird behandelt".

Das Wort „Widerfahrnis" ist freilich in gewisser Weise mißverständlich. Es darf uns nicht dazu verleiten, zu glauben, „Widerfahrnisse" müßten immer etwas Negatives, Schlechtes sein. Das Wort ist vielmehr ganz neutral gemeint: als das, was uns begegnet. Dies kann aber auch angenehm und erfreulich sein. Geliebtwerden kann allerdings – je nach den Umständen – erfreulich sein oder auch nicht (dies etwa, wenn ich den anderen nicht wiederliebe, wenn er mich bedrängt oder so fort); aber Gelobtwerden, Unterstütztwerden, Gefördertwerden, Geschätztwerden – das sind zweifellos erfreuliche Widerfahrnisse.

Jedoch muß ein Widerfahrnis keineswegs immer das Ergebnis des Handelns anderer *Menschen* sein. Es gibt auch Widerfahrnisse, die durch die *Natur* oder durch unbeabsichtigtes Geschehen entstehen. Wilhelm Kamlah nennt als Beispiele:[4] „Krankheit, strahlendes Wetter, Zahnschmerz, der Tod eines geliebten Menschen, ein Autounfall, eine gute Ernte, eine schlaflose Nacht".

Als „Grund"-Widerfahrnisse gelten Geburt und Tod.[5]

IV. *Handlung und Unterlassung*

Und noch eine weitere Abgrenzung ist wichtig: die zwischen Handlung und *Unterlassung*.[6]

Nur scheinbar ist die Unterlassung ein bloßes „Nichthandeln". In Wahrheit handeln wir auch dann, wenn wir nichts tun. Das erkennt man schon daran, daß viele Unterlassungen bestraft oder sonstwie geahndet werden. Wer nicht zur Arbeit geht, wird wohl bald entlassen werden. Die Eltern eines Kindes, das die Schule schwänzt, können mit dem Schulpflichtgesetz in Konflikt kommen. Eltern, die ihr Kind vernachlässigen, können strafrechtlich zur Verantwortung gezogen werden. Ebenso ist „unterlassene Hilfeleistung" ein Straftatbestand: das bloße Sitzenbleiben auf einer Bank im Park, wenn zehn Meter weiter jemand einen Anfall oder Unfall erleidet, kann so zur „Handlung" werden.

Allerdings gibt es auch Unterlassungen, bei denen der Unterlassende selbst den Handlungscharakter seiner Unterlassung deutlich erfährt und bewußt bejaht. So zum Beispiel, wenn jemand in einem totalitären Staat einen Verfolgten deckt oder eine „staatsfeindliche" Äußerung nicht meldet; oder wenn er als Vorgesetzter von einer eigentlich fälligen Bestrafung absieht, weil er das Vergehen nicht für schwer und den Betroffenen für einsichtig hält; oder wenn jemand eine Mode in Kleidung, Freizeit, Sprache oder Wissenschaft nicht mitmacht.

B. Handeln und Wissenschaft

I. Handeln und Erkenntnisinhalt

1. Erkennen und Handeln – theoretisch

Das alles hat noch nichts mit *Wissenschaft* zu tun. Worin besteht also nun die Beziehung zur Wissenschaft, um die es uns in einer Darstellung der Wissenschaftstheorie ja gehen muß?

Die Wissenschaft hat auf den ersten Blick mit Handeln nichts zu tun. Sie ist nämlich bloßes Anschauen, Erkenntnis, Theorie. Gerade hierin liegt ihr Besonderes, Spezifisches, wie es von den Griechen verstanden und geklärt wurde.

Dies ist auch der Grund, weshalb in der Erstfassung unserer Wissenschaftstheorie, um 1970, vom Handeln noch kaum die Rede war.

Aber auch die sogenannte „praktische" Philosophie, das heißt die Philosophie, deren Gegenstand das menschliche Handeln ist, wurde von den Griechen entwickelt und spielte bis etwa 1800 eine große Rolle. Dann wurde sie allerdings zugunsten einer Philosophie des bloßen Erkennens (die freilich, wie wir gleich sehen werden, in sich auch wieder in gewisser Weise auf die Praxis gerichtet war) vernachlässigt.

Erst in den Jahren nach 1970 hat sich die philosophische und damit auch die wissenschaftstheoretische Diskussion den Problemen des Handelns, der Praxis, wieder mehr zugewandt. Programmatisch hierfür ist der Titel, den Manfred Riedel einer Aufsatzsammlung gab, deren beide Bände 1972 und 1974 erschienen: *Rehabilitierung der praktischen Philosophie.*[7] Mit diesem Titel soll also angedeutet werden: eine Sichtweise, die es in der Philosophie schon lange gab, die aber in letzter Zeit vernachlässigt worden war, soll nun neu zu Ehren kommen.

a. In einigen philosophischen Richtungen

Nun hat es allerdings während der letzten hundert Jahre mehrere, voneinander zum Teil unabhängige Strömungen in der Philosophie gegeben, die einen besonderen Zusammenhang zwischen Erkennen und Handeln behaupteten.

(1) So stellte etwa die *Lebensphilosophie* fest, daß wir nur solche Zusammenhänge theoretisch verstehen können, in denen wir praktisch immer schon leben. Also zum Beispiel: Wirtschaftswissenschaft können wir nur treiben, wenn wir selbst, als Personen, das Wirtschaftsgeschehen selbst, wenigstens in Teilbereichen, am eigenen Leibe erfahren haben.

(2) Diese Grundhaltung der Lebensphilosophie wurde in der *Existenzphilosophie* zugespitzt. Der Existentialismus verwendete als theoretisch gemeinte Termini Wörter, die wir bis dahin nur aus dem Alltagsleben kannten, wie: „Verantwortung“, „Begegnung“, „Entscheidung“.

Ein alltäglicher Vorfall auf der Straße wird von einem existentialistisch denkenden Philosophen, Theologen, Psychologen, Soziologen also etwa so interpretiert: Wenn ich am Straßenrand einen blinden oder behinderten Menschen erblicke, so „vernehme“ ich in dieser „Begegnung“ einen „Anruf“. Ich sehe meine „Verantwortung“ diesem Mitmenschen gegenüber und „entscheide“ mich daher, ihn sicher über die Straße zu geleiten.[8]

Der Existentialist geht also mit einer wissenschaftlichen Aussage gewissermaßen in die Lebenspraxis mitten hinein. Wir werden darauf zurückkommen.

(3) Auch der *Marxismus* hat es bekanntlich unternommen, die Schranken zwischen Theorie und Praxis gewaltsam niederzureißen. Das Programm hierfür hat Karl Marx in seiner berühmten elften Feuerbach-These gegeben: „Die Philosophen haben die Welt nur verschieden *interpretiert*, es kömmt drauf an, sie zu *verändern.*“[9] Der Marxist will also nicht einfach erkennen (interpretieren), sondern handelnd eingreifen (verändern). Dies hat zum Beispiel seit Ende der sechziger Jahre zu völlig neuartigen, bis dahin unvorstellbaren Handlungsweisen von Studenten geführt: man diskutierte nicht nur theoretisch, sondern setzte die Ergebnisse dieser Diskussion gleich in ein Handeln um. Zum Beispiel: Die Teilnehmer eines Seminars, das Fragen des Deutschunterrichts

zum Gegenstand hatte, drangen, im Bunde mit einigen Schülern, in eine dem Institutsgebäude benachbarte Schule ein, um ihre Ideen unmittelbar in die Praxis umzusetzen – selbstverständlich ohne Schulleitung, Lehrer, Schüler und Eltern zu fragen. Zur Bezeichnung einer solchen Handlungsweise wurde damals das Wort „Aktionismus“ gebräuchlich.

(4) In wiederum ganz anderer Weise unternahm es der *„Konstruktivismus“* der „Erlanger Schule“ um Paul Lorenzen, das Erkennen auf das Handeln, die Theorie auf die Praxis zu begründen. Hierfür hatte Lorenzen, im Anschluß an Kant, die Parole ausgegeben, „daß wir nur das verstehen, was wir selber herstellen können.“[10]

In diesem Sinne wird – wie wir im ersten Band gesehen haben – das Verständnis etwa des Systems der natürlichen Zahlen auf die Anwendung einfacher Zählzeichen begründet, wie sie jeder Kellner auf Bierdeckel macht.

Daß ein solches Prinzip durchaus Hand und Fuß hat, zeigt sich auch auf anderen Wissensgebieten immer wieder. So ist zum Beispiel kaum ein Wirtschaftsschüler in der Lage, die extrem komplizierte Materie des „Wechsels“ als Zahlungsmittel nur aus der Theorie, durch den Unterricht, zu verstehen. Was der Vorgang der Ausstellung, Annahme und Diskontierung eines Wechsels juristisch und buchhalterisch wirklich bedeutet, versteht der Kaufmann in aller Regel erst als Auszubildender, als Kontorist oder als Geschäftsinhaber aus dem praktischen Umgang mit Wechseln.

b. In der Methodologie

Endlich liegt eine Rückkopplung zwischen dem Erkennen und dem Handeln auch in der Konsequenz der natur- und sozialwissenschaftlichen *Methodologie.*

So haben etwa die Physiker entdeckt, daß im Mikrobereich „objektive“ Beobachtungen nicht möglich sind, weil hier die Objekte der gleichen Größenordnung angehören wie die Gebilde, die für den Wahrnehmungsvorgang erforderlich sind, so daß dieser Wahrnehmungsvorgang das Verhalten der zu beobachtenden Teilchen beeinflußt.

Anschaulicher und verständlicher wird uns der gleiche Sachverhalt, nämlich daß der Vorgang der Beobachtung das Beobachtete selbst beeinflußt, im Bereich des Sozialen. So werden oft die Bekannten eines Ehepaares von der Nachricht über dessen Scheidung überrascht: man hatte die Ehe immer als ausgesprochen „harmonisch" empfunden. Die Erklärung: in Gegenwart Dritter hatten die Eheleute „Theater gespielt" und Einigkeit vorgetäuscht. Die scheinbar „objektiven" Beobachtungen der Besucher waren also wertlos, weil die Tatsache der Anwesenheit Dritter selber das Verhalten der Eheleute beeinflußt und „verfälscht" hatte.

Genau das gleiche ist das bekannte „Hospitations-Syndrom": Eine Schulklasse verhält sich in Gegenwart von Unterrichtsbesuchern stets anders, als wenn sie mit dem Lehrer allein ist. Daher haben Unterrichtshospitanten niemals ein „objektives" Bild von der Klasse im Unterrichtsalltag. Um dieser Verfälschung der Beobachtung durch den Beobachtungsvorgang selbst zu entgehen, hat man daher Glaswände erfunden, die nur von draußen durchsichtig sind und die Beobachtung einer Schulklasse gestatten, ohne daß die Klasse weiß, daß sie beobachtet wird.

2. Erkennen und Handeln – praktisch

Nun erhebt sich die Frage, inwiefern die Verknüpfung von Erkennen und Handeln, wie sie hier sichtbar wird, wirklich einen Beweis dafür hergeben kann, daß das Erkennen sich zum Handeln hin auflöst.

Gehen wir hiernach sämtliche besprochene Tendenzen zu dieser Verknüpfung der Reihe nach durch.

a. In einigen philosophischen Richtungen

(1) Sehr einfach ist die Frage bei der *Lebensphilosophie* zu beantworten. Der Lebensphilosoph ist weit davon entfernt, ein Zusammenfallen von Erkennen und Handeln zu behaupten. Er behauptet lediglich, daß die Erkenntnis von Sachverhalten des Lebens durch Lebenserfahrung erleichtert oder auch erst ermöglicht wird – nicht aber behauptet er, daß er im Erkennen den entsprechenden Lebensvorgang auch praktiziere. Der lebensphilosophisch gerichtete

Wirtschaftswissenschaftler etwa behauptet nicht, er wirtschafte praktisch, indem er über die Wirtschaft nachdenkt, sondern nur, daß ihm dieses Nachdenken durch getrennt hiervon empfangene Wirtschaftserfahrung erleichtert werde.

(2) Etwas anders liegen die Dinge schon beim *Existenzphilosophen.* Denn dieser nimmt ja in der Tat für sich in Anspruch, er stünde stets selbst in der Situation, über die er nachdenkt. Indem er über „Verantwortung" nachdenke, handele er selbst verantwortlich; indem er über „Begegnung" nachdenke, sei er selbst in der Begegnung mit dem Mitmenschen begriffen; er sei selbst betroffen, indem er über die „Betroffenheit" nachdenke und so fort.

Bei näherem Hinsehen liegt hier eine Selbsttäuschung vor. Denn auch die dynamischsten Wörter wie „Begegnung", „Betroffenheit" oder „Entscheidung" können nicht darüber hinwegtäuschen, daß der Existentialist sie ganz einfach als Termini in seine Theorie einbaut, so wie das jeder andere Wissenschaftler auch tut. Wer in begrifflicher Rede von „Verantwortung" redet, trägt damit eben nicht tatsächlich Verantwortung; er überschreitet die Grenze vom Erkennen zum Handeln nicht.

Vergegenwärtigen wir uns das an dem Beispiel des Blinden auf der Straße. Daß der Existentialist so außerordentlich fein die Situation zu interpretieren weiß, muß ja noch nicht heißen, daß er nun den Blinden tatsächlich am Arm ergreift und über die Straße führt. Vielmehr kann es durchaus sein, daß, während er selbst noch darüber nachdenkt, ob er sich wohl besser als „betroffen" oder als „befangen" bezeichnen soll, eine ganz einfache Frau, die noch nie etwas von Philosophie gehört hat, die blinde oder behinderte Person einfach am Arm nimmt und mit ihr über die Straße marschiert.

(3) Im *Marxismus* nun wird die Grenze zwischen Erkennen und Handeln wirklich überschritten. Der Marxist handelt. Das hat er in der Geschichte zumindest der letzten siebzig Jahre bewiesen. Zwei der wichtigsten marxistischen Theoretiker, nämlich Lenin und Mao, haben in ihrem Land eine kommunistische Revolution durchgesetzt und waren die ersten obersten Machthaber.

Beim Marxismus liegt der Fehler also wohl kaum in der mangelnden Verbindung zwischen Erkennen und Handeln. Er liegt vielmehr an anderer Stelle: nämlich in der Stichhaltigkeit des Erkennens selber. Ein Erkennen, in dem der Wunsch der Vater und die Aktion die Tochter des Gedankens ist, läßt für den Gedanken selbst wenig Raum. Es ist hier nicht der Ort, noch einmal eigens darzulegen, daß der Marxismus entscheidende theoretische Schwächen aufweist, die die gefundene Einheit von Theorie und Praxis wertlos machen.

(4) Für den *Konstruktivismus* gilt ähnliches wie für die Lebensphilosophie oder für den Existentialismus. Er stützt sich zwar auf die Praxis. Aber sein eigentliches Ziel ist die theoretische Einsicht. Er will „herstellen", aber nur um zu „verstehen". Der Konstruktivist will Mathematik und Philosophie unanfechtbar begründen – das ist ein theoretisches Unternehmen. Ginge es ihm nicht um Theorie, brauchte er nur irgend etwas praktisch zu arbeiten, nicht aber über Grundlagenfragen nachzudenken.

b. In der Methodologie

Am einfachsten ist das Problem der Ineinssetzung von Erkennen und Handeln aus der Perspektive der *Methodologie* – etwa angesichts des „Hospitations-Syndroms" – zu lösen. Denn in diesem Fall wird ja das Ideal des „objektiven" Erkennens gar nicht in Frage gestellt; man sieht lediglich Schwierigkeiten, es zu erfüllen, und sucht nach Abhilfe – zum Beispiel durch die beschriebenen Glaswände.

Gerade in diesem Fall gilt also: einer Fehlerquelle sich bewußt werden heißt sie beseitigen.

II. Handeln und erkennendes Verhalten

Bisher behandelten wir das Problem des Überganges vom Erkennen zum Handeln in Form der Frage, ob das Erkennen in Handeln übergehen könne.

Von Handlungstheoretikern wird jedoch oft noch eine andere Fragestellung aufgeworfen. Sie geht nicht vom Inhalt der Erkenntnisarbeit aus, sondern betrachtet die Erkenntnisarbeit von außen; eben als Arbeit, als mögliche Form eines Handelns, und fragt nun, ob das *Erkennen* (zum Ausdruck gebracht als: Denken, Lesen, Schreiben und so fort) nicht *selbst als Handeln angesehen* werden könne, unabhängig von seinem jeweiligen Inhalt.

Die Antwort kann nur lauten: Ja und Nein.

1. Erkenntnisarbeit als Handeln

Daß die Erkenntnisarbeit, von außen gesehen, ein Handeln ist wie anderes auch, ist offensichtlich. Wer liest und schreibt, nimmt einen Platz in Arbeitszimmer oder Lesesaal ein. Er kann jemand anderem im Wege sein, er kann durch Vorsichhinmurmeln, durch Bewegungen, durch Rauchen oder Essen andere Personen belästigen. Er kann zu Hause den Tagesablauf stören, zu spät zu den Mahlzeiten kommen, im Wege sitzen, unansprechbar sein und so fort. Erkenntnisarbeit spielt sich nun einmal im sozialen Raum ab und ist insoweit auch den Gesetzen des sozialen Lebens unterworfen.

Diese „unterste Ebene" der Erkenntnisarbeit hat nun freilich mit dem Inhalt der Erkenntnis noch nicht viel zu tun.

2. Handeln und Erkenntnis-Freiheit

Anders ist das schon auf einer zweiten Ebene. Unter unfreien gesellschaftlichen Verhältnissen, etwa im Mittelalter oder in einem totalitären Staat, ist die freie Erkenntnis, das heißt das Fragen nach der Wahrheit und nach nichts als der Wahrheit, ja keineswegs selbstverständlich. Die Erkenntnisarbeit kann daher hier schon an sich, ohne Rücksicht auf ihren Inhalt im einzelnen, eine politische Handlung von erheblicher Wirkung sein. Schon das Fragen nach der Wahrheit kann eine Provokation sein – in dem Sinne etwa, in dem in einem unfreien Staat schon ein Antrag (etwa auf Ausreise) oder die Berufung auf ein Gesetz, die Anrufung eines Gerichtes eine strafbare Handlung sein kann – und das, obwohl ein Antrag ja auch abgelehnt werden, ein Gerichtsverfahren auch ungünstig ausgehen kann, und daher die bloße Einleitung eines ordnungsmäßigen Entscheidungsverfahrens nach westlichen, rechtsstaatlichen Maßstäben niemals ein „Affront" gegen „den Staat" sein könnte.

Schon solche Überlegungen zeigen aber: auch hier wird das „Eigentliche“ des Erkenntnisvorganges nicht getroffen. Denn die Erkenntnisarbeit setzt immer schon stillschweigend voraus, daß sie erlaubt sein muß, daß ein Spielraum für sie besteht. Es hat keinen Sinn, eine Notsituation als Normalfall anzusehen und insofern den Wissenschaftler zum Helden zu machen. Die eigentlichen Leistungen der Wissenschaft konnten nicht unter Druck, sondern nur in einer gewissen Freiheit vollbracht werden. Das gilt für die Griechen – es gilt auch für die moderne Wissenschaft seit dem siebzehnten Jahrhundert. Nicht darauf kommt es an, daß der Erkennende ein Held *ist*, sondern darauf, daß er *keiner* zu sein *braucht.*

III. Erkenntnis löst sich nicht in Handeln auf

Daß sich Erkennen nicht in Handeln auflösen läßt, zeigt sich im übrigen sehr deutlich an der täglichen Praxis des *Lernens,* der sich seit Jahrtausenden die Schüler und Studenten gegenübersehen: das eigentliche Problem für sie besteht seit jeher darin, schwierige Sachverhalte denkend und allmählich verstehend zu durchdringen – mag es sich nun um Philosophie, Logik, Jurisprudenz, Philologie, Mathematik, Naturwissenschaften, Sozialtheorie oder Wirtschaftswissenschaft handeln. Dieses Bewältigen theoretischer Sachverhalte kann durch nichts ersetzt werden. Diskussionen und gemeinsame Bewältigung von Aufgaben in Kleingruppen können wertvolle Hilfe zu diesem verstehenden Bewältigen bieten – die eigentliche Klärungsarbeit wird immer nur der Einzelne in seinem Kopf vollziehen können, als höchstpersönliche Leistung.

Paradox könnte man formulieren: In der Theorie mag die Praxis eine große Rolle spielen – in der Praxis bleibt doch die Theorie das Wichtigste.

Wir können die Situation etwa so umschreiben:
Die Handlungstheorie ist nicht deshalb wichtig für die Wissenschaftstheorie, weil man die wissenschaftliche Tätigkeit uneingeschränkt als ein Handeln auffassen könnte oder müßte.

Es ist also nicht die Meta-Ebene, auf der die Lehre vom Handeln für die Wissenschaftstheorie wichtig wäre. Es ist vielmehr die Objekt-Ebene.

Das heißt: das Handeln ist nicht so sehr Bestandteil des Erkenntnis*vorganges*, aber ganz gewiß Erkenntnis*gegenstand* in vielen Sachbereichen.

Daher ist die Handlungstheorie ein Komplex, an dem so gut wie alle Wissenschaftsdisziplinen Anteil haben, so daß heute nur noch wenige Wissenschaftler ohne ihre Kenntnis auskommen.

Die wissenschaftstheoretischen Probleme der Handlungstheorie treten daher in fast jeder Disziplin auf.

Von vielen Wissenschaftlern, etwa manchen Psychologen, werden „Verhalten" und „Handeln" einfach gleichgesetzt. Man betrachtet den Menschen nur von außen, und registriert dann „behavioristisch" nur das, was man registrieren und messen kann.[11] Zum Beispiel: man sieht einen Menschen auf der Straße gehen, an einer unebenen Stelle stolpern, dann weitergehen. Sowohl das Gehen als auch das Stolpern rubriziert man einfach unter „Verhalten", ohne sich dafür zu interessieren, daß die Person vielleicht gerade zu einer Verhandlung geht, in der sie einen wichtigen Auftrag bekommt, weil sie gut ver„handelt" hat.

I. Handlungstheorie – interdisziplinär

Diese stets drohende Gefährdung der Interpretation des Handlungsbegriffes durch eine verkürzende behavioristische Sichtweise zeigt uns, daß die Interpretation des Handlungsbegriffes, wie wir sie hier vertreten, nicht selbstverständlich ist.

So schreibt der Philosoph und Soziologe Hans Lenk:[12]
„Im Zuge der ‚Rehabilitierung der praktischen Philosophie' in der letzten Dekade hat sich die Philosophie und Wissenschaftstheorie vermehrt den Problemen des Handelns [...] sowie den Versuchen zur Ausbildung einer philosophischen bzw. einer interdisziplinär integrierten Handlungstheorie zugewandt.

Die wissenschaftstheoretische Analyse hat sich dabei vor allem an Behaviorismusproblemen entwickelt, das heißt an der Frage, ob das menschliche Handeln objektiv behavioristisch vom Beobachterstandpunkt aus als äußerlich beschreibbares Verhalten hinreichend gekennzeichnet und erklärt werden kann. Als Ergebnis scheint sich derzeit anzudeuten, daß rein behavioristische Ansätze nicht genügen [...]. Handlungen weisen mindestens einen doppelten, wenn nicht einen drei- oder vierfachen Deutungsspielraum auf.

Der Mensch nimmt seine Handlungen nämlich nicht nur wahr wie einen außerhalb von ihm ablaufenden Bewegungsprozeß, wie eine objektiv feststellbare und intersubjektiv nachprüfbare Ereignisfolge, sondern er erlebt sein Handeln auch [...] als von ihm gesetzte, gewollte und zumeist bewußt initiierte zielorientierte Tätigkeit."

„Der [...] Doppelcharakter des Handlungsbegriffes hat [...] zur Folge, daß über die wissenschaftstheoretische Problematik einer Methodologie der Handlungserklärung hinaus und außer der sprachlich-begrifflichen Klärung der Handlungstermini eine philosophisch-deutende Rekonstruktion von Handlungen zu erarbeiten ist, die philosophisch-anthropologische, lebensweltlich-kontextuelle, historische, kulturelle und weitere Einflußfaktoren berücksichtigen muß."

„Die philosophische Analyse des Handelns und der Handlungen [...] kann sich weder auf die Methodologie der Handlungserklärungen und auf begriffliche Propädeutik allein noch lediglich auf das objektiv verhaltenswissenschaftlich kontrollierbare Entscheidungsverhalten einschränken.

Auf der anderen Seite kann die philosophische Handlungsinterpretation wiederum nicht unabhängig und ohne weitreichende Berücksichtigung von Resultaten der Verhaltenswissenschaften durchgeführt werden. Der Zwang zu einer interdisziplinären Koordination und wechselseitigen Berücksichtigung der Ergebnisse für eine integrative theoretische Analyse des Handelns wird hier unmittelbar deutlich. Dies gilt umso mehr, als sich viele sehr unterschiedliche Wissenschaften direkt oder mittelbar mit dem menschlichen Handeln befassen – nicht nur Geistes- und Sozialwissenschaften, sondern auch Verhaltens- und Naturwissenschaften.

Im Schnittpunkt so vielfältiger Disziplinen entwickelt sich, so scheint es, ein nahezu unübersichtliches Gewirr verschiedener disziplinärer Aspekte, unterschiedlicher Ansätze, die sich alle aus einem je anderen disziplinären Blickwinkel dem Handeln widmen. Obwohl uns das Handeln vertraut scheint, gibt es immer noch keine einheitliche Handlungstheorie, in der die unterschiedlichen wissenschaftlichen und philosophischen Ansätze zur Erfassung, Beschreibung, Erklärung, Rechtfertigung und Voraussage von Handlungen integriert sind. [...]

Die Schwierigkeiten einer interdisziplinären Integration der Wissenschaften vom Handeln, der Handlungswissenschaften, sind gewaltig. Zu vielfältig sind die Gesichtspunkte: Das Handeln bzw. Bedingungen, Faktoren, Teilprobleme menschlicher Handlungen werden analysiert von Psychologen [...], Soziologen, Kulturanthropologen und Ethnologen, Ethologen [Verhaltensforschern], Linguisten [...], von Juristen, Moral-, Sozial-, Handlungsphilosophen, Handlungslogikern im engeren Sinne, Wert- und Normenlogikern, System- und Planungswissenschaftlern, Entscheidungstheoretikern und mathematischen Spieltheoretikern, Ökonomen, Politologen, Historikern, auch von Humanbiologen, [...], Neurologen, [...], Arbeitsphysiologen, psychosomatischen Medizinern, Psychiatern, Arbeitswissenschaftlern, Sportwissenschaftlern, Verkehrswissenschaftlern, Stadtplanern [...]. – Es ist deutlich, daß einzelwissenschaftliche Theorien allein die Probleme des Handelns nicht angemessen erfassen können, weil diese sich als typisch interdisziplinär erweisen und die Grenzen jeder methodologisch abgrenzbaren Einzelwissenschaft überschreiten. Der Ansatz einer einzelnen Disziplin läßt unvermeidlich jeweils bestimmte handlungsrelevante Faktoren und Bedingungen [...] außer acht [...]"

Lenk zeigt also deutlich, daß der Begriff der Handlung mehrseitig und vielschichtig ist: man kann ihn nicht auf einen bestimmten Aspekt zurückführen, sondern muß seine Aspekte in ihrer Mannigfaltigkeit sehen.

Diese Mannigfaltigkeit wird anschaulich in der Fülle von Disziplinen, die sich mit dem Begriff der Handlung beschäftigen könnten, und deren jede *eine* Möglichkeit andeutet, sich mit dem Problem der Handlung zu befassen.

II. Der Schichtenaufbau der Handlungstheorie

Hans Lenk ist auch der Herausgeber eines umfassenden Sammelwerkes: „Handlungstheorien – interdisziplinär". In der Anordnung der Beiträge dieses Sammelwerkes in seinen vier Bänden unternimmt es Lenk, eine Art „Schichtenaufbau" der Handlungstheorie zu begründen.[13]

Die grundlegende Schicht ist der logische, formale und sprachwissenschaftliche Aspekt der Handlungstheorie. In der nächsten Schicht finden wir die philosophischen und wissenschaftstheoretischen Interpretationen des Handlungsbegriffes. Dann folgen die verhaltenswissenschaftlichen und psychologischen Darstellungen und schließlich – als krönender Abschluß – die sozial- und systemwissenschaftlichen Ausprägungen der Handlungstheorie.

Das veranschaulicht der folgende Aufbau, der von unten nach oben gelesen werden muß:

sozial- und systemwissenschaftlich

↑

verhaltenswissenschaftlich und psychologisch

↑

philosophisch, anthropologisch und wissenschaftstheoretisch

↑

logisch, formal und sprachanalytisch

III. Die Norm

Wir hatten gesehen: den Unterschied zwischen Erkennen und Handeln kann man vorläufig so umschreiben, daß das Erkennen Gegebenes nur betrachtet, während das Handeln Gegebenes verändert. Vorläufig hatten wir das so ausgedrückt: das Handeln verändert Zustände oder Situationen.

Logisch schärfer könnten wir nun auch sagen: das Handeln verändert *Sachverhalte*.

Dies hat nun auch logische Konsequenzen.

Wie wir wissen, ist dem *Erkennen* – wie wir es in den bisherigen Teilen der Wissenschaftstheorie behandelten – in der Logik die Sprachform der *Aussage* zugeordnet.

Welche logische Sprachform ist nun aber dem Handeln zugeordnet?

Die Aussage „A hat B getötet" kann wahr oder falsch sein. Wahr ist sie, wenn A B wirklich getötet hat; falsch ist sie, wenn A B tatsächlich nicht getötet hat.

Umgekehrt ist es mit der Aussage „A hat B nicht getötet". Diese Aussage ist wahr, wenn A B nicht getötet hat; und sie ist falsch, wenn A B getötet hat.

Nun lautet eines der zehn Gebote aber bekanntlich: *Du sollst nicht töten!* Es ist leicht zu sehen, daß dieser Satz von den Sätzen „A hat B getötet" und „A hat B nicht getötet" logisch völlig verschieden ist. Der Satz „Du sollst nicht töten" kann weder wahr noch falsch sein. Denn er sagt nichts über einen bestimmten Sachverhalt aus, sondern er fordert nur von A, B nicht zu töten. Ob A dieser Forderung nachkommt und B nicht tötet, oder ob er dieser Forderung nicht nachkommt und B doch tötet – darüber sagt dieser Satz nichts aus und kann und will er auch nichts aussagen, denn er ist logisch an ganz anderer Stelle angeordnet.

Der Satz „Du sollst nicht töten" ist keine Aussage über einen Sachverhalt, sondern ein Wunsch, ein Befehl, eine Forderung, einen bestimmten Sachverhalt, in diesem Fall den des Nichttötens, zu verwirklichen. Aber ob nun getötet wird oder nicht, darüber sagt dieser Satz nichts aus.

Wir bezeichnen einen solchen Aufforderungs- oder Befehlssatz als *Norm.*[14]

An dieser Stelle müssen noch zwei mögliche Mißverständnisse von vornherein ausgeschlossen werden.

Einmal: Eine Aussage *über* eine Norm ist natürlich immer eine gewöhnliche Sachverhaltsaussage. Wenn wir sagen: „Im Alten Testament steht die Norm: ‚Du sollst nicht töten'", so ist dies eine einfache Aussage, die wahr oder falsch sein kann. Aber sie hat ja auch nicht die Norm selbst zum Inhalt, sondern nur die Tatsache ihres Bestehens oder Nichtbestehens.

Zum andern: Wenn wir sagen: Die Norm „Du sollst nicht töten" sei weder falsch noch wahr, so ist das streng im aussagenlogischen Sinne zu verstehen. Das heißt: eine Norm entscheidet nicht über das Bestehen oder Nichtbestehen eines Sachverhaltes. Sie *fordert* nur, daß ein bestimmter Sachverhalt verwirklicht werden soll. Gemeint ist also nicht, daß man dieser Norm weder zustimmen noch sie ablehnen könne. So ist natürlich eine Person denkbar, die sagt: „Ich lehne die Norm ‚Du sollst nicht töten' ab. Blutrache, Todesstrafe, Tötung auf Verlangen und ähnliches müssen erlaubt sein." Eine solche Ablehnung einer Norm ist selbstverständlich keine Sachverhaltsaussage wie „,Zweimal zwei ist fünf' ist falsch", sondern ihrerseits eine normative Aussage: Man setzt einer Norm eine andere entgegen – sprachlich übrigens erkennbar an dem „müssen" in dem zitierten Satz.

2. KAPITEL

MODALLOGIK

Einleitung

I. Allgemeines

Wir hatten gesehen: in der Regel ist es so, daß das *Erkennen* die Welt so *betrachtet*, wie sie ist, ohne in sie eingreifen zu wollen, während das *Handeln* die Welt *verändern* möchte.

Dieser Unterschied zwischen Erkennen und Handeln, zwischen Betrachten und Verändern nun findet seinen Niederschlag in der Sprache.

Dem *Erkennen* entspricht die *Aussage*. Wenn wir uns darauf beschränken, die Welt und die Vorgänge in ihr nur zu betrachten, ohne in sie einzugreifen, können wir etwa konstatieren:

A hat B getötet.

Oder:

A hat B nicht getötet.

In beiden Fällen nehmen wir auf den Ablauf der Vorgänge in der Welt keinen Einfluß; wir stellen nur fest, was wirklich passiert. Insbesondere hindern wir A nicht daran, B zu töten.

Angenommen nun aber, wir wollen nicht einfach passiv zusehen, was geschieht. Vielmehr haben wir bestimmte Vorstellungen darüber, was geschehen und was nicht geschehen *sollte*.

Wir sind nun der Überzeugung, daß A B nicht töten soll. Daher stellen wir einen Sollenssatz, eine *Norm* auf, die besagt:

Du sollst nicht töten!

Dem *Handeln* entspricht also die *Norm.* Wir finden uns nicht mit dem ab, was geschieht, sondern wir bestimmen – oder versuchen doch jedenfalls zu bestimmen –, was geschehen und nicht geschehen soll.

Ehe wir uns (im Ethik-Kapitel) der Frage zuwenden, *warum* A B nicht töten soll, warum wir nicht wollen, daß er es tut, wollen wir die Sätze, aus denen Normen bestehen, sprachlogisch untersuchen.

Gewöhnliche Tatsachen-Aussagen von der Form *A hat B getötet* oder *A hat B nicht getötet* haben wir in der Logischen Propädeutik, also im ersten Teil unserer Wissenschaftstheorie, behandelt.

Eine Logik, die es mit (bestehenden oder nicht bestehenden) Tatsachen zu tun hat, können wir auch als „Aussagenlogik" bezeichnen.

Eine Logik, die es nicht mit Tatsachen, sondern mit möglichen, gewünschten, geforderten und ähnlichen Sachverhalten zu tun hat, nennen wir „*Modal*-Logik".[1]

Das Eigenschaftswort „modal" ist uns aus der Grammatik bekannt. So nennt man Verben wie *sollen, müssen, dürfen, wollen, können* und so fort „*modale* Hilfsverben".

Das Wort „modal" leitet sich von *modus* ‚Art', ‚Weise' ab, bezeichnet also die Beschaffenheit eines Handelns. Beim Verbum gibt es beispielsweise außer dem „Indikativ" (Anzeigemodus) *Ich gebe es dir* auch den „Optativ" (Wunschmodus) *Gebe es Gott* und den „Imperativ" (Befehlsmodus) *Gib es mir!*

Und in einem ganz analogen Sinne sprechen wir auch in der Logik von „Modalitäten".

Als Normalfall der sprachlichen Äußerung kann man die Aussage betrachten. Die Aussage bezieht sich auf Sachverhalte, die bestehen können oder nicht,[2] zum Beispiel:
Ich gehe in die Stadt – Ich gehe nicht in die Stadt.
Ich bin in die Stadt gegangen – Ich bin nicht in die Stadt gegangen.

Nun gibt es aber auch sprachliche Äußerungen, die sich nicht auf Sachverhalte beziehen, sondern die offen lassen, ob überhaupt ein Sachverhalt besteht oder nicht.

Eine solche sprachliche Äußerung ist etwa die *Frage:*
Gehst du in die Stadt?
Eine solche Frage ist also keine Aussage, weil der Fragende sich über den bestehenden Sachverhalt gar nicht im klaren ist, sondern diese Klarheit erst von der Antwort erwartet. Diese Antwort: Entweder: *Ja, ich gehe in die Stadt* oder *Nein, ich gehe nicht in die Stadt* ist dann in jedem Fall wieder eine Aussage.

Aber auch eine *Aufforderung* ist eine sprachliche Äußerung, die keinen Sachverhalt zum Gegenstand hat.
Geh in die Stadt!
Diese Aufforderung ist keine Aussage, weil sie nichts darüber besagt, ob der so Aufgeforderte der Aufforderung nachkommt oder nicht. Auch hier kann er mit Ja oder Nein antworten – ganz entsprechend wie auf den Fragesatz.

Fragesätze und Aufforderungssätze sind nun aber nicht die einzigen sprachlichen Aussagen, die sich nicht auf Sachverhalte beziehen.

Das wird deutlich, wenn wir Sätze wie
Geh in die Stadt! oder *Geh nicht in die Stadt!*
in Sätze umformen wie die folgenden:
Du mußt in die Stadt gehen.
Du brauchst nicht in die Stadt zu gehen.
Du darfst in die Stadt gehen.
Du darfst nicht in die Stadt gehen.
Ich will in die Stadt gehen.

Ich möchte nicht in die Stadt gehen.
Ich kann nicht in die Stadt gehen.

und so fort.

Alle diese Sätze sind der Form nach normale Aussagesätze. Das erkennen wir daran, daß sie mit einem Punkt enden, und nicht mit einem Frage- oder Ausrufezeichen.

Trotzdem aber beziehen sich diese Sätze nicht auf Sachverhalte. Vielmehr lassen sie die Sachverhalte genau so offen wie die Frage- oder die Aufforderungssätze. Der tatsächliche Sachverhalt bleibt unabhängig von dem, was in diesen Sätzen geäußert wird. *Du mußt in die Stadt gehen* bedeutet nicht, daß ich wirklich hingehe, *Du darfst nicht* ... bedeutet nicht, daß ich den Stadtgang auch wirklich unterlasse.

Die Eigenschaft einer sprachlichen Äußerung, sich auf einen Sachverhalt zu beziehen oder nicht zu beziehen, nennen wir den *Modus* dieser Äußerung.

Frage- und Aufforderungscharakter eines Satzes sind also *Modi*.

Sätze, in denen Wörter wie *müssen, dürfen, sollen, wollen, mögen, können* vorkommen, nennen wir daher *Modal*sätze. Wie erwähnt, wissen wir schon aus der Schulgrammatik, daß die genannten Wörter als *modale* Hilfsverben bezeichnet werden.

Nun stehen aber nicht nur die Äußerungen, die keine normalen Aussagesätze sind, in einem Modus. Vielmehr sprechen wir auch den normalen Aussagesätzen einen Modus zu. Diesen Modus nennen wir *Wirklichkeit.* Es gibt demnach keine sprachliche Äußerung, die nicht in einem Modus stände.

Normalerweise erwähnen wir nur nicht ausdrücklich, daß eine gewöhnliche Sachverhaltsaussage im Modus der Wirklichkeit steht. Wenn wir im folgenden von *Modus* und *modal* sprechen, meinen wir in der Regel also die „obliquen“, das heißt diejenigen Modi, die nicht der Wirklichkeitsmodus sind. Wenn jedoch auch von der Wirklichkeit als Modus die Rede sein soll, wird sich das aus dem Zusammenhang schon eindeutig ergeben.

Zunächst führen wir noch einige Beispiele für (im engeren Sinne) modale Sätze an:

Es ist nötig und möglich, das Haus zu renovieren.
Diese Sätze sind einer Auslegung bedürftig und fähig.
Die Sparkasse ist berechtigt, aber nicht verpflichtet, die Identität des Sparbuchinhabers zu prüfen.
In einem Raucher-Abteil darf man rauchen, aber man muß es nicht.
Übersetzungen von einer Sprache in die andere sind möglich und notwendig.

Ein Bibliotheksbenutzer darf die Bibliothek nicht vor neun Uhr betreten.
Ein Bibliotheksangestellter darf und muß die Bibliothek zu Betriebsbeginn um acht Uhr betreten.
Ein Bibliotheksbenutzer darf die Bibliothek bei Beginn des Publikumsverkehrs um neun Uhr betreten, aber er muß es nicht.

Ein in die Höhe gehaltener und losgelassener Stein muß zur Erde fallen.
Bei Schneefall muß die Straße weiß werden.
Bei Schneefall kann ich Ski laufen.

Der Staat darf einen Beamten auf Lebenszeit nicht entlassen, aber der Beamte darf jederzeit selbst seine Entlassung beantragen.
Der Wehrpflichtige kann seine Entlassung nicht beantragen, aber der Staat kann ihn jederzeit entlassen.
Der Gefangene möchte entlassen werden, der Arbeitnehmer möchte nicht entlassen werden.

Weil, so schließt er messerscharf, nicht sein kann, was nicht sein darf.
Was ich tun muß, das darf ich auch tun.
Was ich nicht tun darf, das muß ich auch nicht tun.
Selbst wenn ich es tun dürfte, würde ich es nicht tun wollen.
Selbst wenn ich es tun wollte – ich darf es nicht.

Versuchen wir, einige Ordnung in dieses Chaos von Sätzen zu bringen.

Ganz grob können wir die genannten Beispiele offenbar auf zwei große Kategorien verteilen.

In einem Teil der Sätze ist von „objektiven“ Sachverhalten die Rede. Zum Beispiel:

Ein losgelassener Stein muß zur Erde fallen oder:
Bei Schneefall muß die Straße weiß werden
gegen:
Bei Schneefall kann ich Ski laufen.

In diesem Fall bezieht sich das *muß* offenbar auf gewisse Naturgegebenheiten, auf die der Mensch keinen Einfluß hat. Jedoch gehören in die Kategorie der „objektiven“ Sachverhalte auch solche, die es zwar mit von Menschen geschaffenen Gegenständen zu tun haben, bei denen aber bestimmte Gegebenheiten ein bestimmtes Handeln nahelegen oder erzwingen. Das gilt für Sätze wie:
Es ist nötig und möglich, das Haus zu renovieren, oder:
Diese Sätze sind einer Auslegung bedürftig und fähig.

Es ist nötig, das Haus zu renovieren heißt: das Haus ist so baufällig, daß es seine Bewohner gefährdet, wenn es nicht sofort repariert wird, oder zumindest: es würde schnell weiter verfallen, wenn man nichts unternimmt.

Es ist möglich, das Haus zu renovieren heißt: das Haus kann noch renoviert werden, es lohnt sich noch, es ist noch nicht so verfallen, daß es besser wäre, es abzureißen und gleich ein neues Haus zu bauen.

Hieraus wird deutlich: zwar ist ein Haus ein von Menschen hergestellter Gegenstand, aber ob es repariert werden muß oder kann, hängt von bestimmten physikalischen Gegebenheiten ab, die der Mensch nicht ändern, denen er nur Rechnung tragen kann.

Diese Sätze sind einer Auslegung bedürftig heißt: sie sind nicht von sich aus verständlich, sondern müssen erklärt werden.

Diese Sätze sind einer Auslegung fähig heißt: Sie sind zwar auf Anhieb nicht verständlich; sie sind aber auch kein bloßer Unsinn, sondern sie können erklärt werden.

Sätze werden „gebaut“ wie Häuser. Anders als Häuser sind sie außerdem nicht physikalischen Gesetzmäßigkeiten unterworfen, sondern „*hermeneutischen*“. Diese „Gesetze“ der Hermeneutik gehören zwar in den Bereich menschlicher Geistestätigkeit, haben sich aber insofern von der menschlichen Willkür gelöst, als man einen bestimmten gegebenen Satz nicht in beliebiger Weise verstehen oder nicht verstehen kann, sondern nur in einer bestimmten Weise.

Übersetzungen von einer Sprache in die andere sind möglich heißt: Jede Aussage kann in jeder beliebigen Sprache formuliert werden – auch wenn die Übersetzung sicherlich nicht in jedem Fall gleich leicht ist.

Übersetzungen von einer Sprache in die andere sind notwendig heißt: Da nicht alle Menschen die gleiche Sprache sprechen, ist es erforderlich, eine Aussage in eine andere Sprache zu übersetzen, wenn sie jemand verstehen soll, der die zunächst gebrauchte Sprache nicht versteht.

Auch hier gilt: die Sprache ist zwar eine menschliche Institution. Aber an der Tatsache, daß es mehrere Sprachen gibt, die ineinander übersetzt werden müssen, kann kein Mensch nachträglich etwas ändern. Er kann dieser Tatsache nur Rechnung tragen, indem er die Institution des Übersetzens schafft.

Die Existenz verschiedener Sprachen ist also für den Menschen ein sachlicher Zwang, eine Gegebenheit, mit der er rechnen muß.

Es wird daher zweckmäßig sein, wenn wir die Fälle unmittelbar „natürlicher" Möglichkeit und Notwendigkeit mit den Fällen der sich aus den Umständen ergebenden Möglichkeit und Notwendigkeit zusammenfassen und von *sachlicher* Möglichkeit und Notwendigkeit sprechen.

Im Falle des Wortes „Notwendigkeit" dürfen wir uns ausnahmsweise einmal auf die Wortgeschichte zur Erläuterung stützen. *Notwendig* bedeutet eigentlich: ‚das, was die Not wendet', also beseitigt. Wenn eine notwendige, „notwendende" Handlung also nicht geschieht, bleibt die *„Not"*. Die Not ist in diesem Falle eine sich aus der Sache ergebende Unzuträglichkeit, etwa der Einsturz eines Hauses – oder auch das Unverständlichbleiben eines Satzes.

Modalitäten wie Möglichkeiten und Notwendigkeiten, die sich auf sachliche Gegebenheiten beziehen, nennen wir *ontische* oder sachliche Modalitäten.

Ganz anders liegt der Fall bei Sätzen wie

Im Raucher-Abteil darf man rauchen, aber man muß es nicht

oder

Ein Angestellter muß, ein Benutzer darf die Bibliothek betreten.

In diesem Fall hängt es nämlich nicht von Naturgesetzen oder zwingenden Sachgegebenheiten ab, ob eine bestimmte Handlung möglich oder notwendig ist, sondern von freier menschlicher Entscheidung.

Am deutlichsten ist das im Fall der Raucherabteile. Es bleibt der Bahnverwaltung völlig überlassen, welche Abteile eines Zuges sie zu Raucherabteilen und welche sie zu Nichtraucherabteilen erklärt. (Meist sind die Schilder sogar so eingerichtet, daß sie ausgewechselt oder verändert werden können.) Allein das Schild *Raucher* oder *Nichtraucher* bestimmt darüber, ob geraucht werden darf oder nicht.

Ähnliches gilt auch für die Bibliothek. Niemand ist durch eine Naturnotwendigkeit gezwungen, die Bibliothek zu betreten. Der Bibliotheksangestellte „muß" seinen Arbeitsplatz nur deshalb betreten, weil er einen Arbeitsvertrag mit der Bibliothek abgeschlossen hat. Diesen Vertrag kann er aber, wenn er will, kündigen, oder aber er kann durch sein Fernbleiben in Kauf nehmen, daß ihm gekündigt wird. Geld zu haben und zu essen ist gewiß eine sachliche Notwendigkeit für jeden Menschen, aber die Nötigung zum Betreten einer bestimmten Arbeitsstätte ist demgegenüber sekundär.

Daß man rauchen darf oder nicht darf, aber ganz gewiß nicht muß, daß man eine Bibliothek betreten darf oder muß, ist ein Ergebnis menschlicher Willkür: Menschen dürfen anderen Menschen bestimmte Handlungen erlauben, gebieten, freistellen, verbieten.

Wir nennen nun solche Modalitäten, die sich auf die freie Willkür der Menschen beziehen, *deontische* oder gesellschaftliche Modalitäten.

Dem Verständnis der sachlichen Modalitäten nähern wir uns am besten über die *wenn*-Beziehungen.

Die wenn-Beziehungen lassen sich, mengentheoretisch gesprochen, auf Obermengen-Untermengen-Beziehungen zurückführen.

Hierfür zunächst ein ganz einfaches Beispiel:
Immer wenn ein Lebewesen ein Hund ist, dann ist es ein Säugetier.
Das ist nichts weiter als die Umformung des Satzes
Alle Hunde sind Säugetiere.
Graphisch stellen wir das so dar:

Die Umkehrung des Satzes wäre:
Nur wenn ein Lebewesen ein Säugetier ist, ist es ein Hund.
Wenn nämlich alle Hunde Säugetiere sind, kann es keinen Hund geben, der kein Säugetier ist. Nur ein Lebewesen, das ein Säugetier ist, ist daher ein Hund.

Die graphische Darstellung ist die gleiche, nur daß jetzt das H-Feld, der Reihenfolge in unserem Satz entsprechend, im S-Feld rechts steht:

Dieses grundlegende Beispiel haben wir nur deshalb gebracht, um zu zeigen, daß wenn-Beziehungen in der Tat Mengen-Beziehungen sind.

Wenden wir uns nunmehr zwei inhaltlich interessanteren Beispielen zu:

Immer wenn es schneit, wird der Erdboden weiß.

Dieser Satz entspricht dem Satz:
Immer wenn ein Lebewesen ein Hund ist, ist es ein Säugetier.
Die Menge der Säugetiere umgreift die Menge der Hunde, das heißt: *Alle Hunde sind Säugetiere* – außerdem gibt es aber noch andere Säugetiere, die keine Hunde sind.

Genau so hier: Der Erdboden muß immer weiß werden, wenn es schneit – daß es schneit und er nicht weiß wird, ist undenkbar. Dagegen kann der Erdboden auch weiß werden, wenn es nicht schneit: etwa durch abgefallene Baumblüten, durch ausgestreuten Kunstdünger, durch Salzablagerungen und so fort.

Die Menge der Fälle „der Erdboden wird weiß" umgreift also die Menge der Fälle „Es schneit". Graphisch stellen wir das so dar:

Nunmehr das Gegenbeispiel:
Nur wenn es geschneit hat, laufe ich Ski.
Dieser Satz entspricht dem Satz:
Nur wenn ein Lebewesen ein Säugetier ist, ist es ein Hund.
Denn da die Menge der Säugetiere die Menge der Hunde umgreift, kann es keinen Hund geben, der kein Säugetier ist.

Genau so hier: Ich kann nur Ski laufen, wenn es geschneit hat. Aber andererseits muß ich keineswegs immer Ski laufen, wenn es geschneit hat – denn ich kann ja auch beruflich verhindert oder krank sein oder einfach keine Lust haben.

Daher umgreift die Menge der Fälle „Es schneit" die Menge der Fälle „Ich laufe Ski". Graphisch stellen wir das so dar:

In dem Satz:

Immer wenn es schneit, wird der Erdboden weiß

bezeichnen wir das Schneien als die *hinreichende Bedingung* dafür, daß der Erdboden weiß wird. „Hinreichend" soll hier bedeuten, daß es ausreicht, daß es schneit; eine andere Bedingung braucht nicht mehr hinzuzutreten.

In dem Satz:

Nur wenn es geschneit hat, laufe ich Ski

bezeichnen wir dagegen das Schneien als die *notwendige Bedingung* dafür, daß ich Ski laufe. *Notwendig* heißt hier: Es muß schneien, damit ich Ski laufen kann, ohne Schnee kann ich nicht Ski laufen.

Für das Weißwerden des Erdbodens ist das Schneien zwar eine *hinreichende,* aber *keine notwendige* Bedingung, weil der Erdboden auch auf andere Weise weiß werden kann.

Für das Skilaufen ist umgekehrt das Schneien zwar eine *notwendige,* aber *keine hinreichende* Bedingung, denn um wirklich Ski zu laufen, muß ich gesund sein und Zeit und Lust haben.

Nun muß ausdrücklich betont werden, daß sich die Wörter *hinreichend* und *notwendig* auf die BEDINGUNG beziehen, das heißt auf die Aussage, die in dem Wenn-Satz steht *(Wenn es schneit* bzw. *Wenn es geschneit hat),* nicht aber auf die FOLGE, die im zweiten Satz ohne *wenn* steht *(wird der Erdboden weiß* bzw. *laufe ich Ski).*

Nunmehr wollen wir jedoch unser Augenmerk auf den FOLGESATZ richten und kommen dann zu folgenden Bezeichnungen:

In dem Satz:

Immer wenn es schneit, wird der Erdboden weiß

bezeichnen wir das Weißwerden des Erdbodens als die *notwendige*

Folge der Tatsache, daß es schneit. „Notwendig" soll hier also bedeuten, daß die Erde immer dann, wenn es schneit, auch weiß wird. Es kann nicht schneien, ohne daß sie weiß wird – so wie man sich nicht den Pelz waschen kann, ohne ihn sich naß zu machen.

In dem Satz:

Nur wenn es geschneit hat, laufe ich Ski

hingegen bezeichnen wir das Skilaufen als die *mögliche Folge* der Tatsache, daß es schneit. Das Skilaufen ist also keine notwendige Folge des Schneiens, weil ich ja nicht unbedingt immer dann Ski laufen muß, wenn es schneit. Ich habe nur die Möglichkeit dazu, aber es besteht keine Notwendigkeit.

Es entspricht also (in dem „Immer wenn"-Satz) der *hinreichenden* Bedingung die *notwendige* Folge, und (in dem „Nur wenn"-Satz) der *notwendigen* Bedingung die *mögliche* Folge.

Damit haben wir die natürlichen oder ontischen Modalitäten *Notwendigkeit* und *Möglichkeit* definiert: Notwendig ist ein Ereignis, das eintreten muß, möglich dagegen ein Ereignis, das nur eintreten kann, aber nicht muß.

Dazwischen steht als die „normale" Modalität die *Wirklichkeit.*

Die drei Modi Notwendigkeit, Wirklichkeit und Möglichkeit stehen nun zueinander ihrerseits in einer Art Mengeneinschluß-Verhältnis, das sich folgendermaßen umschreiben läßt:

Alles, was notwendig ist, ist auch wirklich.
Alles, was wirklich ist, ist auch möglich.
Und daher erst recht:
Alles, was notwendig ist, ist auch möglich.
(Beispiel: *Der Erdboden wird weiß*)

Und umgekehrt gilt:

Nicht alles, was möglich ist, ist auch wirklich.
Nicht alles, was wirklich ist, ist auch notwendig.
Und erst recht:
Nicht alles, was möglich ist, ist auch notwendig.
(Beispiel: *Ich laufe Ski*)

Graphisch dargestellt:

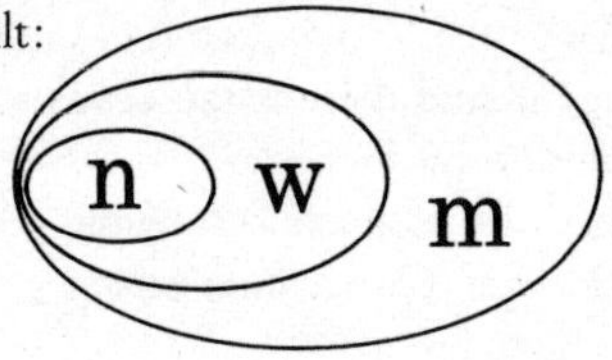

Die Erläuterung dieses Verhältnisses ergibt sich nach dem Gesagten von selbst.

(Vermerkt sei hier noch: das hier erörterte Mengeneinschluß-Verhältnis hat nichts mit den oben im Zusammenhang mit den wenn-Relationen erörterten Einschlußverhältnissen zu tun. Denn dort ging es um das Verhältnis zweier verschiedener Sätze, hier dagegen um den Status eines bestimmten einzelnen Satzes, etwa: *Der Erdboden wird weiß* zu den drei Modi.)

Möglichkeit: Der Erdboden kann weiß werden (durch verschiedene Ereignisse, wie Schnee, Blüten, Dünger, Salz).

Wirklichkeit: Der Erdboden wird (tatsächlich) weiß.

Notwendigkeit: Der Erdboden muß weiß werden (weil eines der genannten Ereignisse eintritt).

Weiterhin gilt:

Alles, was nicht möglich ist, ist auch nicht wirklich.

Alles, was nicht wirklich ist, ist auch nicht notwendig.

Und erst recht:

Alles, was nicht möglich ist, ist auch nicht notwendig.

Der Sinn dieser Sätze ergibt sich von selbst.

Aus der graphischen Darstellung lassen sie sich wie folgt ablesen: Da der *m*-Kreis den *w*-Kreis ganz einschließt, liegt alles, was außerhalb *m* liegt, auch außerhalb *w.*

Das Entsprechende gilt auch für *w* und *n,* sowie (durch Überspringen von *w*) für *n* und *m.*

Ferner:

Nicht alles, was nicht notwendig ist, ist auch nicht wirklich.

Nicht alles, was nicht wirklich ist, ist auch nicht möglich.

Und erst recht:

Nicht alles, was nicht notwendig ist, ist auch nicht möglich.

Infolge der doppelten Verneinung (bei „alles" und bei den Modus-Bezeichnungen) sind diese Sätze etwas schwieriger zu erfassen, aber auch hier ist der Sinn klar:

Es gibt manches, das möglich ist, obwohl es nicht notwendig ist.

Aus der graphischen Darstellung lassen sich auch diese Sätze sehr leicht wie folgt ablesen:

Die Fläche außerhalb des *n*-Kreises ist zum Teil durch den *w*-Kreis abgedeckt, so daß auch Punkte, die nicht in *n* liegen können, in w liegen können. Das Entsprechende gilt auch für *w* und *m* sowie (durch Überspringen von *w*) für *n* und *m*.

B. Gesellschaftliche oder deontische Modi

I. Deontische Modi als Analogien zu ontischen Modi

Im Unterschied zu den natürlichen oder ontischen Modalitäten sind die gesellschaftlichen oder deontischen Modalitäten von Sachgegebenheiten unabhängig. Sie können vielmehr von den Menschen mehr oder weniger beliebig festgesetzt werden.

Notwendigkeit und Möglichkeit sind die Grundbegriffe auch der deontischen Modalität – nur handelt es sich hier eben um Notwendigkeit und Möglichkeit, die *von Menschen gesetzt* wird. Statt Notwendigkeit sagen wir daher „*Gebot*" und statt Möglichkeit „*Erlaubnis*".

Gleich zu Anfang muß grundsätzlich gesagt werden, daß in einer utopischen Gesellschaft, die jeden Zwang ablehnen würde, natürlich keinerlei deontische Modalitäten existieren würden; denn in einer solchen Gesellschaftsordnung könnte es so etwas wie Gebot oder Erlaubnis überhaupt nicht geben.

Es kann jedoch kein Zweifel daran sein, daß eine solche Vorstellung utopisch ist. Eine Gesellschaft wird ohne ausdrückliche Normen über das, was geboten und was erlaubt ist, nicht auskommen.

Doch nach dieser Vorbemerkung nun die systematische Darstellung der deontischen Modalitäten.

Wir setzen sie in Entsprechung zu den ontischen Modalitäten und nehmen die jeweiligen Negationen gleich hinzu:

ontisch	*deontisch*		
notwendig	geboten	=	nicht freigestellt
nicht notwendig	nicht geboten	=	freigestellt
möglich	erlaubt	=	nicht verboten
nicht möglich	nicht erlaubt	=	verboten

Wir bilden also zunächst die deontischen Entsprechungen zu notwendig und möglich und kommen so zu den Ausdrücken *geboten* und *erlaubt.* Hierzu bilden wir entsprechend die Negationen.

Hierbei fällt uns nun aber auf, daß wir zumindest die Negation „nicht erlaubt“ auch positiv ausdrücken können: nämlich durch das Wort *verboten;* und daß wir dafür umgekehrt „erlaubt“ auch negativ, nämlich durch *nicht verboten,* ausdrücken können.

Das veranlaßt uns nun, für die Negation „nicht geboten“ ebenfalls nach einer positiven Entsprechung zu suchen. In der modallogischen Literatur allgemein üblich ist hierfür das Wort *freigestellt.*

Unter der Negation *nicht freigestellt* versteht man dann „nicht in das Belieben gestellt“, also „geboten“.

II. Deontische Modi und modale Hilfsverben

Bisher haben wir unsere deontischen Modalitäten aus den ontischen Modalitäten durch Aufsuchen der Analogien gewonnen. Nunmehr müssen wir sie zu den „modalen Hilfsverben“ in Beziehung setzen.

Wir kommen zu Entsprechungen, wie S. 48 dargestellt.

Unsere Übersicht zeigt, daß für die vier deontischen Modi, die wir bisher besprachen, überhaupt nur zwei der modalen Hilfsverben gebraucht werden: nämlich *muß* und *darf* mit ihren Negationen.

Es gibt jedoch noch viel mehr modale Hilfsverben, so etwa: *soll, will, kann, mag.* Wie sind diese Verben zu beurteilen?

notwendig	geboten *muß*	nicht freigestellt
nicht notwendig	nicht geboten *muß nicht* *(braucht nicht zu)*	freigestellt
möglich	erlaubt *darf*	nicht verboten
nicht möglich	nicht erlaubt *darf nicht*	verboten

Soll wirkt auf den ersten Blick wie ein abgeschwächtes *muß*, und so wird es etwa in der Rechtssprache auch gebraucht: „Der Bewerber *muß* die Doktorprüfung abgelegt haben" ist ein absolutes Gebot. „Der Bewerber *soll* die Doktorprüfung abgelegt haben" dagegen bedeutet: es ist erwünscht, aber nicht Bedingung.

Daß beide Verben jedoch nicht nur in der Bedeutung etwas verschieden, sondern auch logisch nicht gleichwertig sind, bemerken wir, wenn wir sie negieren: *muß nicht* bedeutet Freistellung, *soll nicht* dagegen ist ein abgeschwächtes Verbot, bedeutet also fast so viel wie „darf nicht".

Eine Gegenüberstellung von *muß nicht* und *soll nicht* zeigt folgendes:

Er muß nicht kommen ist zu lesen als *Er* ⌜*muß nicht*⌝ *kommen.*
Dagegen ist
Er soll nicht kommen zu lesen als *Er soll* ⌜*nicht kommen*⌝ *[= Er soll fern bleiben].*

Das heißt: bei *muß nicht* gehört das *nicht* eher zu *muß* und betont also die fehlende Verpflichtung, bei *soll nicht* dagegen gehört das *nicht* eher zum Hauptverb und betont die Verpflichtung zur Nichtausführung einer Handlung. (Das als modales Hilfsverbum nur verneint benutzte *braucht nicht* ist gleichbedeutend mit *muß nicht*, ist also der Freistellung zugeordnet.)[3]

Will bezieht sich auf die subjektive Absicht einer Person, ohne

Rücksicht darauf, ob sie diese Absicht verwirklichen kann oder nicht.

Wenn uns etwas *erlaubt* ist, können wir unser *Wollen verwirklichen*, wenn uns etwas *verboten* ist, dagegen *nicht*, bzw. nur illegal, das heißt, wir können es zwar tatsächlich verwirklichen, aber nicht moralisch/juristisch.

Ebenso können wir unser *Wollen verwirklichen*, wenn wir etwas tun, das uns *sowieso geboten* ist, oder wenn wir etwas uns *Freigestelltes* tun.

Wenn wir etwas *nicht wollen*, so können wir das nur im Falle eines entgegenstehenden Gebotes nicht verwirklichen, während *Erlaubnis, Freistellung* und *Verbot* uns die Möglichkeit geben, etwas Nichtgewünschtes auch nicht zu tun.

Kann wird in vielen Fällen gleichbedeutend mit *darf* gebraucht, zum Beispiel:
„Sie *können* hierbleiben" heißt so viel wie „Sie *dürfen* hierbleiben", und „Sie *können* nicht rauchen" soviel wie „Sie *dürfen* nicht rauchen".

Aber schon, wenn wir das letzte Beispiel in die erste Person versetzen, zeigt sich, daß *kann* noch eine andere Bedeutung hat.

Ich kann rauchen ist nicht unbedingt dasselbe wie *ich darf rauchen*, und *Ich kann nicht rauchen* nicht dasselbe wie *ich darf nicht rauchen*.

Ich kann (nicht) rauchen bedeutet vielmehr auch soviel wie „Ich bin (nicht) imstande zu rauchen", „ich beherrsche (nicht) die Kunst oder Technik des Rauchens" – genau wie wir auch *ich kann Geige spielen* oder *ich kann schwimmen* sagen.

Kann bedeutet also auch soviel wie „fähig sein". Hier wird sichtbar, daß *kann* sowohl den ontischen als auch den deontischen Bereich des Möglichkeits-Modus deckt: es bedeutet sowohl „möglich" im Sinne von ‚fähig' als auch „möglich" im Sinne von ‚erlaubt'.

Es wird deutlich, daß *kann* genau wie *will* sich auf die subjektive Disposition der Person bezieht. *Will* bezieht sich auf die Absicht, *kann* auf die Fähigkeit. Beides kann man unabhängig voneinander variieren: Was man *will*, kann man *können* oder *nicht können*, und ebenso kann man *können* oder *nicht können*, was man *nicht will*.

Noch ein Wort zu Christian Morgensterns *Unmöglicher Tatsache: [...]*

Wagen durften dort nicht fahren!
Und er kommt zu dem Ergebnis:
Nur ein Traum war das Erlebnis.
Weil, so schließt er messerscharf,
nicht sein *kann*, was nicht sein *darf*.[4]

Eine modallogische Analyse von Palmströms messerscharfem Schluß zeigt, daß hier eine Verwechselung entsprechender Modi der ontischen und der deontischen Ebene vorliegt.

Palmström schließt von dem *darf nicht* auf das *kann nicht*, also vom deontischen Verbot auf die ontische Unmöglichkeit: Wo ein Auto nicht fahren *darf*, da *kann* auch keines fahren. Aber natürlich kann ein Verbot allein noch nicht bewirken, daß ein Vorgang auch tatsächlich nicht stattfindet, weil ein Verbot jederzeit praktisch durchbrochen werden kann.

III. Die Beziehung der deontischen Modi untereinander

Für die *ontischen* Modi hatten wir folgende vier Sätze aufgestellt:
Alles, was notwendig ist, ist auch möglich.
Nicht alles, was möglich ist, ist auch notwendig.
Alles, was nicht möglich ist, ist auch nicht notwendig.
Nicht alles, was nicht notwendig ist, ist auch nicht möglich.

Auf die *deontischen* Modi übertragen, lauten diese vier Sätze wie folgt:
Alles, was geboten ist, ist auch erlaubt.
Nicht alles, was erlaubt ist, ist auch geboten.
Alles, was nicht erlaubt (=verboten) ist, ist auch nicht geboten (=freigestellt).
Nicht alles, was nicht geboten (=freigestellt) ist, ist auch nicht erlaubt (=verboten).

Diese zum Teil schon etwas komplizierten Sätze lassen sich sehr leicht graphisch erläutern. Wir benutzen zu diesem Zweck die Mengengraphik der ontischen Modi

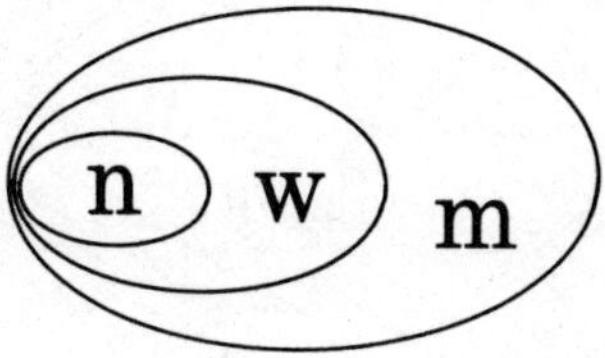

und vereinfachen sie, indem wir den Modus der Wirklichkeit weglassen:

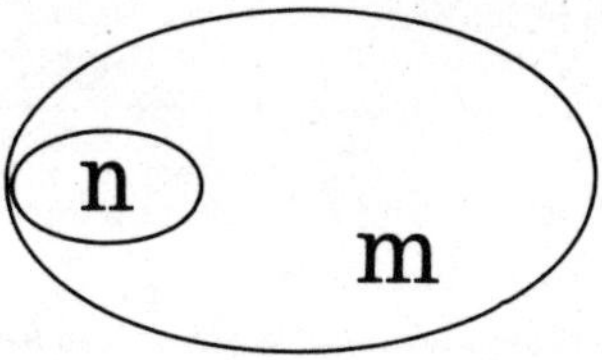

Nunmehr setzen wir für *notwendig geboten* und für *möglich erlaubt* ein.

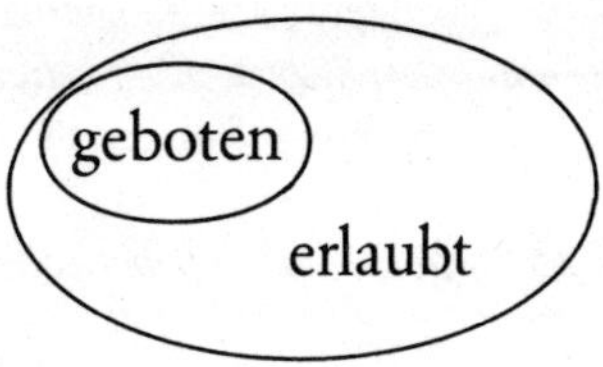

Um nun auch die Negationen *nicht geboten* (=freigestellt) und *nicht erlaubt* (=verboten) zu bekommen, setzen wir die Kreisfigur in ein Rechteck und schraffieren die jeweiligen Negationsbereiche.

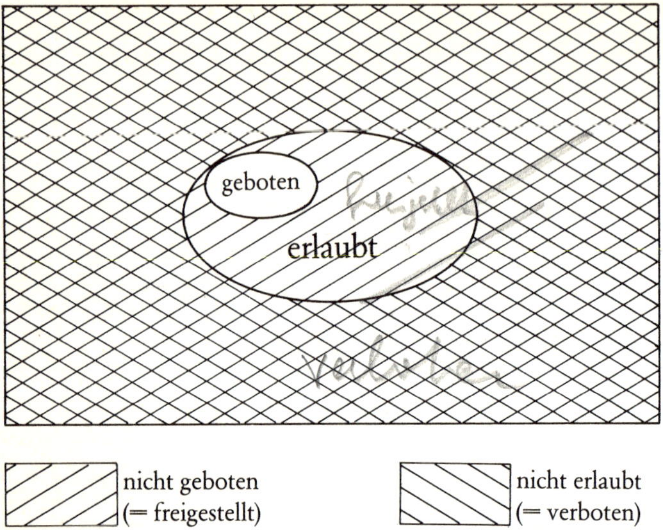

Beispiele für unsere vier Sätze lassen sich leicht finden:
Alles, was geboten ist, ist auch erlaubt:
Wer zur Arbeit an einem bestimmten Schreibtisch verpflichtet ist, darf sich auch an diesen Schreibtisch setzen.

Nicht alles, was erlaubt ist, ist auch geboten:
Wo geraucht werden darf, muß nicht geraucht werden.

Alles, was verboten ist, ist auch nicht geboten (= freigestellt):
Wenn das Betreten eines Schulgebäudes baupolizeilich untersagt ist, sind die Schüler auch nicht verpflichtet, es zu betreten.

Nicht alles, was nicht geboten (= freigestellt) ist, ist auch verboten:
Niemand ist verpflichtet, ins Theater zu gehen, aber niemandem ist es auch verwehrt.

Nun lassen sich die hier aufgeführten Alles- und Nicht alles-Sätze auch umdrehen, etwa nach dem Muster:
Alle Hunde sind Säugetiere – manche Säugetiere sind Hunde.
Nicht alle Säugetiere sind Hunde – manche Säugetiere sind keine Hunde.

So können wir auch sagen:

Manches, was erlaubt ist, ist auch geboten: *Seinem Kind darf und muß man einen Vornamen geben.*

Manches, was erlaubt ist, ist nicht geboten: *Das Rauchen.*

Manches, was freigestellt (nicht geboten) ist, ist verboten: *Das Baden in bestimmten Gewässern.*

Manches, was freigestellt (nicht geboten) ist, ist erlaubt: *Das Baden in einer Badeanstalt.*

Nunmehr müssen wir uns erinnern, daß unsere vier deontischen Modi aus zwei Grundmodi durch Hinzufügung der jeweiligen Negation entstanden sind. Aus den ontischen Grundmodi *notwendig* und *möglich* leiteten wir die deontischen Modi *geboten* und *erlaubt* ab und bildeten durch Verneinung die beiden sekundären Modi *nicht geboten (=freigestellt)* und *nicht erlaubt (= verboten).*

Wir können unsere Modi daher in ein zweidimensionales Schema bringen, indem wir die Dimensionen Gebot und Erlaubnis sowie positiv und negativ senkrecht zueinander stellen:

	Bejahung	Verneinung
Notwendig = geboten	geboten (nicht freigestellt) muß	nicht geboten (freigestellt) muß nicht

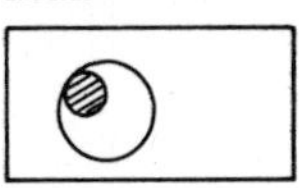

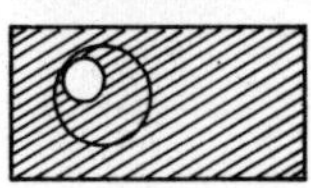

Möglich
= erlaubt

erlaubt
(nicht verboten)
darf

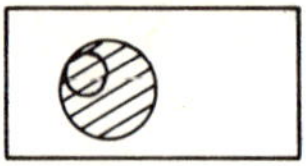

nicht erlaubt
(verboten)
darf nicht

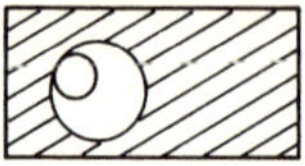

3. KAPITEL

ETHIK

Einleitung

Ein Mann sitzt in seinem Arbeitszimmer am Schreibtisch über einer schwierigen Arbeit. Seine Frau kommt herein, um etwas mit ihm zu besprechen oder aber auch nur, um ihn etwas zu fragen. (Selbstverständlich kann auch die Frau am Schreibtisch sitzen und der Mann sie etwas fragen wollen – darauf kommt es nicht an.) Da er gerade über einer kniffligen Sache sitzt, antwortet er kürzer und ungeduldiger, als es eigentlich angemessen wäre. Ohne ein Wort darüber zu verlieren, verläßt die Frau das Zimmer wieder.

Nun kann sich folgendes ereignen: der Mann wird mit seiner Arbeit fertig und fühlt sich wieder entlastet. Da kommt ihm zum Bewußtsein, daß er seiner Frau wohl nicht ganz angemessen geantwortet hat. Er war zwar keineswegs unfreundlich oder gereizt, aber er war kürzer, als er eigentlich hätte sein sollen.

Das verfolgt ihn nun den ganzen Tag. Er hat das Gefühl, seiner Frau gegenüber lieblos gewesen zu sein, sie im Stich gelassen zu haben. Er hat, wie wir zu sagen pflegen, ein „Schuldgefühl" oder ein „schlechtes Gewissen".

Was bedeutet das? Bedeutet das, daß der Mann nun befürchtet, vor Gericht zu müssen oder bestraft zu werden? Wohl kaum, denn in keinem Land der Welt gibt es ein Strafgesetz, das sein Verhalten auch nur im entferntesten unter Strafe stellen würde. (Auch und gerade in totalitären Staaten nicht, da hier ganz andere Dinge für strafwürdig gehalten würden.) Gibt es einen Zeugen, der den Vorfall mißbilligen oder weitererzählen könnte? Ein Zeuge ist auch nicht da, und wenn er da wäre, würde er den Vorfall möglicherweise für ganz normal halten.

Befürchtet er eine merkliche Reaktion seiner Frau? Auch das ist ausgeschlossen, denn seine Frau ist schweigend oder sogar ganz normal und sachlich antwortend hinausgegangen und kommt auf den Vorfall auch später nicht wieder zurück.

Es ist also, äußerlich gesehen, überhaupt nichts Bedrohliches passiert, und es wird auch nichts passieren. Und trotzdem ist der Mann irgendwie bedrückt, er macht sich Vorwürfe wegen seines Verhaltens. Dabei ist sein Verhalten sogar entschuldbar: er saß an einer schwierigen Sache im Rahmen seiner beruflichen Arbeit, die seiner Familie den Unterhalt sichert. Und zudem hat er in keiner Weise extrem reagiert: er hat seine Frau ja nicht angeschrien oder gar verprügelt. Gemessen an der inneren Belastung, unter der er gerade stand, ist sein Verhalten womöglich sogar noch als beherrscht und gemäßigt einzustufen. Und trotzdem nagt etwas in ihm, hat er, wie wir auch sagen, „Gewissensbisse".

Ohne es recht zu merken, haben wir schon ein gutes Stück zum Verständnis dessen zurückgelegt, was der Gegenstand der „Ethik"[1] ist. Das Verhalten des Mannes wird weder strafrechtlich noch von irgendwelchen Konventionen verurteilt. Trotzdem verurteilt er sich selber, aufgrund eines „moralischen Kompasses" in sich, den wir auch das „Gewissen" nennen.[2] Die Tatsache, daß es diesen Kompaß gibt, einen Kompaß, der genauer reagiert als alle äußeren juristischen und sozialen Steuerungsmittel – diese Tatsache ist der wesentliche Gegenstand dessen, was wir „Ethik" nennen.

Zu Anfang ist eine terminologische Klärung notwendig. Die Wörter „Ethik", „ethisch" und so fort benutzen wir, wenn wir die *Wissenschaft* meinen, und zwar diejenige Wissenschaft, die die „Moral" zu ihrem *Gegenstand* hat.[3]

Wir sagen also: „die *ethische* Diskussion der Gegenwart", wenn wir die wissenschaftliche Auseinandersetzung *über* moralische Probleme meinen, und „die *moralischen* Probleme der heutigen Gesellschaft", wenn wir damit die *Inhalte* der Ethik wie politische Moral, Moral im Umgang der Geschlechter, der Generationen, von Vorgesetzten und Untergebenen und ähnliches meinen.

Selbstverständlich ist der praktische Sprachgebrauch, wie wir ihn gewöhnlich vorfinden, hier nicht konsequent. Sehr oft – auch in der Wissenschaft – wird „Ethik", „ethisch" gesagt, wenn eigentlich „Moral", „moralisch" gemeint ist.

Das hängt übrigens nicht zuletzt auch damit zusammen, daß die Wörter „Ethik" und „ethisch", ganz besonders aber das Wort „Ethos", von dem sie abgeleitet sind, einen ausgesprochen positiven Klang haben, während „Moral" als Angelegenheit von Pfaffen, Schulmeistern und Muckern abgestempelt ist: „moralisieren", „Moral predigen", „moralinsauer". (Merkwürdigerweise hat das Adjektiv „moralisch" diese Abwertung nicht ganz mitgemacht – es wird sehr oft als Synonym zu „ethisch" und damit positiv gebraucht.)

A. Die geschichtliche Entwicklung der Ethik

Einleitung. Kein Fortschritt in der Moral

Wohl alle Philosophen und philosophischen Laien sind sich darüber einig, daß es in der Moral – anders als zweifellos etwa in der Wissenschaft und eindeutig in der Technik – im Laufe der Geschichte keinen Fortschritt gegeben hat. Die Menschen sind heute nicht „besser" als vor zweitausend Jahren – im Gegenteil, ist man nicht ohne Grund versucht zu sagen.[4]

Für die Beschäftigung mit der Ethik als der Wissenschaft von der Moral bedeutet dies: in viel höherem Maße als bei anderen Wissenschaften kann und muß man hier auf das zurückgreifen, was die alten Philosophen erarbeitet haben. Die Logik des Aristoteles und die Erkenntnistheorie Kants genügen heute in vielem den Ansprüchen an Exaktheit nicht mehr – aber die Grundgedanken der Ethiker Aristoteles und Kant sind heute so aktuell wie je. Aus diesem Grunde ist es auch sinnvoll, eine Einführung in die Ethik mit der Darstellung der Grundgedanken der wichtigsten klassischen Philosophen zu beginnen.

Ēthos bedeutet im Griechischen soviel wie *,Gewohnheit'*, *,Sitte'*, *,Brauch'*, aber auch schon *,Sinnesart'*, *,Charakter'*, *,sittliche Beschaffenheit'*. Das von *ēthos* abgeleitete Adjektiv *ēthikós* „ethisch" bedeutet ,sittlich', ,ruhig', ,charaktervoll'.

Das Wort „ethisch" im Sinne einer philosophischen Disziplin wird zuerst von Aristoteles gebraucht.

Für Aristoteles als Ethiker ist das *Glück* das höchste Gut:[5]

> „Im Ausgang von der Polis [Stadt, Staat, Gemeinwesen], wie man sie vor Augen hat, von dem uns Bekannten [...] bestimmt Aristoteles das Glück (eudaimonía) als das höchste Gut, das alle um seiner selbst willen wollen, inhaltlich als *,Verwirklichung der Seele gemäß der Tugend' [...]* in einem Stande, in dem der Mensch ,gemäß vollendeter Tugend und Tüchtigkeit' tätig ist und über die äußeren Güter im ausreichenden Maße verfügt, [...] in einem vollendeten Leben [...]." (Joachim Ritter)

Der ursprüngliche Grundbegriff der Ethik ist also das *Glück*. Das griechische Wort *eudaimonía* bedeutet eigentlich so viel wie „Leben unter einem guten Dämon", wobei man wiederum bedenken muß, daß „Dämon" im Griechischen nicht nur die uns geläufige negative Bedeutung, sondern auch eine positive Bedeutung hat: ,Schutzgottheit', ,Schutzgeist'.

Aus dieser Wortherkunft und aus dem oben von Joachim Ritter Zitierten geht deutlich hervor, daß „Glück" nicht oberflächlich, etwa im Sinne von Reichtum, zu verstehen ist, sondern als „Verwirklichung der Seele gemäß der Tugend", also als ein Leben, das Rechtschaffenheit und ein bescheidenes Behagen verbindet.

Über diese Grundbestimmung der Ethik hinaus bestand die grundlegende Leistung von Aristoteles für die Ethik darin, daß er eine *Theorie der Tugenden* aufstellte, die sowohl das Wesen der Tugend bestimmte als auch einige Tugenden beispielhaft aufführte.

Aristoteles definierte die Tugend als rechte Mitte zwischen zwei schlechten Extremen:

So ist der Mut die Mitte zwischen Feigheit und Tollkühnheit, die Freizügigkeit im Umgang mit dem Geld die Mitte zwischen

Geiz und Verschwendung, die Gerechtigkeit die Mitte zwischen Unrechttun und Unrechtleiden, und so fort.

Diese Einsicht gilt, wie man sieht, noch heute; es dürfte nur sehr wenig Gebiete und Situationen unseres Lebens geben, wo ein extremes Verhalten irgend einer Art gerechtfertigt wäre.

II. Kant

Da es uns nicht um Ethikgeschichte um ihrer selbst willen geht, können wir nun gleich einen großen Sprung machen: von Aristoteles als dem Schöpfer der Grundposition der „Eudämonie" zu *Kant.*

Kant hat seine Ethik in seiner kurzen Schrift „Grundlegung zur Metaphysik der Sitten" in gut zugänglicher Weise dargestellt. Wir können uns daher an Kants eigene Worte halten.

Er beginnt die Erörterung mit den berühmten Sätzen:[6]

> „Es ist überall [= überhaupt] nichts in der Welt [...] zu denken möglich, was ohne Einschränkung für gut könnte gehalten werden, als allein ein *guter Wille.* [...] Macht, Reichtum, Ehre, selbst Gesundheit, und das ganze Wohlbefinden und Zufriedenheit mit seinem Zustande, unter dem Namen der *Glückseligkeit,* machen Mut und hiedurch öfters auch Übermut, wo nicht ein guter Wille da ist, der den Einfluß derselben [der Glückseligkeit] aufs Gemüt, und hiemit auch das ganze Prinzip zu handeln, berichtige und allgemein-zweckmäßig mache [...]."

Nicht die Glückseligkeit ist für Kant also Sinn und Ziel des Lebens, sondern der „gute Wille".

Was Kant unter dem „guten Willen" versteht, beschreibt er bald näher:[7]

> „Der gute Wille ist nicht durch das, was er bewirkt, oder ausrichtet, nicht durch seine Tauglichkeit zu Erreichung irgend eines vorgesetzten Zweckes, sondern allein durch das Wollen, d[as] i[st] [= heißt] an sich, gut, und, für sich selbst betrachtet, ohne Vergleich weit höher zu schätzen, als alles, was durch ihn zu Gunsten irgend einer Neigung, ja, wenn man will, der Summe aller Neigungen, nur immer zu Stande gebracht werden könnte."

Kant stellt hier also den „guten Willen" der „Neigung" gegenüber. Nicht, wer der „Neigung" folgt, handelt moralisch, oder, wie

Kant sagt, sittlich, sondern nur derjenige, der sich am „guten Willen" orientiert – und dieser gute Wille ist „allein durch das Wollen, d.i. an sich [als solcher], gut"! Schon hier wird deutlich, daß der Orientierungspunkt des sittlichen Handelns, nämlich der gute Wille, etwas *Formales* ist, das sich nicht an bestimmten inhaltlichen Zielen, an „Glücksgaben" wie „Macht, Reichtum, Ehre, selbst Gesundheit, und das ganze Wohlbefinden und Zufriedenheit mit seinem Zustande", mit einem Wort, an der „Glückseligkeit" orientiert.

Aus diesem zentralen Begriff des „guten Willens" entwickelt Kant nun den Begriff, der seitdem, vor allem in Deutschland, als *der* ethische Grundbegriff schlechthin galt: nämlich den Begriff der „*Pflicht*".[8]

„Um aber den Begriff eines an sich selbst hochzuschätzenden und ohne weitere Absicht guten Willens [...] zu entwickeln: wollen wir den Begriff der *Pflicht* vor uns nehmen, der den eines guten Willens [...] enthält [...]."

Diesen Begriff der Pflicht entwickelt Kant nun in äußerst rigoroser, ja dogmatischer Weise als Gegenbegriff zu dem der Neigung.

Er unterscheidet zunächst „pflichtwidrige" und „pflichtmäßige" Handlungen.[9]

Von den pflichtwidrigen Handlungen spricht er gar nicht erst, da ihre ethische Bewertung ja eindeutig ist.

Kompliziert dagegen wird es bei den pflichtmäßigen Handlungen. Dies sind Handlungen, die man dem *Inhalt* nach als „gut" bewerten kann, bei deren Beurteilung es aber auf das *Motiv* ankommt. Kant erläutert das an dem sehr anschaulichen Beispiel des Kaufmanns, der nicht die Unerfahrenheit eines Teils seiner Kunden, etwa der Kinder, ausnutzt, um ihnen höhere Preise abzunehmen, sondern der alle Kunden zum gleichen Preis bedient. Kant sagt: Dies tut der Kaufmann nicht aus Neigung, denn er liebt ja seine Kunden nicht. Aber er tut es auch nicht „aus Pflicht", „sondern bloß in eigennütziger Absicht": „sein Vorteil erforderte es".[10]

(Denn: ein Geschäftsmann kann zwar *einmal* einen Kunden betrügen. Auf die Dauer hätte er aber nichts davon, denn sein Verhalten spräche sich herum, und niemand würde mehr bei ihm kaufen. Also ist ein Kaufmann in der Regel schon aus wohlverstandenem Eigeninteresse „ehrlich".)

Kant ist also der Überzeugung, daß eine Handlung niemals einfach nach ihrem *Inhalt* beurteilt werden kann. Vielmehr kommt es auf das *Motiv* an, nämlich darauf, ob man „aus Pflicht" gehandelt hat. So sagt Kant von seinem Kaufmann: „Man wird also *ehrlich* bedient; allein das ist lange nicht genug, um deswegen zu glauben, der Kaufmann habe aus Pflicht und Grundsätzen der Ehrlichkeit so verfahren".[10]

Nun wird deutlich: das Kaufmannsbeispiel ist ziemlich ungeeignet, zu zeigen, wie ein wirkliches Handeln „aus Pflicht" denn aussehe, weil ein Kaufmann das Handeln aus Pflicht von dem aus Eigeninteresse kaum abheben kann. Daher verdeutlicht Kant das von ihm Gemeinte an einem in seiner Radikalität geradezu erschreckenden Beispiel, das aber gerade deshalb die ganze Strenge der Kantischen Ethik erkennen läßt:[10]

„[...] sein Leben zu erhalten, ist Pflicht, und überdem hat jedermann dazu noch eine unmittelbare Neigung." Eben deshalb hat der Selbsterhaltungstrieb, obwohl er inhaltlich einer Pflicht gerecht wird, „keinen moralischen Gehalt": man bewahrt sein „Leben zwar *pflichtmäßig*, aber nicht aus *Pflicht.*"

Und nun kommt Kant endlich zur Sache, wie er sie versteht:

> „Dagegen, wenn Widerwärtigkeiten und hoffnungsloser Gram den Geschmack am Leben gänzlich weggenommen haben; wenn der Unglückliche, stark an Seele, [...] den Tod wünscht, und sein Leben doch erhält, ohne es zu lieben, nicht aus Neigung, oder Furcht, sondern aus Pflicht: alsdenn hat seine Maxime [= Vorsatz, Prinzip] einen moralischen Gehalt."

Hier wird rigoros deutlich: erst dann, wenn selbst der Anschein einer Neigung radikal getilgt worden ist, ist der moralische Charakter einer Handlung nachweisbar.

Im nächsten Absatz verdeutlicht Kant das gleiche noch einmal an einem nicht ganz so radikalen, aber doch recht drastischen Beispiel:[11]

Ein Wohltäter handelt nicht als solcher schon sittlich, da ja auch eigennützige Motive im Spiel sein können. Aber:

„Gesetzt [...], das Gemüt jenes Menschenfreundes wäre vom eigenen Gram umwölkt, [...] fremde Not rührte ihn nicht, weil er mit seiner eigenen genug beschäftigt ist, und nun, da keine Neigung ihn mehr dazu anreizt, risse er sich doch aus dieser tödlichen Unempfindlichkeit heraus, und täte die Handlung ohne alle Neigung, lediglich aus Pflicht, alsdenn hat sie allererst ihren echten moralischen Wert."

Schon diese extremen und ersichtlich gekünstelten Beispiele machen deutlich, daß Kants Theorie, bei Lichte besehen, geradezu widerethisch ist. Denn eine Ethik, die jedes normale mitmenschliche Handeln als in Wahrheit egoistisch abwertet und nur Extremsituationen übrig läßt, schlägt ins Gegenteil um: aus extremer Selbstentäußerung wird extremer Egoismus, weil nicht mehr der Inhalt des Handelns, sondern nur noch die Bewahrung des Pflichtprinzips – und damit das „Seelenheil" des Handelnden – zur Leitschnur wird.

Kant faßt seinen Standpunkt in dieser Formulierung zusammen:[12]

„... eine Handlung aus Pflicht hat ihren moralischen Wert *nicht in der Absicht*, welche dadurch erreicht werden soll, [...] hängt also nicht von der Wirklichkeit des Gegenstandes der Handlung ab, sondern bloß von dem *Prinzip des Wollens*, nach welchem die Handlung [...] geschehen ist."

Doch bei allen Einwänden gegen Kants rigorose Formalisierung der Ethik darf man doch nicht übersehen, daß Kant gerade durch seine „Entmaterialisierung" der Moral unseren Blick für die Unabhängigkeit der Prinzipien der Moral geschärft hat.

Mit Recht kann man hier fragen, ob sich Kants Pflichtbegriff hinsichtlich der *Inhalte* der Pflicht überhaupt von anderen Ethiken unterscheidet. Das ist offensichtlich nicht der Fall. Denn Kant billigt und mißbilligt – diesen Eindruck haben wir aus den zitierten Beispielen gewonnen – genau die Handlungen, die jeder andere auch billigen und mißbilligen würde. Nur Kants *Interpretation* des Handelns ist eine andere: Wirklich sittlich handelt nur der, der es aus Pflicht, und das heißt bei Kant eben: ohne Neigung, tut. Dies aber bedeutet: wir sollen, so meint Kant, unseren Blick vom Inhalt des Handelns weg – und auf uns selbst als sittliche Person richten.

Und eben hierin liegt das, was wir die Formalisierung der Kantischen Ethik nennen. Nicht, daß Kant andere Inhalte hätte, sondern daß er diese Inhalte gewissermaßen aller „Neigung" entkleidet und sie dadurch „formalisiert", das heißt zum Mittel zum Zweck der Bildung der sittlichen Person macht, fordert die Kritik heraus.

Wenn früher eine Mutter ihrem Kind irgend eine Arbeit oder Besorgung auftrug und es dann maulte: „Ich habe dazu aber keine Lust!", pflegte sie zu sagen: „Dann tust du es eben ohne Lust." Das war natürlich insofern nicht streng kantisch, als diese Mutter gewiß nichts dagegen hatte, wenn das Kind solch eine Arbeit mit Lust tat; aber andererseits war es ihr doch ganz selbstverständlich, daß die Erfüllung einer Pflicht in keiner Weise an Lust gebunden sei.

(Dies kleine Beispiel zeigt natürlich sehr deutlich, wie tief die Kantische Pflichtethik im preußisch-deutschen Bürgertum verwurzelt war.)

Doch gerade diese Entkleidung der Moral von aller „Neigung" arbeitet die Unabhängigkeit der Prinzipien der Moral nur desto schärfer heraus.

Dies wird besonders deutlich angesichts von Kants Definition des Gewissens, die auf den ersten Blick überraschend kompliziert scheint, sich aber eben deshalb als unglaublich tief gegründet erweist.[13]

Kant sagt zunächst: „[...] Gewissen ist die dem Menschen [...] seine Pflicht zum Lossprechen oder Verurteilen vorhaltende praktische Vernunft."

Nun ist aber die Frage: woher kommt das Gewissen? Hat es jeder Mensch? Kann man es sich erwerben, wenn man es nicht hat?

Hierauf antwortet Kant mit einer überraschenden Wendung. Er sagt nämlich:

> „[...] das Gewissen [ist] nicht etwas Erwerbliches [= Erwerbbares] und es gibt keine Pflicht, sich eines anzuschaffen; sondern jeder Mensch, als sittliches Wesen, *hat* ein solches ursprünglich in sich."

Hiermit stellt Kant nicht nur klar, daß das Gewissen etwas „Apriorisches" ist, also etwas, das immer schon da ist. Sondern darüber hinaus macht er das Bestehen des Gewissens sogar unabhängig von seinem sonst doch so grundlegenden Begriff der

Pflicht, und zwar mit folgender Begründung: wer kein Gewissen hätte, hätte ja eben deshalb auch nicht den Gedanken, sich eines anschaffen zu müssen; oder noch einfacher gesagt: die Anschaffung eines Pflichtgefühls kann nicht ihrerseits auf einem bereits vorhandenen Pflichtgefühl beruhen, sondern muß anderweitig begründet sein.

Auf diese Weise löst Kant das Prinzip des „Anfanges" in der Ethik.

Das Gewissen hat für Kant in der Ethik also genau die gleiche Stelle wie die ohne Ableitung eingeführten Axiome in der Mathematik oder die ohne Definition eingeführten Grundtermini in der Wissenschaftssprache.

Was Kant im Bereich des Erkennens nicht ganz glücklich dargestellt hat, das ist ihm im Bereich des Handelns, der Moral, überzeugend gelungen: der Nachweis der Existenz von „synthetischen Sätzen a priori".

Das, was wir tun sollen, ergibt sich nicht aus der Erfahrung.[14] Das sagen uns nicht Gesetze, Vorschriften oder Befehle, auch nicht Billigung oder Mißbilligung der Umwelt. Sondern das sagt uns allein die Stimme des Gewissens in uns. Daß wir einen Menschen nicht töten sollen, muß uns nicht erst ein Strafgesetz unter schweren Drohungen sagen. Wir würden es (in der Regel) auch ohne Strafgesetz nicht tun, weil unsere innere Stimme, eben unser „Gewissen", es uns befiehlt.

Dies gezeigt zu haben, diesen Eingriff des „Apriorischen" in unsere Erfahrungswelt in Form des Gewissens, das wird Kants unauslöschliches Verdienst bleiben – auch wenn wir im einzelnen an seiner Ethik viel kritisieren können.

III. Der Utilitarismus

Der Utilitarismus (von lat. *utilis* ‚nützlich') ist „die" Ethik der angelsächsichen Länder, die hinsichtlich ihrer zentralen Bedeutung für das ethische Denken vieler Jahrzehnte der Kantischen Ethik für Deutschland entspricht.[15]

Inhaltlich ist der Utilitarismus in allem der Gegenpol zu Kant. Er nimmt den Eudaimonismus der aristotelischen Tradition wieder auf. Gekennzeichnet wird seine Lehre durch das bekannte Schlagwort „Das größtmögliche Glück der größtmöglichen Zahl". Er geht also von einer Art Glückskalkül aus, durch den die Summe des „sozialen Nutzens" bestimmt werden soll. Eine Handlung wird nicht nach ihrem sittlichen Wert in sich, sondern nach ihren sozialen Folgen bestimmt.

Otfried Höffe faßt die Beurteilung des Utilitarismus wie folgt zusammen:[16]

> „Die Stärke des Utilitarismus beruht darin, daß er rationale Elemente (Prinzip der Nützlichkeit) mit empirischen (Kenntnisse über die Folgen einer Handlung und deren Bedeutung für das Wohlergehen der Betroffenen) verbindet, ferner, daß die von ihm abgeleiteten sittlichen Pflichten weitgehend mit den gewöhnlichen sittlichen Überzeugungen übereinstimmen.
> Kritisieren kann man, daß er die Gerechtigkeitsfrage nicht angemessen löst, daß er Moralprobleme nur im Verhältnis der Menschen zueinander, nicht auch des Menschen zu sich selbst [...] sieht, daß bei ihm eine zureichende Begründung des Nützlichkeitsprinzips fehlt."

Von Aristoteles unterscheidet den Utilitarismus die flachere Formulierung des Glückseligkeitsprinzips, und von Kant das völlige Fehlen einer apriorischen Verankerung der moralischen Prinzipien. Für eine eigenständige, von Nutzenerwägungen freie sittliche Haltung ist kein Platz, ebenso nicht für das Beurteilen der Handlungen eines Menschen vor dem Forum seines eigenen Gewissens.

IV. Die Ethik im zwanzigsten Jahrhundert

1. Nicolai Hartmann

In den ersten Jahrzehnten unseres Jahrhunderts entstand eine neue Konzeption der Ethik, die man – nach ihrer Methode – „phänomenologische Ethik" oder – nach ihrem wesentlichen Inhalt – „materiale Wertethik" nennt. Sie wurde begründet von Max Scheler, der in seiner genialischen Art erste Ideen entwickelte. Systematisch ausgebaut wurde sie aber durch Nicolai Hartmann, der ihr eine ungemein tiefe, reiche, exakt konstruierte Gestalt gab.

Nur für unsere praktischen Zwecke in diesem Zusammenhang sei eine knappe Darstellung der am stärksten ins Auge springenden Züge der materialen Wertethik gegeben.

a. Tugendlehre

Zunächst greift Hartmann auf die aristotelische Tugendlehre von der Tugend als „Mitte" zwischen zwei negativen Verhaltensweisen zurück. So ist etwa der richtige Umgang mit Geld die Mitte zwischen Geiz und Verschwendung. Einem schon in Aristoteles' Nikomachischer Ethik enthaltenen Hinweis folgend, zeigt Hartmann, daß man sich die Gegebenheiten zweidimensional vorstellen muß: nur auf der Sachskala, auf der x-Achse gewissermaßen, ist die Tugend die Mitte; auf der Wertskala hingegen, also auf der y-Achse, ist die Tugend „eine Art von Spitze" (wie schon Aristoteles sagt): sie ist ein Wert gegenüber den Unwerten der sachlichen Extreme, wie zum Beispiel Geiz und Verschwendung.[17]

b. Wertlehre

Wichtig ist nun die *Wert*lehre. Hartmann zeigt zunächst, daß es außer den *sittlichen* Werten, wie der Gerechtigkeit, der Nächstenliebe, der Lebensfülle, der Reinheit, der Weisheit und anderen, auch die *Güter*werte gibt. Hierzu gehören natürlich die Güter im engeren Sinne, wie Geld- und Sachwerte, aber auch vitale Güter wie die Gesundheit, „Sachverhalts"werte wie der Rechtsstaat, die Wahrhaftigkeit, und so fort. (Unter einem „Sachverhaltswert" versteht Hartmann hier ein „bestimmtes Verhältnis von Gütern zu Personen".)[18]

Die entscheidende Entdeckung von Scheler und Hartmann ist nun: *Sittlich* gut handeln heißt: einem anderen einen *Güter-* oder Sachverhaltswert zukommen zu lassen. Hartmann sagt ausdrücklich, „daß alle [!] sittlichen Werte auf Güterwerte oder Sachverhaltswerte fundiert sind."[19]

Wer einem in Not befindlichen Mitmenschen zwanzig Mark schenkt, tut das, um ihm zu helfen, nicht um sittlich gut zu handeln. Nur: indem er ihm das Geld gibt, fällt der sittliche Wert unbeabsichtigt auf den Geber. Der beabsichtigte Wert (Vermehrung der Geldmittel des Notleidenden) und der unbeabsichtigte Wert (Hilfsbereitschaft des Gebenden) fallen auseinander. Der *Güterwert* (für den anderen) wird beabsichtigt; der *sittliche* Wert (für mich selbst) wird ungewollt verwirklicht.

Mit einem Vergleich könnte man sagen: Der Tennisschüler lernt, daß er, wenn er den Ball richtig treffen will, auf den *Ball* und nicht auf den *Schläger* sehen muß; daß der so fixierte Ball dann auch mit der Mitte der Schlägerfläche getroffen wird, bekommt der Spieler mit der Zeit von selbst ins Gefühl. Ebenso faßt der sittlich Handelnde den Ball des Nutzens für den anderen ins Auge; den sittlichen Wert für sich selbst trifft er dann von allein, ohne daran zu denken.

Nach der materialen Wertethik handelt also sittlich, wer einem anderen zuliebe etwas tut, was, wenn er es sich selbst zuliebe täte, egoistisch wäre.

Diesen Kernpunkt verdeutlicht in klassischer Weise eine Geschichte von Tünnes und Schäl.

Tünnes hat zwei etwas verschieden große Stücke Kuchen, die er Schäl zur Auswahl anbietet. Schäl nimmt das größere Stück. Darauf entspinnt sich folgender Dialog:

Tünnes:	„Schäl, du bist aber kein feiner Mann!“
Schäl:	„Ja, warum denn nicht?“
Tünnes:	„Du hast doch das größere Stück genommen!“
Schäl:	„Welches hättest du denn genommen?“
Tünnes:	„Das kleinere natürlich!“
Schäl:	„Was willst du denn – das hast du ja!“

Hier wird ganz deutlich: der gleiche Sachverhalt – Schäl bekommt das größere Stück Kuchen – bedeutet ethisch etwas ganz verschiedenes, ja nachdem, ob Schäl sich das Stück selbst nimmt (egoistisch) – oder ob er es erhält, weil Tünnes freiwillig das kleinere nimmt (sittlich). Auch beim sittlichen Handeln geht es um einen materiellen Vorteil – nur eben den des anderen.

Hier liegt der Einwand nahe, das sei doch zu „materialistisch“ gedacht. Demgegenüber müssen wir uns jedoch noch einmal vergegenwärtigen, daß der sittliche Wert ja in jeder dieser Handlungen gegenwärtig ist – nur fällt er eben unbeabsichtigt dem Handelnden zu. Das heißt: der sittliche Wert meiner Handlung ist völlig unabhängig davon, wie materiell und in diesem Sinne „niedrig" der Wert auch sein mag, den ich dem seiner Bedürftigen zukommen lasse. Selbst dann also, wenn ich jemandem ganz elementare Hilfeleistungen zuteil werden lasse, wird er mich als „treu", „solidarisch", „hilfsbereit" und so fort bezeichnen können.

Natürlich schließt das nicht aus, daß die Güter- und vor allem die Sachverhaltswerte, die wir einem anderen zukommen lassen, bereits „in sich" etwas „Höheres" darstellen können. So sagt Nicolai Hartmann: „Werte sind [...] auch die vitalen, sozialen und geistigen Güter aller Art. Unter diesen Gütern gibt es schon sehr hohe Werte, zum Beispiel manche der Sachverhaltswerte, die in einem bestimmten Verhältnis von Gütern zu Personen bestehen."[20] Werte dieser Art wären etwa die innere Zuwendung, das Zuhörenkönnen, das Zeithaben für den anderen. Aber auch hier gilt, daß der andere dieses unser Verhalten zunächst als „Vorteil", als Wert für sich selber erfährt, denn er *braucht* ja das Zuhören, den Rat, den Trost. Selbst hier also tritt der Gedanke daran, daß jemand, der zuhört und tröstet, damit ja viel „unmittelbarer" ein „guter Mensch" ist als jemand, der mir nur einen Zwanzigmarkschein schenkt und weiter nichts, völlig zurück gegenüber der Tatsache, daß mir der andere eben einen Güter- oder Sachverhaltswert zukommen läßt. So sagt Hartmann, „daß ein sittlicher Wert auch ein Güterwert für andere sein kann – zum Beispiel die Treue des einen für den anderen, an dem sie geübt wird [...]"[20]

Und sogar: „Die Ritterlichkeit, in der der Stärkere dem Schwächeren gegenübertritt, ist fundiert auf den Vorteil in Bezug auf gewisse Güterwerte, die der erstere dem letzteren überläßt." Also selbst eine Tugend wie die Ritterlichkeit wird nicht „als solche" in das Verhältnis eingebracht, sondern manifestiert sich letzten Endes ganz „materiell" als Gewährung von „Vorteilen".[21]

Die materiale Wertethik heißt also deshalb so, weil es hier um die Verwirklichung von Inhaltswerten für den bedürftigen Nächsten geht, nicht um die sittliche Formung der eigenen Person, die nur unbeabsichtigtes „Nebenprodukt" ist. Genau dies war, von hier aus gesehen, die Schwäche der kantischen formalen Ethik: der

Zweck des gut Handelns war hier letzten Endes die Formung der eigenen sittlichen Persönlichkeit. In geradezu typischer Weise hat dies *Fichte* ausgesprochen: „[...] er verdanke der Kantischen Philosophie nicht nur seine Grundüberzeugungen, sondern seinen Charakter, ja selbst das Bestreben, einen solchen haben zu wollen [!].“[22]

c. Werte in ihrer Negation

Eine andere wichtige Einsicht von Hartmann sei noch angedeutet. Es geht um die Werte und ihre Negation, die Unwerte. Hier ist es merkwürdigerweise so, daß nicht etwa den höchsten Werten die höchsten Unwerte gegenüberstehen und umgekehrt den geringen Werten die geringen Unwerte. Sondern: „Den niederen Werten entsprechen [...] schwerwiegende Unwerte, den höheren Werten geringfügigere Unwerte.“[23]

Das ist so zu verstehen. *Takt* im Umgang mit anderen Menschen etwa ist ein sehr hoher, weil geistig-moralische Kultiviertheit voraussetzender Wert. Eben deshalb ist die Taktlosigkeit ein relativ geringer Unwert, der in keinem Strafgesetzbuch erscheint und meist noch nicht einmal moralisch mißbilligt wird. – Umgekehrt ist der *Mord* das schwerste Verbrechen, also ein extrem hoher Unwert. Andererseits ist aber der Nicht-Mord, das heißt das Am-Leben-Lassen des Mitmenschen, kein besonders hoher sittlicher Wert, sondern eine Selbstverständlichkeit, die selbst von vielen sonst brutalen Menschen respektiert wird.

(Einen Menschen, der am Abend stolz verkündet: „Ich habe heute keinen Menschen umgebracht!“, wird man kaum als moralisch besonders hochstehend ansehen – so erfreulich diese Tatsache gewiß auch ist.)

d. Wertwandel

Von grundlegender Bedeutung – übrigens auch für die Geschichtsphilosophie allgemein – ist Hartmanns Theorie vom Wandel der Werte. Er sagt: „An sich“ sind alle Werte immer da. Sie sind nur nicht den Menschen immer alle bewußt. Das Wertbewußtsein ändert sich geschichtlich. Bildlich kann man sich das so vorstellen: die

Werte sind als Kreise an einer großen Wand angebracht. Das jeweilige Wertbewußtsein ist ein Scheinwerfer, der langsam über die Wand streift und dessen Lichtkegel immer neue Gegenstände sichtbar werden läßt, wobei der Lichtkegel sich auch vergrößern oder verkleinern kann.[24]

Man hat diese Theorie der an sich vorhandenen, nur gerade nicht beleuchteten Werte tadelnd „Platonismus" genannt. Die Vorstellung ist aber keineswegs so abwegig. So sind die vielen „Renaissancen", „Reformationen", „Erneuerungsbewegungen", „Nostalgiebewegungen" doch nur dadurch zu erklären, daß gewisse Werte, die nur vorübergehend verdeckt waren, wiederentdeckt wurden. Für die materiellen Unterlagen dieser Werte ist das sogar eindeutig. Wenn zum Beispiel Kinderbücher aus dem 19. Jahrhundert, die jahrzehntelang vom Markt verschwunden waren, plötzlich zu Dutzenden in Faksimileausgaben neu erscheinen, dann liegt ja unwiderlegbar auf der Hand, daß diese Bücher in öffentlichen und privaten Bibliotheken oder auf Dachböden immer da waren und eben nur nicht beachtet wurden. Entsprechendes könnte auch für die an den Büchern haftenden geistigen Werte (Kunst-, Literatur- und Inhaltswerte) gelten. Denn: mindestens so künstlich wie die „platonische" Theorie vom Ansichbestehen, nur nicht Gesehenwerden der Werte wäre doch die entgegengesetzte Theorie, daß ein schon einmal vorhanden gewesener Wert, wie etwa die Kunst der Antike oder der Gotik, mit seinem Vergessenwerden (im Mittelalter oder im Barock) völlig verschwände und dann zufällig genau so – oder zumindest ähnlich – wiedergeboren würde! Diese Vorstellung ist so künstlich, daß es dann schon einfacher erscheint, anzunehmen, die Werte bleiben – durch ihre oder hinter ihrer – materiellen Unterlage erhalten, wenn auch vorübergehend oder teilweise unsichtbar.[25]

Im übrigen sei darauf hingewiesen, daß es – zumindest im historisch bewußten zwanzigsten Jahrhundert – immer wieder einzelne Personen gibt, die sich nicht von den jeweiligen Moden und Interessenverschiebungen blenden lassen, sondern sich unbeirrt auch solcher Werte bewußt bleiben, die zur Zeit nicht hoch im Kurs stehen. Ich selber wüßte Dutzende von Gegenständen, Themen und

Fragestellungen zu nennen, deren Zeit gewiß einmal wieder kommen wird. Nicht zuletzt dürfte das für die Philosophie Hartmanns selbst gelten, angesichts der vieles, was heute mit so großem Eifer diskutiert wird, als Rückfall in dogmatische Sichtweisen zu betrachten ist. – Daß aber Gegenstände, die, wenn auch nur von einer verschwindend geringen Minderheit, wahrgenommen werden, immerhin „da" sind, kann wohl nicht bezweifelt werden.

2. *Die Metaethik*

Eine weitere Richtung der Ethik entstand etwa am Anfang unseres Jahrhunderts und steht heute noch voll in Blüte: die sogenannte *Meta-Ethik*, wie der Utilitarismus eine vor allem für das angelsächsische Denken charakteristische Richtung der Ethik.[26]

Der Name Metaethik erweckt zunächst – wie alle mit *Meta*-beginnenden Bezeichnungen – den Eindruck, als ginge es hier um etwas ganz besonders Tiefes, Geheimnisvolles, eben „Metaphysisches". Davon kann jedoch keine Rede sein. Im Gegenteil ist die Metaethik genau genommen gar keine Ethik, sondern eher eine Basiswissenschaft für die Ethik. Die Metaethik beschäftigt sich nämlich nicht inhaltlich mit ethischen Fragen, sondern klärt lediglich die logisch-sprachlichen Voraussetzungen ethischer Sätze – ohne danach zu fragen, wie diese Sätze zustandegekommen und ob und warum sie richtig oder auch falsch sind.

Um nur ein einfaches Beispiel zu nennen: die Metaethik erörtert zwar die logische Struktur eines Satzes wie „Du sollst nicht töten", diskutiert diesen Satz aber nicht inhaltlich, fragt also nicht etwa, ob die Todesstrafe, das Töten von Feinden im Kriege oder Opferhandlungen, die in irgend einer Religion üblich sein mögen, moralisch zulässig sind oder nicht.

Man darf daher sagen: die Metaethik ist eine notwendige, aber keine hinreichende Voraussetzung für die Beschäftigung mit der Ethik. Das will heißen: die Metaethik ist zwar unentbehrlich für das Verständnis ethischer Zusammenhänge, aber mit ihr allein geht es auch nicht.

Ganz boshaft könnte man sagen: die Metaethik ist für die Ethik das, was das Essen für den Philosophen ist. Ohne Essen würde der Philosoph verhungern, aber ein Philosoph, der nur ißt, wird wenig zustandebringen.

Metaethiker, die glauben, mit ihren Erörterungen die Ethik bereits erschöpft zu haben, befinden sich sicherlich auf einem Irrweg. Wir selbst haben, ohne es ausdrücklich zu sagen, bereits Metaethik getrieben: unsere Ausführungen zur Normen- und Modallogik waren nichts anderes.

3. *Inhaltsethik in Deutschland*

Während die angelsächsische und auch einige Schulen der deutschen Ethik noch auf metaethische Fragestellungen fixiert zu sein scheinen, dürfte in Deutschland die Tradition der Inhaltsethik nicht nur nicht abgerissen sein, sondern sich neuerdings wieder verstärken.

Noch der phänomenologisch-lebensphilosophischen Richtung gehört Otto Friedrich Bollnow (geb. 1903) an; der nur wenig jüngere Wilhelm Kamlah (1905 bis 1976), ebenfalls aus der Lebensphilosophie kommend, legte noch 1973 eine durch die Logische Propädeutik hindurchgegangene Inhaltsethik vor. Ein scharfer Kritiker der Metaethik zugunsten der „Sache selbst" ist Friedrich Kaulbach (geb. 1912). Als der analytischen Philosophie verbundener, aber inhaltsbetonter Ethiker ist Günther Patzig (geb. 1926) zu nennen. Von jüngeren inhaltsbezogenen Ethikern seien vor allem Norbert Hoerster (geb. 1937), Annemarie Pieper (geb. 1941) und Otfried Höffe (geb. 1943) genannt.

I. Das Gewissen

Nicht von ungefähr leiteten wir unser Ethik-Kapitel durch eine Betrachtung ein, die unmittelbar auf das Phänomen des Gewissens führen sollte.

Denn ganz offensichtlich ist das Gewissen derjenige Sachverhalt, an dem sich am reinsten zeigen läßt, womit es die Ethik zu tun hat.

Nachdem wir uns nun in der Geschichte der Ethik orientiert haben, können wir mit aller Deutlichkeit sagen: das Gewissen kennzeichnet die Einbruchsstelle des „Apriorischen" in unsere moralische Existenz. Vor aller Erfahrung gibt es eine Instanz, die uns unfehlbar sagen kann, was „gut" und was „nicht gut" ist.

1. Die Soziologisierung des Gewissens

a. Außenlenkung

Natürlich ist diese Bedeutung des Gewissens im Laufe der Wissenschaftsgeschichte bezweifelt worden. So haben vor allem einige Psychologen und Soziologen sowie die Marxisten die These vertreten: das, was wir „Gewissen" nennen, sei in Wirklichkeit nichts als der Niederschlag bestimmter sozialer Normen. Das heißt: das Gewissen sei nichts weiter als die Angst vor einer Bestrafung aufgrund der Verletzung geltender Normen. Also: das schlechte Gewissen eines Menschen, der gestohlen oder gar gemordet hat, sei nichts weiter als die Furcht davor, nach Entdeckung der Tat ins Gefängnis zu müssen oder gar selbst mit dem Tode bestraft zu werden. Daß man den Diebstahl und den Mord auch „aus freien Stükken" ablehnen könne, wird von dieser extremen Ansicht daher geleugnet.

Nun ist es klar, daß diese radikale Auffassung nicht haltbar ist; daher wurde sie hier auch eher karikierend, überspitzend dargestellt. Gegen sie spricht nämlich, daß die meisten Menschen vor einem Mord offensichtlich nicht nur aus Angst vor Bestrafung zurückschrecken, sondern weil sie den Mord spontan verabscheuen und daher gar keine Strafandrohung brauchen.

b. Verinnerlichung

An dieser Stelle greift jedoch nun ein neues Argument der Gegner der „Apriorizität" des Gewissens ein. Sie sagen nämlich: natürlich wirken die gegebenen gesellschaftlichen Normen nicht so primitiv und direkt mit Strafandrohungen. Vielmehr werden sie bereits den Kindern „subkutan" durch die Erziehung eingeimpft, ohne daß diese es bemerken. Was wir daher für unser „Gewissen" halten, ist nichts weiter als das unbewußte „Geimpftsein" durch die Normen. Die Psychologen und Soziologen haben hierfür das Wort „Verinnerlichung" eingeführt: wir haben die Normen so weit „verinnerlicht", daß wir gar nicht mehr bemerken, daß sie ursprünglich einmal von außen gekommen sind. Karl Marx hat diesen Sachverhalt auf seine Weise ausgedrückt: „Das ‚Gewissen' der Privilegierten ist eben ein privilegiertes Gewissen." Das heißt: Was wir als „gut" oder „schlecht" empfinden, wird durch unsere Klassenlage bestimmt.[27]

2. Widerlegung

Was ist hierzu zu sagen?

a. Angst vor Strafe

Das grobe Argument, nach dem das Gewissen nur die Angst vor Bestrafung sei, läßt sich sehr leicht widerlegen. Denn: wenn wir etwas gegen geltende Rechtsvorschriften Verstoßendes tun, unterscheiden wir genau zwischen der Angst vor dem Ertapptwerden ohne schlechtes Gewissen und dem eigentlichen schlechten Gewissen. Hieraus folgt, daß es das schlechte Gewissen als selbständige Instanz neben der bloßen Angst vor Strafe gibt.

Verdeutlichen wir das an einem extremen Beispiel: Jemand, der von Terroristen gefangengesetzt wird und einen Fluchtversuch unternimmt, wird zweifellos große Angst ausstehen, von seinen Entführern zurückgeholt und getötet zu werden. Aber hat diese Angst etwas mit einem schlechten Gewissen zu tun? Wohl kaum. Denn der Entführte weiß ja, daß seine Entführer ungesetzlich handeln und er selbst – „trotz" seiner Angst vor „Bestrafung" – im Recht ist.

Genau das gleiche kann aber auch gegenüber staatlichen Instanzen eintreten. Zum Beispiel: eine Militärregierung verhängt den Ausnahmezustand und erläßt ein Ausgehverbot. Geht nun ein Bürger trotzdem auf die Straße, wird er fürchterliche Angst haben, von einer Militärstreife aufgegriffen und womöglich standrechtlich erschossen zu werden; trotzdem wird ihm jedes schlechte Gewissen fehlen, da er nicht einzusehen vermag, daß eine Verhaltensweise, die gestern noch selbstverständlich war, heute ein Verbrechen sein soll. Entsprechendes gilt für zahlreiche Tatbestände, die nur im Kriegsfall zu Vergehen gestempelt werden: das Abhören ausländischer Rundfunksender, das Nichtverdunkeln von Fenstern, das Einkaufen ohne Lebensmittelmarken, und so fort.

b. Das Gewissen als Korrektiv der Norm

Aber auch das scheinbar so subtile „Verinnerlichungs"-Argument ist leicht zu widerlegen.

Wenn das Gewissen nichts weiter wäre als die Verinnerlichung von Normen, müßte das Gewissen immer mit diesen jeweils geltenden gesellschaftlichen Normen übereinstimmen. Gerade dies ist aber nicht der Fall. Ganz im Gegenteil: das Stichwort „Gewissen" taucht sogar in der Umgangssprache nämlich immer dann auf, wenn es um Verstöße *gegen* geltende Normen geht. „Die Norm lautet so und so, *aber* mein Gewissen sagt mir das und das" – *das* ist die Redeweise, die sich dann meist einstellt.

Ein Buch über den 20. Juli 1944 heißt: „Das Gewissen steht auf". Die Männer vom 20. Juli haben sich aber gerade *gegen* geltende Normen, gegen einen übermächtigen Staatsapparat aufgelehnt.

Ganz entsprechend heißt es im Artikel 4 Absatz 1 des Grundgesetzes: „Die Freiheit [...] des Gewissens [...] [ist] unverletzlich." Man fragt sich, wozu die Freiheit des Gewissens noch ausdrücklich garantiert werden müßte, wenn es ohnehin von vornherein mit den geltenden Normen übereinstimmte. Hier wird doch im Gegenteil vorausgesetzt, daß das Gewissen sehr leicht in *Konflikt* mit diesen Normen gerät und dann geschützt werden soll.

Genau das gleiche gilt für Artikel 4 Absatz 3 des Grundgesetzes: „Niemand darf gegen sein Gewissen zum Kriegsdienst mit der Waffe gezwungen werden." Hieraus wurde im Alltagsgebrauch die bekannte Formulierung: „Kriegsdienstverweigerung aus Gewissensgründen". Auch hier darf man sich fragen, wieso denn ausgerechnet die Verweigerung des Kriegsdienstes eine Gewissensangelegenheit genannt wird. Wenn das Gewissen nur Ausdruck der herrschenden Norm wäre, müßte es gerade umgekehrt den Militärdienst stützen, und der Verweigerer müßte ein schlechtes Gewissen haben. Genau das Gegenteil ist aber der Fall: das schlechte Gewissen hat der Verweigerer – gemäß der Formulierung im Grundgesetz – eben dann, wenn er Kriegsdienst leistet.

Schon diese Erörterungen zeigen, daß das Gewissen nicht Ausdruck, sondern im Gegenteil Korrektiv der herrschenden Normen ist.

Das zeigt sich aber auch, wenn wir nach Beispielen für das Auftreten von Gewissensphänomenen im Alltag suchen. „Gewissen" – dieses Stichwort wird im Alltag eher mit überempfindlichen Maßstäben, mit Kauzigkeit, ja sogar seelischen Abnormitäten verknüpft, also gerade *nicht* mit dem „Normalen".

Wenn wir von jemandem sagen, er arbeite „gewissenhaft", so liegt darin gerade die Anerkennung, daß er ein Ausnahmefall sei, daß er mehr tue als der Durchschnitt seiner Berufskollegen. Vielleicht liegt sogar der Vorwurf allzu großer „Pingeligkeit" darin.

Ebenso könnte man jenen Ehemann, der den ganzen Tag bedrückt ist, weil er meint, seiner Frau zu kurz geantwortet zu haben, aus der Perspektive des gesund rücksichtslosen Durchschnittsmenschen bereits für seelisch labil ansehen, da ihn Dinge störten, über die der Normalmensch doch zur Tagesordnung übergehe.

Es ist also gewiß kein Zufall, daß zwischen ausgeprägter Gewissenhaftigkeit und Zwangsneurosen (das heißt dem Drang, alles übernotwendig ordentlich, genau und sauber zu machen) fließende Übergänge bestehen.

Mit solchen Feststellungen ist bereits ein weiterer Einwand gegen die Apriorizität des Gewissens von vornherein widerlegt. Man könnte nämlich sagen, daß das Gewissen keine apriorische Instanz sei, erkenne man bereits daran, daß nicht jedermann ein Gewissen habe, daß man auch „gewissenlos" sein könne.

Dies ist kein Einwand, sondern umschreibt nur einen Tatbestand, den wir in den vorhergehenden Erörterungen bereits als selbstverständlich vorausgesetzt haben:

Das Gewissen kann verschieden fein entwickelt sein. Das sieht man schon daran, daß nicht jeder sich am 20. Juli beteiligt hat und daß nicht jeder den Kriegsdienst verweigert.

Ebenso arbeitet nicht jeder „gewissenhaft", und nicht jeder leidet darunter, wenn er einen anderen Menschen lieblos behandelt.

Ohne uns hier in anthropologische oder pädagogische Einzelheiten verlieren zu müssen, können wir doch so viel sagen: zweifellos ist bei den einzelnen Menschen das Gewissen schon konstitutionell verschieden entwickelt, und ebenso zweifellos kann es durch Erziehung hervorgerufen und gebildet werden. In jedem Fall aber ist das Ergebnis ein ganz verschiedener Feinheitsgrad der Gewissensregungen bei einzelnen Menschen.

Über die apriorische Geltung der Stimme des Gewissens sagt dieser Tatbestand genau so wenig wie etwa über die apriorische Geltung der mathematischen Sätze die Tatsache, daß nicht jeder sie versteht.

Daß möglichst viele Menschen ein möglichst fein entwickeltes Gewissen haben sollten, ist sehr wünschenswert. Aber die Existenz des Gewissens als apriorischer moralischer Instanz ist hiervon nicht abhängig.[28]

Zum Schluß noch eine methodologische Bemerkung. Das Apriorische des Gewissens zeigt sich gerade daran, daß wir einfach Beispiele aus dem täglichen Leben nehmen, an denen wir einen Sachverhalt beispielhaft, „phänomenologisch" verdeutlichen und dabei voraussetzen, daß *jeder* normal intelligente und vernünftige Leser die Sache *genau so sieht* (was in anderen Bereichen der Wissenschaft, etwa der Psychologie, der Soziologie, der Politik, der Kunst und so fort nicht denkbar wäre). Als Leser ethischer Literatur macht man selbst die Erfahrung, daß man der Beurteilung solcher Beispiele durch die Autoren, die sie vorführen, in der Regel völlig zustimmt. Und ebenso stellt man als Lehrender in der Diskussion mit Studenten fast immer eine allgemeine Übereinstimmung in der Beurteilung von Beispielen fest.

II. Ethische Alternativen

1. Der ethische Relativismus

Oft hört man den Einwand, es gebe überhaupt keine allgemeingültigen ethischen Prinzipien. Man verweist dann gern auf die Tatsache, daß die Ethnologen immer wieder neue Völkerschaften entdeckten, in denen völlig andere Normen herrschten als bei uns.

Demgegenüber sei zunächst festgestellt, daß die Zahl derjenigen moralischen Überzeugungen, die auf der ganzen Welt übereinstimmen, recht groß ist. So werden etwa Gastfreundschaft, Hilfsbereitschaft und Wahrheitsliebe in jeder denkbaren menschlichen Gesellschaft hohes Ansehen genießen.[29]

Es gibt sogar Fälle, in denen die Übereinstimmung viel größer ist als man auf den ersten Blick annimmt. So ist wohl jeder, der sich nicht näher mit Ethnologie beschäftigt hat, der Überzeugung, daß in „primitiven" Gesellschaften wesentlich laxere sexuelle Normen herrschten als bei uns, daß insbesondere etwa Beziehungen zwischen Eltern und Kindern oder zwischen Geschwistern vielfach selbstverständlich seien. Tatsache ist jedoch, daß auch das Inzestverbot zu den moralischen Konstanten zählt, die für praktisch jede Gesellschaft gelten. Ausnahmen wurden und werden nur aus besonderen Gründen zugelassen, wie etwa der Fall der königlichen Geschwisterehen im alten Ägypten zeigt.[29]

Dem ethischen Relativismus setzen also schon die Tatsachen recht enge Schranken. Wie aber sieht es nun mit solchen Tatsachen aus, die den ethischen Relativismus zu stützen scheinen?

Nehmen wir als Beispiel eine Gesellschaft, in der es üblich ist, daß die Kinder ihre alternden Eltern zu einem bestimmten Zeitpunkt töten.

Folgt hieraus die Relativität des Tötungsverbotes?

Gehen wir den möglichen Gründen für eine solche konventionelle Elterntötung nach.

Ein Grund wäre: die Nahrung ist knapp, und die arbeitsunfähigen Alten sollen den Kindern und arbeitsfähigen Erwachsenen nichts wegessen.

Hier gilt: Umstände, die so karg sind, daß ein Teil der Bevölkerung regelmäßig vernichtet werden muß, um den übrigen das Überleben zu sichern, sind menschenunwürdig und müssen daher durch Versorgung vonseiten reicherer Völker, durch Erschließung neuer Nahrungsquellen und so fort verbessert werden. Hier geht es also einfach um Entwicklungshilfe, die eben auch den Zweck hat, allgemeingültige moralische Normen durchzusetzen.

Ein anderer Grund für das Umbringen der Eltern wäre ein rein ritueller: die betreffende Religion gebietet es eben so. In diesem Fall wird der ethische Relativist vielleicht die Achseln zucken und sagen: „Da kann man nichts machen – die Religion dieser Leute will es so, und da die Religionsausübung frei ist, muß es dabei eben bleiben."

In dieser Toleranz ist man aber bezeichnenderweise gar nicht konsequent. So ist es durchaus denkbar, daß jemand, der in der „horizontalen" Dimension (wenn es um den Vergleich gleichzeitig auf der Welt existierender menschlicher Gesellschaften geht) außerordentlich großzügig ist, in der „vertikalen" Dimension (wenn es um den Vergleich verschiedener historischer Stadien der eigenen Gesellschaft geht) dagegen sich plötzlich als ausgesprochen rigoros erweist und etwa die Sklaverei in der Antike oder der amerikanischen Kolonialzeit streng verurteilt. Hier gilt dann der Relativismus auf einmal nicht mehr. Was den Eskimos recht ist, ist es nicht den eigenen Urgroßvätern.

Hieraus geht hervor, daß auch eine rituelle Elterntötung nicht sakrosankt sein kann, sondern durchaus „absoluten" Normerwägungen unterliegen kann und muß. Selbst der Menschenopfer vollziehende Priester, der keinerlei subjektives Unrechtsbewußtsein hat (hatte es auch Abraham nicht?), handelt objektiv unmoralisch. Und das muß er mit der Zeit eben lernen.

Es geht also überhaupt nicht darum, was es tatsächlich *gibt*, sondern darum, was wir vor dem Richterstuhl „apriorischer" ethischer Normen anerkennen können und was nicht.

Otfried Höffe sagt daher mit vollem Recht, daß man zwischen kulturellem und ethischem Relativismus unterscheiden muß. Daraus, daß es tatsächlich verschiedene Moral- und Rechtsvorstellungen *gibt*, folgt noch nicht, daß diese Verschiedenheiten ethisch zu *bejahen* sind.[30]

Man kann also sagen, daß die Ethik – neben der Mathematik – die zweite große Einbruchstelle des Apriori in unsere sonst so weitgehend vom Aposteriorischen, von der Erfahrung bestimmte Welt ist.

Aus diesem Grunde ist es auch nicht möglich, die Ethik auf die Soziologie oder gar die Ethnologie zurückzuführen, indem man zeigt, wie relativ doch die sozialen Normen seien, die in manchen Kulturen dem Mann gestatten, vier Frauen zu haben, während in wieder anderen Kulturen die Geschlechterrollen vertauscht seien und so fort.

Warum also, so folgert man, könne denn nicht auch bei uns jeder Mann so viele Ehefrauen haben, wie er nur wünsche?

Es ist offensichtlich, daß diese Auffassung von dem, was angeblich „Ethik" sei, viel zu kurzschlüssig und oberflächlich ist. Denn es kommt ja gerade darauf an, unter der Oberfläche der jeweils verschiedenen Sozialnormen in der Tiefe das Apriorisch-Ethische zu suchen, das eher danach fragt, was denn überhaupt der Mann der Frau schulde, was Mitmenschen allgemein einander schulden.

2. *Erfolgsethik oder Gesinnungsethik*

Eines der grundlegenden Probleme der Ethik ist, ob sie sich am Erfolg einer Handlung oder aber an der zugrundeliegenden Absicht orientieren kann. Die Antwort ist nicht schwierig.

Zur Illustration nur eine kleine Geschichte:

A: „Hier sind die zehn Mark zurück, die Sie mir vor fünf Jahren einmal geliehen hatten."

B: „Behalten Sie sie nur. Wegen dieser zehn Mark möchte ich meine Meinung über Sie nicht mehr ändern."

Der Witz liegt hier darin, daß B die ethische Beurteilung der

Rückgabe des Geldes durch A davon abhängig macht, ob er, B, das Geld annimmt oder nicht. In Wahrheit hat A seine (wenn auch verspätete) Korrektheit als Schuldner bereits dadurch bewiesen, daß er dem Gläubiger B das Geld überhaupt geben *wollte*, ohne dazu ausdrücklich aufgefordert worden zu sein.

Daher auch Kants berühmter Satz: „Es ist [...] nichts [...] zu denken möglich, was ohne Einschränkung für gut könnte gehalten werden, als allein ein *guter Wille*.“[31]

Das Problem braucht hier nicht weiter diskutiert zu werden, da der Sachverhalt sich von selbst versteht. Natürlich kann man einen Menschen auch wegen tatsächlicher Erfolglosigkeit und damit Unfähigkeit tadeln. Dieser Tadel ist aber niemals ein ethisches Urteil, wenn es an gutem Willen nicht fehlt.

3. Situationsethik oder Normalfallethik

Ein Mann ist ein in jeder Hinsicht erfreulicher Bürger. Er tut seine Berufsarbeit zur Zufriedenheit seiner Vorgesetzten. Er ist stets pünktlich. Er ist ein liebevoller und aufmerksamer Ehemann und Familienvater. Er ist freundlich gegen jedermann. Er stiehlt keine silbernen Löffel und geht nur bei Grün über die Straße. Dieser Mann wird eines Tages von der Polizei verhaftet und von einem Gericht zu einer hohen Strafe verurteilt. Warum? Es war Krieg. Der Mann hatte einen Gestellungsbefehl erhalten und war ihm nicht gefolgt.

Damit stellt sich das Problem der Situationsethik. Warum soll ein Verhalten – nämlich das normale Zu-Hause-Leben-und-Arbeiten – plötzlich strafwürdig sein, das unter gewöhnlichen Umständen nicht nur legitim, sondern sogar sehr positiv zu werten ist? Es ist ja auch ganz gewiß nicht Schuld dieses Mannes, daß irgendwelche Regierungen auf der Welt geglaubt haben, unbedingt einen Krieg führen zu müssen.

Dieser Fall tritt in Kriegs- und sonstigen Ausnahmezuständen immer wieder auf. Ein völlig korrektes Normalverhalten wird plötzlich unter Strafe gestellt: das Hören eines ausländischen Rundfunksenders, das Auf-die-Straße-Gehen und ähnliches.

Ein anderer Fall: In einem Kriegs- oder Nachkriegszustand sind alle Nahrungsmittel „bewirtschaftet", das heißt, nur auf Bezugsmarken erhältlich. Jemand kauft ohne Marken oder mit gefälschten oder wiederverwerteten Marken ein. Ein schweres Vergehen? Der Mann hat die Ware ordnungsgemäß *bezahlt*, der Kauf ist also nach normalen Maßstäben korrekt zustandegekommen, es liegt keineswegs ein „Betrug" im Sinne des normalen bürgerlichen Rechts und Strafrechts vor.

Und ein letzter Fall: Jemand sitzt geruhsam auf einer Bank im Stadtpark und liest oder blickt besinnlich vor sich hin. Plötzlich hat ein anderer Passant zehn Meter von ihm entfernt einen Anfall, bei dem er sich erheblich verletzt. Der Mann auf der Bank tut nichts. Unter Umständen wird er nun wegen unterlassener Hilfeleistung verurteilt. Warum? Wäre nicht zufällig und ohne sein Verschulden jener Anfallkranke in seine Nähe gekommen, hätte niemand an seinem Still-auf-der-Bank-Sitzen Anstoß nehmen können.

Diese Fälle werfen alle eine Frage auf: wieweit hat ein Mensch sich sein Verhalten in einer außergewöhnlichen Situation, in die er ohne sein Zutun geraten ist, ethisch anrechnen zu lassen?

Juristisch sind die Fälle eindeutig zu beurteilen. In allen diesen Fällen verstößt der Staatsbürger gegen eine Vorschrift und muß bestraft werden. Aber moralisch?

Wahrscheinlich muß man hier je nach der tatsächlichen, nicht nur rechtlichen Situation urteilen. Das Abhören ausländischer Sender und das Auf-die-Straße-Gehen kann *moralisch* niemals verwerflich sein, da hierdurch niemand geschädigt wird.

Fraglich ist das schon bei dem Mißachter des Gestellungsbefehls und dem Lebensmittelmarkensünder. Im ersten Fall kann man sagen: er läßt andere ihren Kopf hinhalten und stellt sich auch nicht für einen Ersatzdienst zur Verfügung. Andererseits könnte man fragen: ist nicht jede Sabotage des Krieges moralisch gerechtfertigt?

Im Falle des Einkaufens ohne Marken kann man ein moralisches Vergehen annehmen, insofern, als im Zweifel wohl eine objektive Knappheitssituation besteht, in der nicht ein Einzelner anderen ihren Anteil am Nahrungsvorrat schmälern darf (denn das durch illegale Einkäufe entstehende Defizit muß ja durch geringere Rationen für alle in Zukunft ausgeglichen werden).

Völlig eindeutig ist die Situation auch moralisch bei dem Vorfall im Stadtpark. Denn niemand kann sich auf eine fiktive „Normalsituation“ berufen, die es im wirklichen Leben nicht geben kann. Wir alle stehen unter dem Risiko, nicht nur selbst gefährdet zu sein, sondern auch unversehens und unvorbereitet für andere verantwortlich sein zu müssen.

III. Naturrecht und positives Recht

Bereits im vorigen Abschnitt über die „Situationsethik“ hatten wir das Verhältnis zwischen Moral und Recht in den Blick genommen. Wir sind dabei, ohne es ausdrücklich zu sagen, bereits in Gedankengänge hineingeraten, die das Verhältnis von „Naturrecht“ und „positivem Recht“ betreffen.

Was ist „Naturrecht“? Unter diesem Wort läßt sich schwer etwas vorstellen. Im Grunde hat es weder mit „Natur“ noch mit „Recht“ etwas zu tun. „Naturrecht“ ist, grob gesagt, etwa dasselbe wie *Moral* – genauer gesagt: wie der Bereich der Moral, der gleichzeitig justitiabel, das heißt: rechtlicher Regelung zugänglich und unterworfen ist.[32]

Unter dem „positiven“ Recht verstehen wir so viel wie das im Ge„setz“ niedergelegte Recht. „Positiv“ heißt hier also nicht so viel wie ‚gut‘ oder ‚erfreulich‘, sondern ist in seiner ursprünglichen Be-

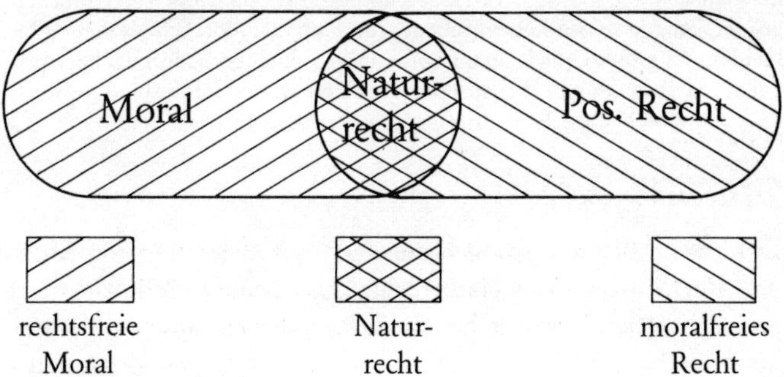

deutung ‚gesetzt‘ zu verstehen. Griechisch thésis, lateinisch positio und deutsch Gesetz und Satzung bedeuten alle ungefähr das gleiche: das ‚gesetzte‘, in bestimmten Texten niedergelegte Recht.

Das Verhältnis zwischen den drei Begriffen Moral, Naturrecht und positives Recht kann man bildlich etwa wie folgt darstellen (S. 83):

Hieraus ergibt sich, daß Moral und positives Recht zwei gegeneinander verschobene Bereiche sind, die sich in einem mittleren Feld überschneiden. Dieses Feld der Überschneidung deutet den Bereich des Naturrechts an. Es gibt demzufolge im Verhältnis von Recht und Moral drei Bereiche:

1. Die rechtsfreie Moral. Beispiel: Takt, Rücksichtnahme.

2. Das Naturrecht als rechtlich bedeutungsvolle Moral oder als moralisch bedeutungsvolles Recht. Beispiel: Brandstiftung, Mord.

3. Das moralfreie, nur in Rechtsvorschriften existierende Recht. Beispiele: Ausnahmezustandsvorschriften; bestimmte Vorschriften des Wirtschafts- und Steuerstrafrechts.

1. Die rechtsfreie Moral

Den ersten Bereich der rechtsfreien Moral brauchen wir kaum noch einmal zu besprechen. Es genügt, wenn wir die treffenden Beispiele zitieren, die Günther Patzig gebracht hat:[33]

> Es „betrachtet das Strafrecht Verhaltensweisen mit Gleichgültigkeit, die wir moralisch scharf verurteilen. Jeder kennt [...] Beispiele [...], wie – streng innerhalb der Legalität – Menschen einander das Leben zur Hölle machen können. Da wird Vertrauen untergraben, da werden Versprechen, auf die jemand seinen Lebensplan gegründet hatte, plötzlich als nichtig behandelt. Es gibt rechtlich unangreifbaren psychischen Sadismus, hämische Schadenfreude, es gibt die Ausnützung elementarer Gefühlsbindungen bis hin zur menschlichen Erniedrigung eines Partners [...]“

2. Das Naturrecht

Der zweite Bereich, nämlich der der Überschneidung von Moral und Recht, ist der des Naturrechts: Das Naturrecht bezieht sich also auf solche Sachverhalte, die sowohl der moralischen Beurteilung unterliegen als auch in Rechtsvorschriften gefaßt werden –

oder, wie wir vorsichtiger sagen müssen, auch in Rechtsvorschriften gefaßt werden *könnten.* Das ist wichtig zu sagen, denn genau hier liegt das Problem im Verhältnis von Moral und Recht, von Naturrecht und positivem Recht.

Nach dem zweiten Weltkrieg gab es einige Juristen in der Bundesrepublik Deutschland, die behaupteten, Juristen, die im Dritten Reich nach nationalsozialistischen Gesetzen (etwa den sogenannten Nürnberger Gesetzen) Recht gesprochen hatten, dürften deshalb nicht verfolgt werden, weil diese Gesetze – als von den damaligen Inhabern der Staatsgewalt in Deutschland erlassen – rechtmäßig gewesen seien und ihre Anwendung daher nicht nachträglich beanstandet werden könne.[34]

Hier wird der Gegensatz zwischen positivrechtlicher und naturrechtlicher Denkweise erschreckend deutlich.

Der Rechtspositivist sagt: „Es kommt nur auf den Buchstaben des Gesetzes an. Wenn Hitler per Gesetz befohlen hatte, die Juden zu schikanieren, dann durften und mußten die Richter die Juden schikanieren, ohne nach dem ‚natürlichen', moralischen Recht und seiner Beurteilung dieses Tatbestandes fragen zu müssen und zu dürfen."

Der Naturrechtler sagt: „Bei jedem Gesetz muß sein moralischer Gehalt geprüft werden. Auch ein formell korrekt zustandegekommenes Gesetz ist Unrecht, wenn sein Inhalt moralisch abgelehnt werden muß."

Daß man sich, von der Ethik aus gesehen, nur für eine naturrechtliche Fundierung der Gesetzgebung entscheiden kann, scheint mir auf der Hand zu liegen.

Andererseits sollte man nicht übersehen, daß die positive Niederlegung einer durch das Naturrecht gerechtfertigten Rechtsvorschrift ihrerseits einen moralischen Wert darstellt, weil sie die Rechtssicherheit fördert. Insofern besteht zwischen Naturrecht und Rechtspositivismus gewiß keinerlei Gegensatz.[35]

3. *Das moralfreie Recht*

a. Parteispenden

Auch wer die naturrechtliche Fundierung des Rechtes fordert, wird allerdings zugestehen müssen, daß es einen moralfreien Bereich des positiven Rechts gibt, in dem Rechtsvorschriften Strafen für Handlungen vorsehen, die moralisch indifferent sind und trotzdem aus praktischen Gründen einer Strafandrohung unterliegen müssen.

Das ist recht schwer zu verstehen. Es handelt sich hier meist um Tatbestände aus dem Wirtschafts- und Steuerrecht.

Seit etwa 1983 beschäftigt ein steuerrechtliches Problem die Öffentlichkeit der Bundesrepublik, an dem das Problem des moralfreien Rechtes anschaulich gemacht werden kann.

Es geht um folgendes. Jeder Steuerpflichtige ist berechtigt, von seinen steuerpflichtigen Einkünften bestimmte Ausgaben der allgemeinen Lebensführung, sogenannte Sonderausgaben, abzuziehen, die dann das endgültige, der Steuer unterworfene Einkommen und damit die Steuer mindern. Solche Ausgaben sind unter anderem auch Spenden an gemeinnützige Institutionen, wie etwa das Deutsche Rote Kreuz.

Nun galt zeitweise in der Bundesrepublik die steuerrechtliche Regelung, daß politische Parteien hinsichtlich der Absetzbarkeit von Spenden im Vergleich zu anderen Institutionen schlechter gestellt waren; gerade wohlhabende – und daher für die Parteischatzmeister attraktive – Spender konnten nur einen relativ verschwindend kleinen Teil ihrer Spenden steuerlich geltend machen. Daher ist man bei mehreren Parteien darauf verfallen, besondere Institutionen mit Bezeichnungen wie „Staatsbürgerliche Vereinigung" zu gründen – weil Spenden an solche Institutionen steuerlich mehr begünstigt wurden als Spenden an Parteien – und die Spendengelder, die hier einliefen, auf geheimnisvollen Kanälen doch der Partei zuzuleiten. Hieran nahm die Staatsanwaltschaft Anstoß und ermittelte.

Wie ist das nun moralisch zu beurteilen? Hier sind offensichtlich zwei Dinge zu unterscheiden: einerseits das Verhalten der Parteimanager angesichts der nun einmal gegebenen Strafvorschrift und andererseits die zugrundeliegende Regelung selber.

Indem die Parteien gegen geltende Vorschriften verstießen, taten sie nichts anderes als andere „Steuersünder“ auf anderen Gebieten auch.

Ganz anders steht es nun jedoch mit der Beurteilung der zugrundeliegenden Steuervorschrift selber. Hier muß gesagt werden, daß es keinerlei naturrechtlich-moralische Begründung dafür gibt, die Parteien gegenüber anderen Institutionen als Spendenempfänger zu benachteiligen. Jede Regelung ist hier moralisch indifferent und im Grunde willkürlich. Man könnte ebensogut der Meinung sein, Parteien verdienten wegen der wichtigen Rolle, die sie im politischen Leben nun einmal spielten, eine bessere steuerliche Behandlung.

„Naturrechtlich“ ist also die Kritik am Verhalten der Parteischatzmeister nicht zu begründen, da die Materie ebenso gut anders geregelt sein könnte und das Verhalten dann legal wäre.

Freilich wäre in diesem Zusammenhang auch zu bedenken, daß eine unbeschränkte Abzugsfähigkeit von Parteispenden diejenigen Parteien bevorzugt, deren Anhänger über reichliche Geldmittel verfügen. Insoweit ist eine Kontrolle des Parteispendenwesens sicherlich notwendig. Nur wären hier eben noch andere Lösungen als die gegenwärtig praktizierte möglich. Und in diesem, eingeschränkten, Sinne ist die gegenwärtige Regelung nur positiv-rechtlich zu bewerten, nicht aber moralisch-naturrechtlich.

Im Laufe des Jahres 1984 trat in der Parteispenden-Affäre eine neue Entwicklung ein. Die Regierungsparteien versuchten, eine „Amnestie“ für die Parteispenden-Sünder über die Gesetzgebung durch den Bundestag durchzusetzen, das heißt, die nach den seinerzeit geltenden Vorschriften zu bestrafenden Handlungen außer Strafverfolgung zu stellen.[36] Aufgrund allgemeiner Empörung in der Öffentlichkeit und in Kreisen der Regierungsparteien selbst wurde das Vorhaben aufgegeben.

Was macht diesen Fall ethisch und juristisch interessant? Die Bestimmungen über die Parteienfinanzierung waren Anfang 1984 ohnehin bereits geändert worden. Hiernach hätte es einer Amnestie für zurückliegende Fälle auf den ersten Blick gar nicht bedurft. Denn im Strafrecht gilt im allgemeinen folgende Regel: Wenn die Rechtsvorschrift zwischen Tat und Aburteilung geändert wurde, wird der Täter nach der *mildesten* Vorschrift bestraft (§ 2 Abs. 3 StGB).

Sind die Vorschriften seit der Tat strenger geworden, gilt dies ohnehin nach dem Satz: nulla poena sine lege, keine Strafe ohne Gesetz. Das heißt: niemand kann wegen einer Tat bestraft (oder strenger bestraft) werden, zu deren Zeitpunkt keine (oder eine mildere) Strafe angedroht war (§ 1 StGB).

Sind die Vorschriften umgekehrt seit der Tat milder geworden, so gilt der Grundsatz, daß niemand nach Normen bestraft werden kann, die zur Zeit der Aburteilung als ungerechtfertigt oder ungerechtfertigt streng gelten, auch wenn die Tat unter den alten Normen erfolgte und daher in positivrechtlicher Sicht nach ihnen beurteilt werden müßte.

Hier wird also der naturrechtliche Grundsatz maßgebend, daß eine Bestrafung, die nach heutiger Einsicht ungerechtfertigt ist, das auch seinerzeit gewesen sein muß; daß der Täter eine seinerzeit positiv geltende Norm verletzte und daher „subjektiv" gesetzwidrig handelte, kann aus naturrechtlicher Sicht demgegenüber keine Rolle spielen.

Nach diesen Gesichtspunkten wäre eine besondere Amnestie für die Parteispendensteuersünder ersichtlich überflüssig gewesen, weil sie ohnehin nach dem zur Zeit der Aburteilung geltenden *neuen* Vorschriften hätten beurteilt und daher in der Regel außer Verfolgung gesetzt werden müssen.

Hier greift nun aber eine andere Rechtsregel ein, die ein sehr interessantes Licht auf die Bedeutung des positiven Rechts für unsere Gesellschaftsordnung wirft.

Die Regel der mildesten Strafe (nach § 2 Abs. 3 StGB) gilt nämlich nicht für die sogenannte „Zeitgesetze", das heißt für Vorschriften, die – als rein positivrechtliche Normen – von vornherein nur für einen begrenzten Zeitraum gelten (§ 2 Abs. 4 StGB). Solche Zeitgesetze können unter anderem Steuervorschriften sein.

Nun könnte man mit gutem Grund meinen, daß gerade für solche extrem positivrechtlichen, ethisch also offenbar belanglosen Vorschriften die Regel der jeweils milderen Ahndung gelten müsse.

Eben hier ist das jedoch nicht der Fall, und zwar aus bei näherer Betrachtung sehr einleuchtenden rechtspolitischen Gründen:

- Wenn jedermann wüßte, daß eine bestimmte gegebene Regelung etwa des Einkommensteuerrechtes jederzeit aufgehoben werden kann (und wenn er womöglich als Politiker oder Abgeordneter selber darauf hinwirken kann), brauchte er sich überhaupt nicht mehr um Vorschriften dieser Art zu kümmern, sondern nur solange sich nicht erwischen zu lassen, bis die Regelung außer Kraft getreten ist.
- Die Milderung oder Beseitigung einer Strafrechtsvorschrift beruht meist auf gewichtigen, oft zentrale ethische Fragen berührenden Erwägungen. Man denke an die Entlassung der einfachen Homosexualität unter Erwachsenen aus dem Katalog der strafbaren Handlungen. Eben deshalb hat ein Täter *auch moralisch* einen Anspruch darauf, nach der neuen Rechtsanschauung beurteilt zu werden. Einem kleinen Steuerhinterzieher dagegen, der nur auf die Änderung an sich moralisch neutraler Vorschriften spekuliert, steht ein solches Motiv nicht zur Seite.

Aus alledem ergibt sich: gerade der naturrechtlich so überaus schwache Status der „Zeitgesetze" verlangt ihren besonderen Schutz vor Mißbrauch.

Hier wird ganz besonders anschaulich (und deshalb erörtern wir die Sache so ausführlich), daß auch positivrechtliche Regelungen ihren Eigenwert und ihre Bedeutung für die Rechtsordnung haben. Wären sie nicht in besonderer Weise geschützt, würden zahlreiche Betroffene sie nicht befolgen. Hierdurch verlören sie ihren Sinn. Und darüber hinaus würde hier eine schwere Ungerechtigkeit gegenüber den wenigen verbleibenden Gesetzestreuen eintreten. Hiermit offenbart die Befolgung des positiven Rechts wieder ihre ethische Dimension.

b. Bundestagsauflösung

Ein anderes Rechtsproblem bewegte die deutsche Öffentlichkeit Anfang 1983 sehr stark. Auch hier fällt der Unterschied zwischen positiv-rechtlicher und naturrechtlicher Betrachtung ins Auge.

Allerdings handelt es sich nicht um ein strafrechtliches, sondern um ein verfassungsrechtliches Problem. Es ging um die Frage einer vorzeitigen Auflösung des Bundestages.

Die Auflösung des Bundestages außerhalb der normalen Wahltermine ist vom Grundgesetz, also von der Verfassung der Bundesrepublik Deutschland, außerordentlich erschwert worden.

Eine Auflösung des Bundestages ist nämlich nur in zwei Fällen möglich:

(1) Gemäß Artikel 68 des Grundgesetzes dann, wenn der Bundeskanzler die sogenannte „Vertrauensfrage" stellt und durch eine Mehrheit weder ihm das Vertrauen ausgesprochen wird noch andererseits eine andere Person zum Kanzler gewählt wird. Selbst in diesem Falle *kann, nicht muß* der Bundespräsident den Bundestag auflösen.

(2) Der zweite Fall ist im Artikel 63 des Grundgesetzes geregelt. Vereinfacht formuliert besagt dieser Artikel: Erhält ein Kanzlerkandidat bei der Wahl nicht die absolute Mehrheit, so findet ein weiterer Wahlgang statt, in dem die relative Mehrheit („die meisten Stimmen") genügt. Erhält jetzt der Kandidat trotzdem die absolute Mehrheit, so wird er ernannt. Erhält er nur die relative Mehrheit, so muß der Bundespräsident entscheiden. Er kann dann nämlich entweder den mit relativer Mehrheit Gewählten ernennen oder den Bundestag auflösen.

In beiden Fällen, sowohl nach Artikel 68 als auch nach Artikel 63, liegt die Entscheidung beim Bundespräsidenten: er kann, nicht muß den Bundestag auflösen.

Aus dem Gesagten wird überdies deutlich, daß selbst ein Rücktritt des Kanzlers nicht zur Auflösung des Bundestages führen muß. Denn in diesem Falle könnte der Bundestag einen neuen Kanzler entweder mit absoluter Mehrheit wählen, oder aber, gemäß Artikel 63, unter Umständen sogar mit relativer Mehrheit. Dieses Verfahren ist also gerade dann nicht möglich, wenn der Kanzler nur zum Zwecke der Auflösung des Bundestages zurückträte, denn nach Artikel 63 müßte ja zunächst entweder er selbst oder ein anderer Bewerber mit absoluter oder gar nur relativer Mehrheit zum Kanzler (wieder)gewählt werden. Der amtierende Kanzler ginge also das Risiko ein, daß nach seinem Rücktritt eine andere Person zum Kanzler gewählt würde, bevor eine Auflösung des Bundestages überhaupt in Betracht gezogen werden könnte.

Aus diesem Grunde kommt nur die Vertrauensfrage nach Artikel 68 in Betracht. Grundsätzlich wird dem Kanzler die Möglichkeit eingeräumt, bei unklaren Mehrheitsverhältnissen im Bundestag, die ihm ein Regieren extrem erschweren oder unmöglich machen, über die Vertrauensfrage eine Auflösung und Neuwahl des Bundestages zu erreichen.

Dieser Fall war 1972 gegeben, als die ohnehin knappe Mehrheit der sozialliberalen Koalition seit 1969 durch Parteiübertritte immer mehr zusammenschmolz und ein Regieren kaum noch möglich war.

Damals erschien es also gerechtfertigt, wenn der Bundeskanzler Willy Brandt die Vertrauensfrage stellte und sie verlor, obwohl er sie, unter Ausnutzung aller Pro-Stimmen, mit knapper Not vielleicht auch hätte gewinnen können. Aber die Situation rechtfertigte dieses Verfahren.

Anders im Dezember 1982. Hier hatte Bundeskanzler Helmut Kohl eine bequeme Mehrheit, die ihm durch die dank der Wahl von 1980 riesig angewachsene, nunmehr auf seine Seite getretene FDP-Fraktion gesichert wurde. Hier war also die Vertrauensfrage, anders als 1972, nicht ohne weiteres gerechtfertigt, sondern hinterließ einen Beigeschmack des – im Lichte der erwähnten Bestimmungen des Grundgesetzes – eigentlich Unzulässigen. Kritiker sprachen von „Verrenkungen", die nötig seien, um ein mangelndes Vertrauen in die Regierung und damit eine Berechtigung zur Auflösung des Bundestages glaubhaft zu machen.

Warum ist dieses Problem nun aber im Rahmen unserer Betrachtungen zum Naturrecht interessant?

Aus einem ganz einfachen Grunde: weil die Mißbilligung der

besagten „Verrenkungen“ nur positiv-rechtlich, nicht naturrechtlich veranlaßt ist.

Es gibt nämlich keinerlei naturrechtliche Norm, gemäß derer die Auflösung eines Parlamentes ein so schwerwiegender Akt wäre, daß gegen sie nun unbedingt in jeder Verfassung derartige Hürden aufgerichtet werden müßten, wie das im Grundgesetz der Fall ist.

In England zum Beispiel gibt es lediglich eine Höchstdauer der Legislaturperiode von fünf Jahren, innerhalb derer aber der Premierminister berechtigt ist, das Parlament aufzulösen und neu wählen zu lassen, wann immer es ihm politisch günstig erscheint. Ebenso ist die Auflösung des Parlaments auch in vielen deutschen Länderverfassungen großzügig geregelt, etwa dem Parlament selbst mit qualifizierter Mehrheit überlassen.

Hieraus folgt, daß der Wunsch des Bundeskanzlers Kohl, den Bundestag aufzulösen, um zu einer Neuwahl nach dem Wechsel der FDP von der SPD zur Union zu gelangen, „naturrechtlich“ und damit moralisch überhaupt nicht zu beanstanden ist, denn hier handelt es sich um eine Materie, die im positiven Recht – in diesem Falle also in der Verfassung – nicht auf bestimmte Weise zu regeln ist, sondern so oder so geregelt werden kann. Unter anderen positivrechtlichen Voraussetzungen, etwa in England oder einem Teil der Bundesländer, wäre Kohls Wunsch nach Neuwahlen von vornherein völlig legitim gewesen.

Auch für diesen Fall gilt also das, was wir bereits beim Beispiel der Parteispenden sagten:

Die verbreitete Mißbilligung des Weges, der zur Auflösung des Bundestages um die Jahreswende 1982/1983 geführt hat, ist nicht naturrechtlich fundiert, sondern beruht lediglich auf einer Einsicht in den Widerspruch zwischen dem Geist der einschlägigen Bestimmungen des Grundgesetzes, so wie sie nun einmal formuliert wurden, und der Handlungsweise des Bundeskanzlers. Kohls Handeln ist – wenn überhaupt – nur insoweit zu beanstanden, als ihm eine positivrechtliche Regelung ihrem Sinne nach entgegenstand, denn unter anderer positivrechtlicher Regelung wäre sein Handeln verfassungskonform gewesen. So vertraten viele besonnene Beobachter Anfang 1983 den Standpunkt: „Man sollte die Verfassung ändern, damit es solcher Verrenkungen nicht mehr bedarf.“

Allerdings wird hier auch deutlich: das Handeln einer Bundesregierung, die den Bundestag auflösen möchte und zu diesem Zweck das gegebene positive Recht überlisten muß, ist nicht einfach durch den Hinweis auf andere mögliche und anderswo tatsächlich gegebene positive Regelungen der Materie und damit auf das Fehlen eines naturrechtlichen Charakters der Angelegenheit schon entschuldbar oder gar gerechtfertigt.

Genau wie in der Parteispendenfrage wird hier nämlich sichtbar, daß auch das Befolgen positiven Rechts als solches moralischen Wert haben kann, insofern, als die Übereinstimmung meines Handelns mit gegebenen Regelungen auch moralisch wünschenswert ist: es fördert nicht nur die – auch moralisch einen Wert darstellende – Rechtssicherheit, sondern darüber hinaus die Achtung vor gesetzlichen Regelungen überhaupt. Bis zu einem gewissen Grade ist die Befolgung auch an sich nicht notwendig nun gerade so und nicht anders lauten müssender positivrechtlicher Regelungen ein moralischer Wert – unter der Voraussetzung, daß die gegebene positive Regelung nicht, wie das unter dem Nationalsozialismus oft der Fall war, moralisch zu beanstanden ist. Denn ein Sichhinwegsetzen über gegebene positive Normen könnte ja auch zum Prinzip werden und gefährdete dann auf die Dauer auch solche gesetzlichen Regelungen, hinter denen eine naturrechtliche Norm steht, wie in der Regel im Strafrecht.

Unter diesem Gesichtspunkt überraschte das Urteil des Bundesverfassungsgerichtes vom 16. Februar 1983. Das Mehrheitsvotum verzichtete auf jede Kritik am Verhalten von Bundeskanzler, Bundestag und Bundespräsident, bestätigte vielmehr dem Kanzler, daß er zu seiner Einschätzung der Lage durchaus berechtigt gewesen sei. Eine von vielen erwartete Mahnung, künftig sorgfältiger zu verfahren, erfolgte nicht. Da jedes Gerichtsurteil zugleich normensetzende Wirkung hat, bedeutet dies, daß es in Zukunft eher noch leichter möglich sein wird, den Bundestag aufzulösen.

Da man – bei allem Erstaunen über dieses Urteil – den es tragenden Richtern (uneingeschränkt nur fünf von acht) nicht Leichtfertigkeit unterstellen kann, gibt es nur eine Erklärung dafür: die Richter sind zu der Überzeugung gekommen, daß eine allzu starke Erschwerung der Auflösung des Bundestages, wie das Grundgesetz sie vorsieht, mit dem Wandel der allgemeinen Auffassungen über diesen Punkt nicht mehr vereinbar ist – daß sie überholt ist und daher mit der Zeit durch eine andere Regelung ersetzt werden könnte.

Hier wird ein grundlegender Sachverhalt sichtbar: Keine Rechtsvorschrift kann absolute Geltung für sich auch dann noch in Anspruch nehmen, wenn die allgemeinen Anschauungen über den fraglichen Gegenstand sich gewandelt haben. Vielmehr ist es dann Aufgabe des Gesetzgebers, das Recht den gewandelten Anschauungen anzupassen – nicht etwa umgekehrt.

Ein anschauliches Beispiel für diesen Sachverhalt: Wenn sich die allgemeinen Anschauungen über das Zusammenwohnen unverheirateter Personen verschiedenen Geschlechts gewandelt haben, hat der Kuppeleiparagraph keinen Sinn mehr.

Unter „allgemeiner Anschauung" ist hierbei die Beurteilung durch Personen zu verstehen, die weder besonders progressiv noch besonders konservativ sind. Denn ein besonders progressiver Betrachter würde am liebsten noch heute alle Normen relativieren, und ein besonders konservativer Betrachter möchte am liebsten auf immer alles so lassen, wie es ist. Wodurch aber die Geschichte bestimmt ist und daher das Recht bestimmt sein sollte, das ist ein allmählicher, nicht zu eiliger, aber auch nicht zu träger Wandel von Zuständen und Anschauungen.

Eine solche Auffassung vom steten geschichtlichen Wandel des Rechts ist natürlich eindeutig naturrechtlich, weil sie alle jeweils gegebenen positivrechtlichen Regelungen daraufhin überprüft, ob sie noch mit dem lebendigen Bewußtsein der Menschen übereinstimmen. Sollte dies also auch der Sinn des besprochenen Verfassungsgerichtsurteils sein, so wäre es durchaus zu bejahen.

4. KAPITEL

SYSTEMTHEORIE

Einleitung. Die begriffsgeschichtliche Entwicklung

I. Allgemeine Skizze

„System"[1] ist einer der zentralen Begriffe der Philosophie und Wissenschaftstheorie überhaupt.

Das griechische Wort *sýstēma* bedeutet wörtlich so viel wie ‚das Zusammengestellte', ‚das Zusammengeordnete'.

Was wird hier zusammengestellt, zusammengeordnet?

Schon in der Antike hatte „System" eine doppelte Bedeutung: „zusammenordnen" kann man nämlich einerseits „*Gegenstände*" oder „die Wirklichkeit", andererseits aber auch „*Aussagen*" oder „die Erkenntnis der Wirklichkeit".

Ein „System" konnte daher einerseits etwas in der Welt Vorfindliches sein, wie etwa die Ordnung der gesamten Welt (des „Kosmos"), das musikalische Tonsystem, bei Aristoteles auch etwa der Staat.[2]

Ein „System" konnte andererseits aber auch die Zusammenordnung von Begriffen, von Sätzen, von menschlichem Wissen über die Gegenstände sein.

Ganz deutlich wird diese Unterscheidung, wenn wir zwei Fälle der Verwendung des Begriffes „System" einander gegenüberstellen, die in der frühen Neuzeit üblich wurden: man spricht einerseits etwa vom „Planetensystem", und andererseits vom „Pflanzensystem". In beiden Fällen meint man mit „System" jeweils etwas ganz Verschiedenes.[3]

Beim Planetensystem steckt das „System" in den Gegenständen

selbst: In der Mitte die Sonne, umkreist von Planeten verschiedener Größe, Entfernung und Umlaufszeit, das Ganze zusammengehalten durch bestimmte Beziehungen (etwa Gravitation und Zentrifugalkraft), wie sie durch Kepler und Newton erforscht worden sind.

Ganz anders beim Pflanzensystem: Hier ist nicht das tatsächliche Zusammenleben von Pflanzen in der Gegenstandswelt gemeint (etwa im Sinne des „Ökosystems", wo eben die andere Bedeutung von „System" zugrundeliegt), sondern hier ist eine Anordnung aller überhaupt existierenden Pflanzen nach ihren Merkmalen gemeint. Benachbart erscheinen hier also nicht Pflanzen, die tatsächlich zusammen leben, sondern solche, die einander nach bestimmten Gesichtspunkten „ähnlich" sind, auch wenn sie an ganz verschiedenen Orten der Erde leben (etwa „Korbblütler", „Nachtschattengewächse", „Rosengewächse").

Das „Pflanzensystem" ist also kein System, das irgendwo in der Wirklichkeit auffindbar wäre, sondern ein System, das nur in Sätzen von Botanikern besteht.

Entsprechendes gilt für das Tiersystem. Die „Katzen" etwa sind eine Tierfamilie, deren „Mitglieder" oder, genauer gesagt, Mitgliedsgruppen nach bestimmten Ähnlichkeiten in Körperbau und sonstigen Eigenschaften zusammengefaßt werden, aber nicht an gleichen Orten leben.

Um beide Begriffe von „System" zu unterscheiden, können wir das in der Wirklichkeit befindliche System auch als *„gegenständliches* System", und das nur in Sätzen von Wissenschaftlern existierende System als *„gedankliches* System" bezeichnen.

Die *gegenständliche* Auffassung des Systembegriffes liegt zwar im ursprünglichen Wortsinn und war zu Beginn auch wichtiger als die gedankliche Auffassung, trat dann aber, vor allem im Mittelalter und in der frühen Neuzeit bis ins neunzehnte Jahrhundert, völlig zurück.[4] Erst in unserem Jahrhundert erfuhr sie eine überraschende und recht intensive Wiederbelebung. Das hat dahin geführt, daß man heute unter „System" wie selbstverständlich lediglich ein gegenständliches System versteht und meist gar nicht mehr weiß, daß man noch vor zwanzig oder dreißig Jahren beim Stichwort „System" etwa an die Philosophie Hegels einerseits, und an eine Bibliothek andererseits dachte.

Ein gegenständliches „System" können wir vorläufig definieren als ein Gebilde von *Elementen*, die in bestimmten *Beziehungen* zueinander stehen. Beispiele wären etwa: ein pflanzlicher, tierischer oder menschlicher Organismus; das Zusammenleben verschiedener Pflanzen und Tiere in einem „Lebensraum"; ein Regelkreis in der Technik (etwa eine automatische Heizungsanlage); die Wirtschaft in Teilbereichen und in ihrer Gesamtheit; die Gesellschaft in analoger Weise; der „Staat" auf allen Stufen und die gesamte Staatenwelt auf der Erde; und so fort.

II. Nähere Erörterung

1. Antike

Betrachten wir die doppelte Bedeutung des Begriffs „System", wie sie sich von der Antike an herausgebildet hat, näher.[5]

a. Ein „System" konnte *einerseits* etwas in der Welt Vorfindliches sein („*gegenständliches* System").

Dies wissen wir bereits.

Nun müssen wir jedoch innerhalb dieses gegenständlichen Begriffes zwei Fälle unterscheiden:

– Das gegenständliche System konnte erstens ein *natürliches Gebilde* sein. So bezeichneten griechische Philosophen den „Kosmos", also die gesamte Weltordnung, als „System", und der berühmte Schöpfer der Atomtheorie, Demokrit, bezeichnete die Elemente als systémata aus Atomen.[6]

– Das gegenständliche System konnte zweitens ein vom Menschen geschaffenes Gebilde sein. So bezeichnete schon Platon ein Staatenbündnis als „System", und für Aristoteles und die stoischen Philosophen stellte das Gemeinwesen, die Polis, der Staat ein System dar.[7] Ein wichtiger Anwendungsbereich des Wortes war auch die Musiktheorie, die von „Tonsystemen" sprach.[8]

b. Ein „System" konnte *andererseits* aber auch die Zusammenordnung von *Begriffen*, von Sätzen, von menschlichem Wissen über die Gegenstände sein („*gedankliches* System“).

So bezeichneten bereits die Stoiker die téchnē, die praktische Wissenschaft, als ein sýstēma aus Begriffen (‚Begriff‘: katálēpsis).[9] Die lateinische Entsprechung zu téchnē ist *ars*. Beide Wörter bedeuten nicht nur einfach ‚Kunst‘, sondern auch ‚praktische Wissenschaft‘.[10] Zentrale Bedeutung erhielt der Begriff ars dann im Mittelalter im Zusammenhang der *septem artes liberales*, der „sieben freien Künste“, also der Gesamtheit der Disziplinen, aus denen dann die philosophisch-naturwissenschaftlichen Fakultäten hervorgingen.

Fassen wir noch einmal zusammen:

Schon in der Antike konnte ein System sein:

– ein Gebilde in der Wirklichkeit („gegenständliches System“), und zwar einerseits ein natürliches Gebilde wie das Weltall oder die aus Atomen bestehende Materie, und andererseits ein von Menschen geschaffenes Gebilde wie der Staat;

– eine Zusammenordnung von Begriffen in Form einer „Kunde“ oder „Lehre“ („gedankliches System“).

In jedem Fall ist die Bedeutung von sýstēma: „ein Gebilde, das irgendein Ganzes ausmacht und dessen einzelne Teile in ihrer Verknüpfung irgendeine Ordnung aufweisen“.[11]

2. Siebzehntes Jahrhundert

Im Gefolge von Humanismus und Reformation wurde der Begriff „System“ dann von Philosophen und Theologen des 17. Jahrhunderts wieder aufgenommen. Die wichtigsten hier zu nennenden Autoren sind Bartholomäus Keckermann, Clemens Timpler und der bedeutende Philosoph Johann Heinrich Alsted.[12]

3. Lambert

Als wichtigster Kopf der Systemtheorie gilt der vielseitige Philosoph und Mathematiker Johann Heinrich Lambert[13] (1728 bis 1777), der, obwohl vier Jahre jünger, ein wichtiger Vorgänger

Kants war. Alois *von der Stein*, der verdienstvolle Erforscher der Begriffsgeschichte von „System", auf den wir uns hier weitgehend stützen, beschließt seine Darstellung mit Lambert, „weil bei ihm der auch für uns noch einigermaßen verbindliche Begriffsstatus erreicht zu sein scheint".[14]

Lambert hat den Systembegriff ausführlich abgehandelt.[15] Er unterscheidet „dreyerley Hauptarten von Systemen", in denen wir deutlich die bereits besprochenen drei Bedeutungen wiedererkennen. „Es giebt nemlich:

1. Systeme, die schlechthin nur durch die Kräften des Verstandes ihre Verbindung erhalten. Dahin gehört, z.E.
   a) Das System der Wahrheiten überhaupt,
   b) einzelne Systeme von Wissenschaften, Theorien, etc.
   c) Gedenkensarten einzelner Völker, Menschen, etc.
   [...]
2. Systeme, die durch die Kräften des Willens ihre Verbindung erhalten. Dahin gehören:
   [...]
   b) Verträge,
   c) Gesellschaften,
   d) Staaten.
3. Systeme, die durch die mechanischen Kräften ihre Verbindung erhalten. Dahin gehört:
   a) Der Weltbau,
   b) Einzelne Sonnen- und Planetensysteme,
   c) Die Erde insbesondere, und auf dieser
   d) Das System der drey Reiche der Natur.
   [...]"[16]

Vergleichen wir nun Lamberts Aufstellung mit der von uns oben in Anlehnung an den antiken Sprachgebrauch bereits gegebenen Typologie, so ergeben sich folgende Entsprechungen:

1. Systeme durch die Kräfte des Verstandes:
   = „System" als Zusammenordnung von Begriffen
2. Systeme durch die Kräfte des Willens:
   = „System" als vom Menschen geschaffenes Gebilde
3. Systeme durch mechanische Kräfte:
   = „System" als natürliches Gebilde

Bei *Lambert* erscheinen also alle drei Begriffe von „System" gleichmäßig nebeneinandergereiht. Ja, man kann sogar der Meinung sein, daß die ersten beiden Bedeutungen besonders eng zusammengehören, da sie den menschlichen Kräften des Verstandes und des Willens zugeordnet sind.

Unsere eigene Einteilung ergibt jedoch ein völlig anderes Bild. Wir hatten nämlich gleich zu Anfang eine grundlegende Unterscheidung gemacht zwischen:

– solchen Systemen, die „Gegenstände" *in* „der Wirklichkeit" zusammenordnen („*gegenständlichen* Systemen"), und

– solchen Systemen, die „Aussagen" *über* „die Wirklichkeit" zusammenordnen („*gedanklichen* Systemen").

Nach dieser Unterscheidung liegt also der tiefe Einschnitt gerade zwischen Lamberts erster und zweiter Bedeutung:

Seine „Verstandes-Systeme" entsprechen unseren „Aussagen"-Systemen, und seine „Willens-Systeme" entsprechen unseren „Gegenstands"-Systemen, soweit sie auf vom Menschen geschaffene Gebilde bezogen sind. (Lamberts dritte Art von Systemen entspricht unseren „Gegenstands"-Systemen, soweit sie auf natürliche Gebilde bezogen sind.)

Wie erklärt sich dieser Gegensatz zwischen Lamberts und unserer Einteilung: bei Lambert eine bloße Abstufung menschlicher „Kräfte" – bei uns dagegen zwei verschiedene logische Ebenen?

Er erklärt sich einfach dadurch, daß zwischen Lambert und uns eine philosophische Revolution stattgefunden hat: nämlich die Entdeckung der logischen Funktion der *Sprache* und damit auch der strikten Unterscheidung von *Aussage* und *Gegenstand*, die nicht aufeinander rückführbar sind, sondern an *entgegengesetzten Seiten des Erkenntnis-„Grabens"* stehen.

Wir können daher unsere Unterscheidung präzisieren, indem wir sagen: Es gibt

– *Gegenstandssysteme* oder *gegenständliche* Systeme (diese unterschieden nach natürlichen und vom Menschen geschaffenen Systemen) und

– *Aussagensysteme* oder *gedankliche* Systeme (Begriffssysteme, theoretische Systeme).

Diese Unterscheidung ist nun deshalb besonders wichtig, weil der Systembegriff in den letzten zweihundert Jahren eine sonderbare Geschichte durchgemacht hat.

Wie in der Antike, so stehen auch noch bei *Lambert* (ohne daß das, wie wir sahen, seinerzeit ausdrücklich so gesagt wurde) der gegenständliche und der gedankliche Begriff „System“ gleichberechtigt nebeneinander.

Im Laufe des vorigen Jahrhunderts jedoch trat der gedankliche Begriff „System“ („System“ als Gebilde von Begriffen oder Aussagen) immer mehr in den Vordergrund. Ein System – das war jetzt in erster Linie das Denkgebäude eines Philosophen.

Seit Beginn der Neuzeit lösten sich die Wissenschaften immer mehr aus dem Zusammenhang der Philosophie. Dies hatte für den Begriff des (gedanklichen) Systems eine doppelte Folge:

– Einerseits verengte sich der Begriff des philosophischen Systems von ‚Gesamtheit des Wissens überhaupt‘ (so bei Aristoteles) zu ‚Gesamtheit des philosophischen Wissens‘ (so bei Hegel).

– Andererseits wurde eben hierdurch das Problem und die Aufgabe des (gedanklichen) Systems gleichsam „säkularisiert“, das soll hier heißen: von Nichtphilosophen übernommen.

Daher spaltete sich der Begriff des (gedanklichen) Systems seit etwa 1800 in zwei Teilbegriffe auf: „System“ als geordnete Lehre eines Philosophen einerseits, und als geordnete Gesamtheit des Wissens überhaupt („Systematik“) andererseits. (Diese Bedeutung ist im Begriff téchnē/ars in Antike und Mittelalter und bei *Lambert* schon vorbereitet.)

In dieser zweiten Bedeutung wurde nun der Begriff des „Systems“ auch praktisch wichtig. Ein „System“ brauchten nämlich vor allem die Bibliotheken, um die immer mehr anwachsenden Büchermassen sinnvoll zu ordnen. Es wurden daher immer wieder neue Ordnungsschemata entworfen, die im deutschen Bibliothekswesen in der Regel als „Systematik“ bezeichnet wurden. Neben dem „alphabetischen“ Katalog stand der „systematische“ Katalog.

Im Laufe des letzten Jahrhunderts, bis vor wenigen Jahren, war es daher weitgehend selbstverständlich geworden, unter einem „System“ lediglich ein Aussagen- oder Wissenssystem zu verstehen.

Die Wiedererweckung der bis ins achtzehnte Jahrhundert so geläufigen „gegenständlichen“ Bedeutung des Wortes „System“ als natürliches oder menschliches Gebilde machte daher in gewisser Weise den Eindruck einer wissenschaftlichen Revolution. –

Obwohl die ursprüngliche antike Bedeutung des Begriffs „System“ die „gegenständliche“ war, beginnen wir die systematische Abhandlung nunmehr mit der „gedanklichen“ Bedeutung des Wortes, da sie bis vor wenigen Jahren die herrschende war und daher aus der Sicht der *Gegenwart* die *frühere* ist.

Für die Gliederung unseres Kapitels ergibt sich daher folgender Aufbau:

A. „System“ gedanklich: Geordnete Wissensgesamtheit
  I. Philosophisches System
  II. Wissenssystem (Systematik)
B. „System“ gegenständlich: Gebilde von Elementen in Beziehungen

A. „System“ gedanklich: Geordnete Wissensgesamtheit

Da in der Antike „Wissenschaft“ und „Philosophie“ weitgehend noch zusammenfielen, war das Wissen des Philosophen gleichzeitig das Wissen überhaupt. Eine Trennung zwischen „philosophischem System“ und „Wissenssystem“ gab es daher zunächst nicht. Erst als sich in der Neuzeit die Wissenschaft von der Philosophie zu lösen begann, begann auch das philosophische „System“ ein Eigenleben abseits des Wissensinbegriffes seiner Zeit zu führen: es verselbständigte sich und galt nicht mehr als Darstellung des Wissens überhaupt, sondern nur noch als Gesamtheit der Lehre des betreffenden Philosophen, wie das am deutlichsten bei *Hegel* wird.

1. Antike und Mittelalter

Der erste Philosoph, bei dem so etwas wie ein „System" deutlich wird, war Aristoteles. Seine Philosophie läßt sich etwa wie folgt einteilen: Metaphysik, Logik, Naturphilosophie und Naturwissenschaft, Ethik, Politik, Kunstphilosophie.[17]

In der scholastischen Philosophie des Mittelalters hieß das, was wir „System" nennen, *summa*, also die „Summe" des Wissens.

2. Christian Wolff

Das 17. und das 18. Jahrhundert brachten dann eine Blütezeit des philosophischen „Systems", das nun bewußt als solches angestrebt und verwirklicht wurde. Wichtige Systemphilosophen waren Spinoza, Leibniz und Christian Wolff.

Christian Wolff (1679 bis 1754)[18] war einer der ersten Gelehrten, die statt auf lateinisch in deutscher Sprache lehrten und schrieben. Zunächst verfaßte Wolff sein „Deutsches System", eine Reihe von Büchern, deren Titel sämtlich mit den Worten „Vernünftige Gedanken von ..." beginnen, so anzeigend, daß es sich um eine systematische Abhandlung aller wichtigen Gebiete nacheinander handelt. Knapper und deutlicher zeigen dies noch die Titel seines „Lateinischen Systems", das Wolff danach verfaßte: Philosophia rationalis sive Logica, Philosophia prima sive Ontologia, Cosmologia generalis, Psychologia empirica, Psychologia rationalis, Theologia naturalis, Philosophia practica universalis, Ius naturae, Ius gentium, Philosophia moralis sive Ethica, Oeconomica, (geplant) Politica; auf deutsch also etwa: Logik, Ontologie (Seinslehre), Kosmologie (Lehre von der [Entstehung der] Welt), Psychologie, Theologie, ..., Naturrecht, Völkerrecht, Ethik, Ökonomik (Wirtschaftslehre), Politik.

3. Hegel

Ein typischer Systemphilosoph der idealistischen Epoche um 1800 war dann der etwa ein Jahrhundert jüngere Georg Friedrich Wilhelm Hegel (1770 bis 1831). Sich von der Art seines Systembaues einen Begriff zu machen, ist für den Leser dieses Buches nicht schwer, denn wir haben ja im Kapitel „Dialektik" des zweiten Bandes das Inhaltsverzeichnis von Hegels „Encyclopädie der philosophischen Wissenschaften" abgedruckt und können daher hier darauf verweisen.[19]

Bezeichnend dafür, daß sich der philosophische Systembau längst von der Aufgabe gelöst hat, das gesamte Wissen als solches zu umfassen (wie das noch bei Aristoteles der Fall war), ist der Titel „Encyclopädie der *philosophischen* Wissenschaften" – also nicht etwa „Enzyklopädie" schlechthin. Diese Aufgabe hatten die so benannten Nachschlagewerke übernommen; während Hegels Lebenszeit (um 1800) begann der „Brockhaus" zu erscheinen.[20]

4. Nicolai Hartmann

In Hegels konsequent durchgeführtem Dreierschema zeigt sich bereits deutlich, daß „System" in der Philosophie immer zweierlei bedeutet: Eine möglichst vollständige Abhandlung aller großen Sachgebiete – und eine möglichst detaillierte Gliederung der Darstellung jedes einzelnen Gebietes.

Beides sind hervorstechende Züge des Werkes auch des wohl bisher letzten bedeutenden systematischen Philosophen der bisherigen Geschichte, des wiederum hundert Jahre jüngeren, von Neukantianismus, Lebensphilosophie und Phänomenologie geprägten Nicolai Hartmann (1882 bis 1950).

Die Philosophie Nicolai Hartmanns zeichnet sich durch dreierlei aus:

– Erstens durch die mit großer Konsequenz durchgeführte vollständige Abhandlung aller philosophischen Gebiete: Ontologie (Seinslehre), Erkenntnistheorie, Naturphilosophie, Geistesphilosophie (Geschichts- und Sozialphilosophie), Ethik, Ästhetik.[21]

– Zweitens durch die extrem genaue und feine Durcharbeitung jedes einzelnen Gegenstandsgebietes, die auch, soweit irgend möglich, alle Gebiete durch Aufweis gemeinsamer Grundlagen oder von Analogien miteinander verknüpft.

Die größte, heute weder überholte noch überhaupt ausgeschöpfte philosophische Leistung Hartmanns war seine Seinslehre: die höheren Schichten des Seins sind in ihrer Existenz von den niederen abhängig, inhaltlich aber selbständig – auf deutsch: Kant muß essen, um philosophieren zu können, aber *was* er denkt, ist vom Essen unabhängig. Eine, wie ich meine, abschließende Lösung des Idealismus/Materialismus-Problems, hinter die alles, was Marxisten und analytische Philosophen heute diskutieren, nur zurückfallen kann.

Im letzten Kapitel hatten wir bereits die Gelegenheit, Hartmanns Ethik zu diskutieren. Das dort Gezeigte ist typisch für Hartmanns Arbeiten überhaupt: In jedem Gebiet, das er bearbeitete, findet er eine Fülle verschiedenartiger fruchtbarer Einsichten, die sich als Dimensionen zu einer vielgestaltigen Theorie zusammenschließen (etwa Koordinatensystem der Tugenden, Logik der Werte und Unwerte, Geschichtsphilosophie der Werte, und so fort).

– Und das dritte, aber nicht unwichtigste Merkmal der Hartmannschen Philosophie ist ihre unglaubliche Klarheit und Anschaulichkeit, die wieder einmal zeigt, daß zwischen Genauigkeit des Denkens und Klarheit der Darstellung kein Widerspruch, sondern im Gegenteil eine Entsprechung besteht.

II. Das Wissenssystem (die Systematik)

1. Das Fächersystem der Schule

Jeder von uns hat eine zumindest vage Vorstellung vom System unseres Wissens – weil er zur Schule gegangen ist. Denn in jeder Schule ist das dort zu vermittelnde Wissen in „Fächern“ geordnet – aus sachlichen wie aus organisatorischen Gründen.

Die geschichtliche Entwicklung dieser Schulfächer braucht uns hier nicht zu interessieren. Tatsache ist jedenfalls, daß uns zur Zeit etwa in den höheren allgemeinbildenden Schulen folgender „Fächerkanon“ entgegentritt:

[A.] Deutsch, Religion, Geschichte, Erdkunde, Sozialkunde
[B.] [I.] Griechisch, Latein
[II.] Englisch, Französisch
[C.] Mathematik, Physik, Chemie, Biologie
[D.] Musik, Kunst, Werken, Sport
und so fort.

Im berufsbildenden Schulwesen treten dann noch Recht, Wirtschaft und technische Fächer verschiedener Art hinzu, die an den allgemeinbildenden Schulen (aus geschichtlich zu verstehenden Gründen) nicht vertreten sind.

Die in eckige Klammern gesetzten Großbuchstaben und römischen Zahlen sollen eine „immanente“ Großgliederung der Fächer andeuten, die zum Beispiel auf Zeugnisformularen erscheinen kann, in der täglichen Praxis jedoch zugunsten einer einfachen Reihung zurücktritt.

2. *Die Systematik der Bibliothek*

Die Systematik der Bibliotheken lehnte sich ursprünglich eng an die – jedenfalls zur Zeit der Entstehung der Bibliothek – jeweils gültige philosophische Systematik an (was man in traditionsreichen wissenschaftlichen Bibliotheken noch heute zum Teil an den altertümlichen lateinischen Gattungsbezeichnungen erkennen kann, die hinter den Signaturen der Bücher stecken).

Im neunzehnten Jahrhundert trennten sich dann die Wege von philosophisch-wissenschaftlicher und bibliothekarischer Systematik. Die schnell sich entwickelnde Wissenschaft hatte weder Zeit noch Interesse für die Erarbeitung einer Gesamtsystematik – während andererseits die Bibliotheken mehr denn je darauf angewiesen waren, die wachsenden und sich systematisch immer mehr zersplitternden Buchbestände zu ordnen.

Die letzten hundert Jahre wurden daher zur großen Zeit der bibliothekarischen Klassifikationssysteme.

Die beiden wichtigsten Klassifikationssysteme sind die Dezimalklassifikation und die Buchstabenklassifikation. Beide wurden zuerst in Amerika entwickelt, beide aber auch modifiziert nach Europa übernommen. Im folgenden besprechen wir für beide Systeme die amerikanische und die deutsche Version im Vergleich.

a. Die Dezimalklassifikation

Die Dezimalklassifikation wurde im vorigen Jahrhundert von dem amerikanischen Bibliothekar *Dewey* erfunden. Sie wird in Amerika nach wie vor als „Dewey Decimal Classification" bezeichnet, während sie in Europa abgewandelt wurde und daher in Deutschland einfach „Dezimalklassifikation" heißt.

Die Dezimalklassifikation beruht auf dem – inzwischen ja auch anderweitig bekannt gewordenen – Prinzip, Untergliederungen einfach durch Anhängen von dezimal zu lesenden Ziffern zu bilden, also zum Beispiel: 37 heißt: Hauptabteilung 3, darin die Unterabteilung 7.

Die Dezimalklassifikation hat – auf allen ihren Anwendungsgebieten – den großen Nachteil, daß immer nur höchstens zehn oder gar nur neun Unterabteilungen gebildet werden können.

Demgemäß besteht auch die Dezimalklassifikation für die Bibliotheken aus nur zehn oder – unter Absehen von der Gruppe „Allgemeines" – neun Hauptabteilungen, in die das gesamte Wissen hineingezwängt werden muß.

In ihrer englischen und deutschen Fassung lauten die Hauptabteilungen der Dezimalklassifikation:[22]

0 General works	0 Allgemeines
1 Philosophy	1 Philosophie
2 Religion	2 Religion, Theologie
3 Social sciences	3 Sozialwiss., Recht, Verwaltung
4 Language	4 Sprachwissenschaft, Philologie
5 Pure science	5 Mathematik, Naturwissenschaften
6 Technology	6 Angewandte Wiss., Medizin, Technik
7 Arts	7 Kunst, Musik, Sport u. a.
8 Literature	8 Literaturwiss., Schöne Literatur
9 History	9 Heimatkde, Geogr., Gesch., Biogr.

Wie man sieht, müssen die Wissensgebiete ziemlich zusammengedrängt werden. Man gewinnt sofort den Eindruck, daß eine „natürliche", das heißt für den Benutzer übersichtliche Systematik mit mehr als neun Sachgruppen arbeiten müßte; deutlich wird das vor allem in 3, 5, 6, 7 und 9.

Bisher wurde eine wesentliche Änderung in den Hauptgruppen vorgenommen: 4 und 8 wurden vereinigt, da man „Sprache" und „Literatur" als eng zusammengehörig ansieht. Die so frei gewordene Gruppe 4 könnte man also als Entlastung für eine der ohnehin überfrachteten anderen Hauptgruppen benutzen.

b. Buchstabenklassifikationen

Der Nachteil der Dezimalklassifikation kann vermieden werden, wenn man den Wissensgebieten Buchstaben des Alphabets zuordnet. Dieses Prinzip benutzen in Amerika etwa die Klassifikation der Kongreßbibliothek (Library of Congress) in Washington (LC), die von zahlreichen amerikanischen Universitätsbibliotheken übernommen wurde, und in Deutschland etwa die „Allgemeine Systematik für Büchereien" (ASB), die nach dem zweiten Weltkrieg für die öffentlichen Bibliotheken der Bundesrepublik entwickelt wurde.

Wir stellen beide Systematiken gleich nebeneinander, da sich so bestimmte Analogien erkennen lassen.[23]

Die Buchstabenklassifikationen haben mehrere offensichtliche Vorteile: Sie bieten einen bequemen Rahmen für über zwanzig Großgebiete des Wissens, sie sind anschaulicher und leichter zu merken, sie können sogar in einzelnen Fällen mnemotechnisch eingesetzt werden: Geography, Music, Technology; Allgemeines, Biographie, Gesellschaft, „Handel", „Logik".

Alle Buchstaben des Alphabetes sind gleichberechtigt. Die Buchstabenklassifikationen können die Wissensgebiete daher nicht zu Großgruppen zusammenfassen. Sie können sie nur aneinanderreihen. Allerdings können sie durch die Reihenfolge Zusammengehörigkeiten zu Großgruppen andeuten.

Darüber hinaus kann die Gesamtreihenfolge der Systematikgebiete wiederum die Großgruppen in eine bestimmte Reihenfolge

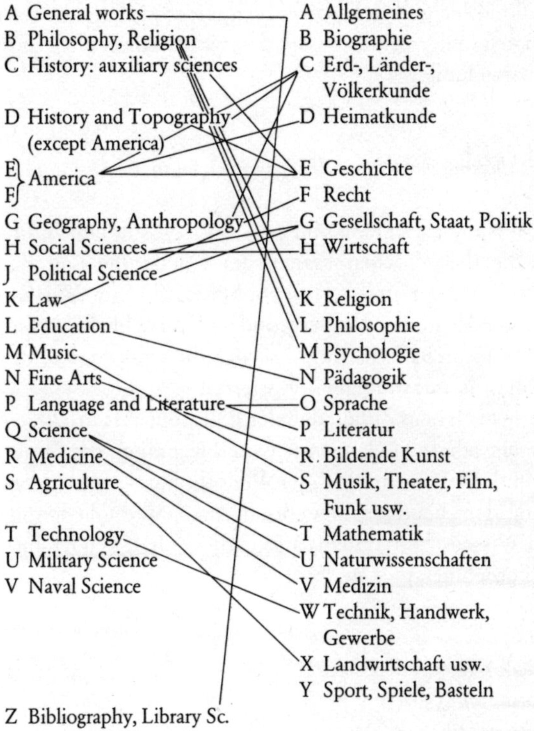

oder Ordnung bringen. Beide Systematiken tun dies, und bei beiden ergibt sich eine sehr ähnliche Reihenfolge der Wissensgebiete. Um das zu veranschaulichen, haben wir entsprechende Wissensgebiete mit Linien verknüpft. Je waagerechter diese Linien verlaufen, desto ähnlicher ist der Standort eines Gebietes in beiden Klassifikationen.

Die Großreihenfolge in beiden Klassifikationen ist also etwa die gleiche: Allgemeines – Geschichte, Geographie – Sozialwissenschaften, Erziehung – Sprache, Literatur, Kunst – Mathematik, Naturwissenschaften – Medizin, Technik, Landwirtschaft, Praktisches. Wesentliche Abweichungen sind lediglich: das Bibliothekswesen hat in LC eine besondere Gruppe Z, in der ASB ist es in A enthalten. Philosophie und Religion erscheinen in LC bereits unter B, in der ASB erst in der Mitte zwischen Sozialwissenschaften und Psychologie/Erziehung.

III. Die Zurückholung der Systematisierungsfragen in die Philosophie

Im Zuge der Weiterentwicklung von Logik, Linguistik und Informatik traten die theoretischen Fragen der Gliederung und Erschließung der Literatur und sonstigen Materialien im Wissenschaftsbetrieb wieder in den Vordergrund. – Und schließlich war es – mit der Wissenschaftstheorie – wieder die Philosophie, die sich für Systematisierungsfragen interessierte.

So ist es denn auch kein Zufall, daß der Philosoph Alwin *Diemer* – im Zuge seiner jahrzehntelangen Arbeiten in Fragen der Systematisierung und Dokumentation der Philosophie – einen Vorschlag für eine dem heutigen Bewußtsein angepaßte Gliederung des gesamten Wissenschaftssystems ausgearbeitet hat, den ich hier modifiziert übernehmen möchte.[24]

A. Allgemeines
- I. (Formale) Theoretik
  - 1. (Formale) Logik
  - 2. Mathematik
  - 3. Strukturdisziplinen (System-, Spiel-, Informationstheorie, Kybernetik)
  - 4. Wissenschaftstheorie
- II. Philosophie
- III. Weltanschauung und Religion
- IV. Informationswesen
  - 1. Information (auch Bibliothekswesen)
  - 2. Dokumentation
  - 3. Medien (Institutionen, die Information vermitteln)

B. Physisches
- I. Physikalisches
- II. Chemisches

III. Terrestrisches
IV. Extraterrestrisches

C. Biologisches
I. Grundlagen
II. Bereiche
Mikroorganismen, Pflanzen, Tiere

D. Humanes
I. Organisches
Humanbiologie, Medizin
II. Soziales
1. Gesellschaftliches
2. Politisches
3. Bildung und Wissenschaft
4. Recht
5. (Wirtschaft und) Arbeit
III. Kultur
1. Sprache
2. Texte und Literatur
3. Kunst
Optische (Ikonische), Akustische, Darstellende K.
IV. Technik (und Wirtschaft)

Die hiermit vorgeschlagene Systematik ist bewußt grob und unbestimmt gehalten. Dies ergibt sich aus der Einsicht, daß jede Wissens- und Wissenschaftssystematik geschichtlich bedingt und daher jederzeit kritisierbar und stets im Wandel begriffen ist.

Aus diesem Grunde kann eine solche Systematik nur solche Punkte enthalten, über die – jedenfalls zeitweise – Einigkeit zu erzielen ist. So wird kaum Streit darüber bestehen können, daß es eine Gruppe „allgemeiner" Gebiete (A) gibt, und daß es sinnvoll ist, die eigentlichen Inhaltsgebiete nach den Stufen der unbelebten Materie (B), des außermenschlichen Lebens (C) und des Menschen (D) zu ordnen.

Während die Gliederung innerhalb der Bereiche B und C noch mit Aussicht auf allgemeine Übereinstimmung versucht werden kann, ist das bei A und D schon sehr viel schwieriger.

Vor allem in den „außermenschlichen“ Bereichen B und C wurde viel mit Adjektiven („Physisches“, „Chemisches“, „Terrestrisches“) gearbeitet.

Diese Adjektive haben den großen Vorteil, daß sie sich sowohl auf den Gegenstand selbst, als auch auf die Wissenschaft von dem Gegenstand beziehen können. Hiermit soll zum Ausdruck gebracht werden, daß unsere Systematik gleichzeitig auf die Gegenstände wie auf die Wissenschaften bezogen ist. Besonders deutlich wird dies bei dem Wort „Terrestrisches“: „Erde“ würde sich einseitig auf den Gegenstand, „Geowissenschaften“ ebenso einseitig auf die Wissenschaft beziehen.

Im Bereich des Humanen (D) ist eine solche Umschreibung durch Adjektive ebenfalls sinnvoll, aber nicht mehr so dringlich, da sich bei den von Menschen geschaffenen (nicht nur interpretierend „erkannten“) Sachgebieten eine klare Trennung zwischen Gegenstand und Wissenschaft oft erübrigt. So ist das „Recht“ ohne die „Rechtswissenschaft“ undenkbar, weshalb das bloße Wort „Recht“ beides deckt; hier etwa „Rechtliches“ zu sagen, wäre unnötig und künstlich.

Auch innerhalb des Abschnittes D über den Menschen wurde versucht, eine Schichtung anzudeuten: zunächst die organischen Grundlagen in Humanbiologie und Medizin, „darüber“ die sozialen Gebilde, und schließlich als „höchste“ Stufe die menschliche Kultur. Hierher würden natürlich auch Wissenschaft, Philosophie und Religion gehören, wären sie nicht nach A gestellt worden. Das wiederum war aber erforderlich, da sie zwar in der „Meta“-Betrachtung (das heißt: verstanden als kulturelle Betätigung) zur Kultur (D III) gehören, in bezug auf ihren Gegenstand aber alles umfassen und daher auch auf B, C und D I und D II bezogen sind.

B. „System" gegenständlich: Gebilde von Elementen in Beziehungen zueinander

Einleitung. Die Binnenstruktur von Systemen

Ein Zusammenhang zwischen der „gedanklichen" und der „gegenständlichen" Bedeutung des Wortes „System" wird heute vielfach gar nicht mehr gesehen. Ja – viele, denen das Wort „System" in der gegenständlichen Bedeutung vertraut ist, wissen offensichtlich gar nicht, daß in den letzten Jahrzehnten „System" gewöhnlich die Bedeutung ‚Geordnete Wissensgesamtheit' gehabt hat.

Zusammenhänge zwischen beiden Bedeutungen liegen trotzdem auf der Hand. So wurde bereits bei der Betrachtung der Systeme von Hegel und von Hartmann deutlich, daß ein philosophisches System nicht einfach ein Ordnungsschema für angehäuftes Wissen ist, sondern daß Systeme dieser Art auch eine *Binnenstruktur* aufweisen: Untergliederungen verschiedener Teile können aufeinander bezogen sein.

Um bei Hegel nur ein Beispiel zu nennen:
In der Dritten Abteilung des Ersten Teils heißen die Abschnitte
A. Der subjektive Begriff, B. Das Objekt und C. Die Idee.

Diese Einteilung kehrt im Dritten Teil eine Stufe höher, nämlich bei den Abteilungen, in folgender Form wieder:
Erste Abteilung. Der subjektive Geist.
Zweite Abteilung. Der objektive Geist.
Dritte Abteilung. Der absolute Geist.

Ein deutlicher Hinweis darauf, daß alle Teile der Gliederung in irgend einer Weise aufeinander bezogen sind.

Auch bei Nicolai *Hartmann* kehren bestimmte Strukturen immer wieder, so zum Beispiel das Prinzip der Schichtung auch in der Ethik bei der Erörterung der verschiedenen Arten von Werten.

Ein sehr schönes Beispiel solcher „Querstrukturierung" einer Systematisierung bietet die Dezimal-Klassifikation.[25] Die Haupteinteilung ist die nach Sachgebieten. Nun gibt es aber bestimmte

Begriffe, die „quer“ zu den Sachgebieten stehen und in jedem Sachgebiet vorkommen können: so zum Beispiel der Ort: Roman in Deutschland – Eisenbahnwesen in Deutschland. Oder die Zeit: Musik um 1900 – Kohleförderung um 1900. – Oder bestimmte Formbegriffe, die in jedem Inhaltsbereich vorkommen können: Wörterbuch der Philosophie – Wörterbuch der Geologie. Auch kann natürlich die Sprache angegeben werden, in der eine Veröffentlichung erschienen ist: so bekommen wir zum Beispiel ein Geologisches Wörterbuch auf Russisch oder eine Physik-Zeitschrift auf Englisch.

Diese Begriffe werden durch „Anhängezahlen“ gekennzeichnet, und ein Interpunktionszeichen zeigt an, welche Begriffskategorie – Ort, Zeit, Veröffentlichungsgattung, Sprache – die Anhängezahl meint. Also zum Beispiel

„Querkategorien“		*Zeichen*	*Sachzahl*	*Anhängezahl mit Zeichen*
Ort:	Eisenbahnwesen *Deutschland*	( )	385	(430)
Zeit:	desgleichen, *im Jahre 1900*	„ “	385	(430) „1900“
Gattung:	Geologie, *Wörterbuch*	(0..)	55	(038)
Sprache:	Geologie, Wörterbuch, *Russisch*	=	55	(038) = 82
	Physik, *Zeitschrift, Englisch*	=	53	(05) = 20

I. Beispiele für Systeme

Ein System im gegenständlichen Sinne ist also ein Gebilde, dessen Elemente untereinander in bestimmten Beziehungen stehen.

Um diese abstrakte Bestimmung mit Anschauung füllen zu können, wollen wir zunächst Beispiele von „Systemen“ im Sinne der „Systemtheorie“, also im gegenständlichen Sinne, nennen:

1. In der Pflanzen- und Tierwelt

An einem bestimmten Ort in der Natur leben zwei bestimmte Tierarten. Die eine frißt die andere. Aber sie frißt immer nur so viel, daß die Art des Nahrungstieres erhalten bleibt. Denn mit einer völligen Ausrottung des gefressenen Tieres wäre dem fressenden Tier ja nicht gedient – es müßte verhungern. Beide Tiere zusammen bilden ein System: das eine frißt eine bestimmte Quote – die Fortpflanzung des anderen ist auf diese Freßquote abgestimmt.[26]

2. Im menschlichen Körper

Der menschliche Körper – und schon der eines höheren Tieres – ist ein äußerst kompliziertes System, in dem die verschiedenartigsten Funktionen zusammenwirken müssen. Wieviele Organe sind allein bei der Verdauung beteiligt! Von außen zugeführte Nahrungsstoffe werden so umgewandelt, daß sie über den Blutkreislauf zum Beispiel Händen und Füßen ihre Tätigkeit ermöglichen – die unter anderem wieder dazu dient, Nahrung heranzuschaffen.

Noch einige Beispiele für den Systemcharakter des Körpers:

Manche Arten der Grippe gehen mit Symptomen im Verdauungsapparat einher: Übelkeit, Erbrechen, Durchfall. Früher, als man die Zusammenhänge noch nicht durchschaute, sprach man dann meist davon, man habe „etwas Unrechtes gegessen" oder „sich den Magen verdorben". Heute wissen wir, daß die Ursache solcher Störungen des Verdauungsapparates mit dessen spezifischen Funktionen oft nichts zu tun hat, sondern sich dort nur „niederschlägt", so wie in anderen Fällen in der Nase („Schnupfen") oder den Atemwegen („Husten").

Genau umgekehrt steht es mit dem Phänomen der Nahrungsmittel-„Allergie". Hier ist die Ursache tatsächlich eine bestimmte Speise, etwa Erdbeeren. Die Folgen der Störung zeigen sich nun aber nicht im Verdauungsapparat selbst, sondern an ganz anderer Stelle, etwa in der Form von Hautausschlägen.

Bekannt ist inzwischen auch allgemein, daß der Urin nicht etwa – in Analogie zu den festen Ausscheidungen des Darmes – direkt ein Produkt des Magen-Darm-Traktes ist, sondern vielmehr das Ergebnis einer Reinigung des Blutes von bestimmten Nahrungsstoffen, die bereits in das Blut übergetreten waren, also aus dem Blutkreislauf kommt.

Angesichts der „Systemwütigkeit" der gegenwärtigen Diskussion muß nun freilich auch daran erinnert werden, daß der menschliche Körper zu unser aller Glück eben doch kein vollkommenes System ist, in dem alles mit allem in Verbindung steht. So kann man mit vielen chronischen Erkrankungen recht gut leben, weil sie nicht gleich alle anderen Organe in Mitleidenschaft ziehen (so können etwa Erblindete oder an Gelenkerkrankungen Leidende oft noch Jahrzehnte in sonst vortrefflicher Gesundheit leben), und man kann es nur als ein wahres Glück bezeichnen, daß zum Beispiel nicht jede kleine Verletzung am Fuß über den Blutkreislauf gleich zu einem Schlaganfall führen muß.

Freilich kann man auch der Ansicht sein, daß gerade diese teilweise „Abschottung" der Teile gegeneinander zum „System" gehört. In einem System gäbe es hiernach dann nicht nur Wechselwirkung, sondern auch absichtlich verhinderte Wechselwirkung, um das System auch bei (nicht zu starken) Störungen funktionsfähig zu halten.

3. *Im Bereich des von Menschen Geschaffenen*

a. *In der Technik*

Sehr bekannt geworden sind unterdessen Beispiele aus der Technik für sogenannte „Regelkreise". Regelkreise sind sogar besonders typische „Systeme", weil hier die gegenseitige Abhängigkeit der Elemente recht deutlich wird. Sehr viele Regelkreise beruhen darauf, daß gerade die intensive Tätigkeit einer Maschine das Regelglied dazu veranlaßt, diese Tätigkeit abzuschwächen oder auszuschalten. Diese Abschwächung oder Ausschaltung veranlaßt das Regelelement wiederum zur Verstärkung oder Einschaltung des arbeitenden Elementes und so fort. Das Endergebnis ist ein nahezu gleichmäßiges Arbeiten der Maschine in der gewünschten Weise.

Das Systemhafte liegt hier also in der gegenseitigen Beeinflussung der Glieder. Das Beeinflußte wird zugleich das Beeinflussende, und umgekehrt.

Diese Wechselwirkung ist typisch für ein System.

Einige Beispiele für solche Regelkreise:

Der älteste aus der Technik bekannte ist der Fliehkraftregler der Dampfmaschine. Je schneller die Maschine läuft, desto höher hebt sich der Regler. Dadurch drosselt er aber den Dampf, die Maschine läuft langsamer, der Regler senkt sich und erhöht dadurch wieder die Dampfzufuhr. Die Maschine läuft schneller ...

Auch die elektrische Klingel (und der Summer) ist ein Regelkreis. Der fließende elektrische Strom hat die Eigenschaft, ein Stück Eisen, um das der stromführende Draht gewickelt ist, zu einem Magneten zu machen. Dieser Magnet zieht nun einen Eisenhebel an, an dessen Ende der Klöppel befestigt ist, der gegen die Glockenschale der Klingel schlägt, so daß sie klingt. Am andern Ende jedoch ist dieser Eisenhebel mit einem Schalter verbunden. Die gleiche Bewegung, die die Glocke erklingen läßt, schaltet den Strom aus. Hierdurch verliert der Elektromagnet seine Magnetkraft. Er zieht den Eisenhebel nicht mehr an, dieser sinkt in seine Ausgangslage zurück. Hierdurch schaltet er aber den Strom wieder ein. Also bekommt der Magnet wieder Strom, zieht den Eisenhebel mit dem Klöppel an ... (So wird auch verständlich, warum eine elektrische Klingel das Radio so erheblich zu stören vermag.)

Nach genau dem gleichen Prinzip funktioniert der Thermostat einer automatischen Heizung. Der Thermostat ist eine Kombination aus einem Wahrnehmungs- und einem Handlungsglied: er ist nämlich gleichzeitig Thermometer und Schalter (analog dem Klöppelhebel der Klingel). Wird es im Zimmer warm, verschiebt sich im Thermostaten – einem Zeiger vergleichbar – ein Metallstück, das dadurch das Ausschalten der Heizung bewirkt. Es wird kälter, das Metallstück geht in die Ausgangslage zurück, schaltet den Strom wieder ein, es wird wärmer ...

Nur wenig bekannt ist, daß auch in jeder Schreibmaschine mit Farbband ein Regelkreis sitzt. Das Farbband einer Schreibmaschine hat – analog etwa dem Stempelkissen – die Aufgabe, die Buchstabentypen mit Farbe zu versorgen. Beim Tippen springt es zwischen die Type und das Papier. Die Type schlägt ihren Buchstabenumriß durch das Farbband hindurch auf das Papier. Da das Farbband hierdurch natürlich stark beansprucht wird, muß es sofort weitertransportiert werden, damit der nächste Buchstabe auf eine andere Stelle trifft. Damit jede Stelle nicht zu oft drankommt, ist das Farbband verblüffend lang: etwa zehn Meter. – Nun muß das Farbband aber, wenn es am Ende angelangt ist, umgeschaltet werden, damit es zurückläuft. Ist alles in Ordnung und das Farbband richtig eingelegt, so merkt der Schreibende überhaupt nichts davon, daß das Farbband alle paar Minuten abwechselnd am einen und am anderen Ende anlangt und sich umschaltet. Wie macht das Farbband das? Durch einen Regelkreis, der genauso funktioniert wie viele andere Regelkreise: durch eine bestimmte Bewegung macht eine Maschine eben diese Bewegung zunichte (wie die Dampfmaschine, die Klingel, der Thermostat). – Das Farbband wird nämlich beim Einspannen über zwei kleine Hebel geführt, die außen vor je einer der Bandspulen sitzen. Kommt nun das Band an einem Ende an, kann die leer gewordene Spule kein Band mehr hergeben. Da das Band aber durch das Tippen immer weiter zur voll gewordenen Spule hingezogen wird, zieht es sich über dem Hebel bei der leeren Spule stramm. Dadurch drückt es auf den Hebel, und der Hebel schaltet die Bandmechanik so um, daß nunmehr die leer gewordene Spule das Band zieht und die entgegengesetzte Spule es hergibt, so daß es ohne Störung in der entgegengesetzten Richtung weiterläuft.

b. In der Wirtschaft

Ein unglaublich kompliziertes System ist auch die Wirtschaft. An ihr läßt sich besonders anschaulich zeigen, daß die Bäume nicht in den Himmel wachsen, daß ein extremes Handeln nichts nützt, sondern abgebremst wird oder aber zur Gefährdung des betreffenden Wirtschaftssubjektes (Person oder Unternehmen) führt. Einige Beispiele:

Manch einer denkt, er brauche das, was er verkauft, nur möglichst teuer zu machen, damit er viel Geld verdient. Im Normalfall ist das ein verhängnisvoller Irrtum; denn zu teure Ware kauft niemand mehr, und er bleibt auf ihr sitzen. (Es sei denn, er sei ein sogenannter Monopolist, das heißt: nur er allein bietet die Ware an: etwa der einzige Brunnenbesitzer des Dorfes beim Ausfall der Wasserleitung.)

Es kommt also darauf an, seine Ware so zu verkaufen, daß man sie los wird, aber auch noch einen kleinen Gewinn hat, von dem man leben kann.

Oder: Ein Unternehmer meint, er könne seine Kosten niedrig halten, wenn er den Arbeitern möglichst wenig Lohn zahlt. Das ist, isoliert betrachtet, sicher richtig. Aber die Wirtschaft ist eben ein System. Und daher tragen die Arbeiter den Lohn, den ihnen zum Beispiel der Eisenwarenfabrikant zahlt, in das Textilgeschäft, um sich eine Hose zu kaufen. Dadurch verkauft der Kleiderfabrikant seine Ware, kann daher seinen Arbeitern Lohn zahlen, und diese Arbeiter kaufen sich wiederum einen Spaten für die Gartenarbeit beim Eisenwarenfabrikanten. Gibt dieser jedoch seinen Arbeitern zu wenig Lohn, können sie sich keine Hose kaufen, der Kleiderfabrikant geht in Konkurs, seine Arbeiter werden arbeitslos und können keine Spaten mehr kaufen, der Eisenwarenfabrikant geht in Konkurs und so fort ...

In schlechten Zeiten, so heißt es, soll der Staat Geld sparen. Aber auch dies ist – angesichts des Systemcharakters der Wirtschaft – eine recht zweischneidige Sache. Denn das Geld, das der Staat ausgibt, gelangt ja wieder in die Privatwirtschaft: entweder als Einkommen einzelner Arbeitnehmer oder als Umsatz für Unternehmer.

Daher könnte man auch der genau entgegengesetzten Ansicht sein und sagen: der Staat muß in ungünstigen Zeiten sogar besonders viel Geld ausgeben, um so die Wirtschaft in Gang zu bringen, was wiederum gleichzeitig zu höheren Einkommen der Arbeitnehmer und Unternehmer und eben deshalb zu höheren Staatseinnahmen führe.

Diese Theorie spiegelt sich heute oft auch in dem Argument, diese und jene Maßnahme müsse sein, denn sie könne „Arbeitsplätze erhalten".

Dieses Argument findet allerdings offensichtlich seine Grenze wiederum in der Frage nach dem Sinn solcher Arbeitsplatzerhaltung. So können Behörden mit offensichtlich unsinniger Beschäftigung nicht um der Arbeitsplätze willen erhalten bleiben. Und entsprechendes gilt für die Produktion überflüssiger oder gar moralisch fragwürdiger Güter in der Privatwirtschaft.

Ebensowenig hat es Sinn, Arbeitsplätze erhalten zu wollen, die der Rationalisierung oder Elektronisierung zum Opfer fallen. Sachliche Verbesserungen und gar Arbeitserleichterungen können nicht im Hinblick auf Arbeitsmarktprobleme blockiert werden, wenn sie – abgesehen davon – im wesentlichen Vorteile bringen. Die entstehende Arbeitslosigkeit muß dann auf andere Weise aufgefangen werden, etwa durch die Verkürzung der Lebensarbeitszeit.

Bekannt ist auch das Argument, man dürfe der Autoproduktion keine Steine in den Weg legen, weil dadurch der Gastwirt zumachen müsse, der den Arbeitern des Kleinunternehmens, das dem Autowerk die Autoaschenbecher liefert, das Bier ausschenkt.

Natürlich gibt es in der Wirtschaft auch einfache Regelkreise, die an diejenigen in der Natur oder der Technik erinnern. So etwa den berühmten Schweinezyklus: Wenn es viele Schweine gibt, sinken die Preise für den Verkauf der Schweine, und die Bauern verdienen nichts. Daher schränken sie die Schweinehaltung ein; die Schweine werden knapp und daher teuer, was wieder mehr Bauern veranlaßt, Schweine zu produzieren, und so fort.

c. *In der Politik*

Ein Beispiel für ein besonders kompliziertes politisches System ist etwa die Bundesrepublik Deutschland. Ganz bewußt und nicht zuletzt als Schutz vor möglichen totalitären Mißbräuchen haben die „Konstrukteure“ der Bundesrepublik im Grundgesetz ein kunstvolles Balancesystem etwa zwischen dem Bundestag und dem Bundesrat (als dem Organ der Bundesländer) vorgesehen. So muß der Bundesrat vielen Gesetzen, die der Bundestag mit Mehrheit beschlossen hat, zustimmen, damit sie in Geltung treten. Daher muß der Bundestag von vornherein eine gewisse Rücksicht auf den Bundesrat nehmen und nur solche Gesetze beschließen, denen der

Bundesrat zustimmen kann oder für die zumindest ein Kompromiß im Vermittlungsausschuß von Bundestag und Bundesrat erzielt werden kann.

Umgekehrt wird auch der Bundesrat mit „Obstruktions"maßnahmen sehr vorsichtig sein, denn es gibt wiederum Möglichkeiten für die Bundestagsmehrheit oder die Bundesregierung, den Ländern diese Obstruktion „heimzuzahlen" durch bestimmte Maßnahmen, die nun wieder nicht der Zustimmung des Bundesrates bedürfen und den Ländern daher wirksam Eintrag tun können.

Vor allem die Steuerpolitik ist ein gutes Beispiel für den Systemcharakter des Staatswesens.

Auf der einen Seite sind hohe Steuern für Gutverdienende sehr erwünscht, weil sie erstens viel Geld in die Staatskasse bringen und zweitens der Verwirklichung sozialer Gerechtigkeit dienen.

Auf der anderen Seite verärgert man hierdurch die Bezieher hoher Einkommen und treibt sie womöglich aus dem Lande in ein anderes, in dem mildere Steuersitten herrschen. Dies hätte wiederum eine doppelte Folge: einmal würden die Steuern dieser Bürger nun ganz fehlen, und zum anderen würden die Betroffenen, wenn es sich um qualifizierte Unternehmer handelt, dem Lande auch Wirtschaftskraft entziehen.

Ein Paradebeispiel für ein System sind natürlich die internationalen Beziehungen mit ihrem Geflecht von Kapitalbeziehungen und Warenverkehr. An die Bedeutung schwankender Wechselkurse und Zinssätze sei nur erinnert; dieses Gebiet ist so extrem kompliziert, daß wir hieraus schlecht Beispiele heranziehen können.

Jedoch sei ein leicht zu verstehender Fall erwähnt: Eine große Sorge der deutschen Industrie ist zur Zeit bekanntlich die Konkurrenz effektiv produzierender Industrieländer, etwa Japans. Daß hier die deutschen Produzenten am liebsten Einfuhrbeschränkungen hätten, ist verständlich. Nur: auch die deutsche Wirtschaft exportiert einen Teil ihrer Erzeugnisse sehr gern – und wenn nun, im Gegenzug, andere Länder ihrerseits Einfuhrsperren für deutsche Waren errichten würden, könnte der Schaden für die deutsche Wirtschaft größer sein als der Nutzen der Schutzmaßnahmen gegen die ausländische Konkurrenz auf dem eigenen Markt.

d. Im sozialen Umgang

Endlich sind auch Gruppen in der „Gesellschaft", in allen denkbaren Erscheinungsformen, Systeme.

So ist es eine bekannte Erfahrungstatsache, daß wir alle mit verschiedenen Mitmenschen verschieden gut „können". Und zwar tritt diese Verschiedenheit sogar dann deutlich hervor, wenn die Bedingungen, unter denen wir verschiedene Personen kennen lernen, sonst völlig gleich sind.

Wenn beispielsweise ein Lehrer neu in ein Kollegium eintritt, so sind grundsätzlich die Chancen in bezug auf jeden Kollegen, mit dem Neuen in ein bestimmtes Verhältnis zu treten, gleich, denn dieser ist ja allen Kollegen unbekannt und kennt selbst auch niemanden.

Trotzdem wird sich schon am ersten Tage ein sehr deutliches Netz von Sympathie, Gleichgültigkeit und Antipathie herauszukristallisieren beginnen.

So ist es dann zu verstehen, daß jemand – nennen wir ihn A – sagt: „Merkwürdig: mit B kann ich sehr gut, mit C so mittel und mit D überhaupt nicht. Das kann doch nicht an mir liegen – denn *ich* bin doch immer derselbe."

Ebenso aber wird D sagen: „Merkwürdig: mit E kann ich sehr gut, mit F so mittel – aber mit A überhaupt nicht. Das kann doch nicht an mir liegen – denn *ich* bin doch immer derselbe."

Es ergibt sich also ein merkwürdiger Widerspruch: A glaubt, wenn er mit D nicht könne, so müsse das an D's besonderer Unverträglichkeit liegen. Denn wenn es an A selber läge, müßte er ja mit B und C auch nicht können, was nicht zutrifft. D selbst jedoch erlebt seinerseits seine Umwelt analog wie A: er kann keineswegs – wie A schließt – mit allen nicht, sondern nur mit A nicht, während er zu E und F gute bzw. erträgliche Beziehungen hat.

Sowohl A als auch D schieben ihr schlechtes Verhältnis also auf den jeweils anderen, weil sie beide aufgrund eines „ceteris paribus"-Argumentes ja nachweisen zu können glauben, daß sie sich mit anderen Menschen auch besser verstünden.

An dieser Stelle wird deutlich, daß eben auch unser soziales Geflecht eine Art von System ist, in dem die Beziehungen sich weitgehend von den Elementen, die sie verknüpfen, ablösen und eine eigenständige Bedeutung haben. Wenn A und D einander nicht leider können, so nicht, weil sie beide, als Einzelcharaktere genommen, besonders bösartig oder unverträglich wären, sondern vielmehr deshalb, weil speziell ihre besondere Beziehung untereinander unglücklich ist. Daß dies wirklich so ist, erkennt man auch an der in der Lebenspraxis oft auftretenden Tatsache, daß ich sowohl mit X als auch mit Y eng und herzlich befreundet sein kann – daß aber beide untereinander sich nicht leiden oder doch jedenfalls miteinander nichts anfangen können.

Auch die folgende Erfahrung kann jedermann leicht nachvollziehen: wenn man eine Person, die man gut kennt, mit einer anderen Person, etwa einem Verwandten oder einem Freund, die man ebenfalls kennt, telefonieren hört, kann man sehr oft schon am Tonfall des neben einem Sprechenden, ohne jedes Indiz durch Gesprächsinhalt oder gar Namensnennung, feststellen, mit wem er telefoniert, weil er sich seiner Art zu sprechen, ja seinem Tonfall unwillkürlich anpaßt.

Und in der Tat ist ja auch jeder Mensch subjektiv davon überzeugt, daß er selbst sich dem jeweiligen Gesprächspartner anpasse, dessen Stil, Ansichten und so fort bis zu einem gewissen Grade übernehme. Diese Überzeugung kann so weit gehen, daß man glaubt, diese anderen Personen ihrerseits hätten es ja gar nicht nötig, sich einem selbst anzupassen, da man dies ja schon selber für sie erledige. Kurz: man glaubt, alle anderen Personen gäben sich stets so, wie sie sind – denn man empfindet ihre Verschiedenheit untereinander ja sehr stark –, nur man selber paßte sich den anderen immer an.

Diese Vorstellung beruht natürlich auf einer Selbsttäuschung. Tatsächlich paßt sich auch der jeweilige Gesprächspartner mehr oder weniger dem eigenen Stil an, was man nur deshalb nicht merkt, weil man sich selbst ja als sozusagen neutral und im Gegenteil flexibel gegenüber dem jeweiligen Partner empfindet. In Wahrheit aber wird man von einem Gesprächspartner als – sagen wir – besonders hausbacken empfunden; also wird er die hausbackene Seite seines Wesens hervorkehren und sich braver geben, als er in

Wirklichkeit ist. (In extremen Fällen empfindet man diese Anpassung des Anderen selbstverständlich auch, vor allem dann, wenn der andere die Situation vielleicht nicht richtig einschätzt und einen für hausbackener hält, als man wirklich ist.)

In jedem Fall gilt, daß auch der in diesem Sinne verstandene Umgangsstil der Personen untereinander eine Art „System" ist: Wir passen uns einerseits an, bleiben aber andererseits wir selbst, so daß auch der andere sich jeweils unserem Stil anpaßt. Jeder Kontakt wird so zu einem kunstvollen Geflecht aus Anpassung und Darbietung der eigenen Individualität.

II. Grundzüge der Systemtheorie

Über die geschichtlichen Wurzeln der modernen Systemtheorie ist in unserem Zusammenhang nicht allzuviel zu sagen.

Einerseits beruht diese Systemtheorie natürlich auf der nie ganz untergegangenen Tradition des „gegenständlichen" Systembegriffes, wie er durch Beispiele wie etwa „Planetensystem" gekennzeichnet ist.

Andererseits aber dürfte die moderne Systemtheorie weitgehend aus der Entwicklung der naturwissenschaftlichen, psychologischen und auch sozialwissenschaftlichen Forschung seit etwa Ende des vorigen Jahrhunderts zu erklären sein.

Gewisse Beziehungen bestehen allerdings auch zu ihrerseits historisch belasteten Begriffen wie „Ganzheit" und „Gestalt".

Nicht zufällig wird daher immer wieder das bekannte Wort „Das Ganze ist mehr als die Summe seiner Teile" zitiert.[27]

Ein „System" erscheint aus dieser Sicht als ein Ganzes, das aus dem Zusammenwirken mehrerer Teile entstanden ist, und das mehr bedeutet als die bloße Anhäufung dieser Teile.

Das bekannteste Beispiel für diesen Sachverhalt „Das Ganze ist mehr als die Summe seiner Teile" ist ein *Haus*, das mehr ist als ein Haufen von Backsteinen, nämlich ein Gebilde, zu dem die Backsteine in besonderer Weise zu einer „Gestalt", einer Ganzheit zusammengesetzt sind.

1. Die drei Ströme der Systemtheorie

Was versteht man nun heute unter „Systemtheorie“?

Im wesentlichen sind es drei Strömungen, die hier allmählich zusammengeflossen sind:[28]

1. Die *Allgemeine Systemtheorie*, die von dem österreichischen, erst nach 1945 nach Amerika gegangenen Biologen Ludwig von Bertalanffy (1901 bis 1972) begründet wurde.

2. Die – auch aus anderen Zusammenhängen inzwischen weit bekannte – *Kybernetik*, die auf den amerikanischen Mathematiker Norbert Wiener (1894 bis 1964) zurückgeführt wird.

3. Die sogenannte *„strukturell-funktionale“* soziologische *Theorie*, die der amerikanische, aber mit der deutschen Philosophie und Soziologie (Max Weber) gut vertraute Soziologe Talcott Parsons (1902 bis 1979) entwickelte.

a. Die allgemeine Systemtheorie

Ludwig von Bertalanffy selbst charakterisierte seinen Systembegriff noch kurz vor seinem Tode folgendermaßen:[29]

„[...] Ein System ist eine Menge (im mathematischen Sinn) von Elementen, zwischen denen Wechselbeziehungen bestehen. Beispiele sind ein Atom als System physikalischer Elementarpartikel, eine lebende Zelle als System sehr zahlreicher organischer Verbindungen [...], eine menschliche Gesellschaft als System vieler Individuen, die in den verschiedensten Beziehungen zueinander stehen.

Diese Definition macht uns auf wichtige Probleme aufmerksam. Erstens müssen wir zur Erkenntnis eines sogenannten Systems nicht nur dessen Elemente kennen, sondern auch die zwischen ihnen bestehenden Beziehungen – ein oft schwieriges und heute unbeantwortetes Problem. Eben deshalb ist zweitens ein System wie die erwähnten und unzählige andere eine Ganzheit mit eigenartigen Eigenschaften. Drittens ist einsichtig, daß der Begriff des Systems mit denen der Ordnung oder Organisation von Teilen zu höheren Einheiten nahe verwandt ist.“

b. Die Kybernetik

Zur Kybernetik brauchen wir an dieser Stelle nichts mehr zu sagen, da die Wirkungsweise kybernetischer Systeme einmal allgemein bekannt ist und zum anderen durch unsere einleitenden Beispiele (Dampfmaschine, Klingel, Thermostat, Farbbandumschaltung) hinreichend geklärt worden ist. Gerade die sogenannte „Rückkopplung", das heißt die Rückwirkung des „Opfers" (zum Beispiel des Fliehkraftreglers) auf den „Täter" (zum Beispiel den Lauf der Maschine), macht die Systemhaftigkeit des kybernetischen Regelkreises besonders anschaulich deutlich, weil hier nicht nur ein bloßes „Zusammenwirken", wie in tausend „gewöhnlichen" Geräten und Maschinen, sondern ein gegenseitiges, austauschendes Bewirken und Reagieren der Teile beobachtet werden kann.

c. Die strukturell-funktionale Theorie

Die von Talcott Parsons begründete strukturell-funktionale sozialwissenschaftliche Systemtheorie stellt Wolf-Dieter Narr wie folgt dar:[30]

> „Die struktur-funktionale Theorie unterscheidet sich von dem kybernetischen Ansatz gravierend dadurch, daß sie von vornherein auf den humangesellschaftlichen Bereich beschränkt ist und diesen in toto [im ganzen] erfassen will. Im Gegensatz zu dem subtilen Steuerungsmodell der Kybernetik, das am Umschlagplatz der Informationen und Entscheidungen seinen Ort hat und die Informationskanäle der Systeme untersucht, [...] [stellt] die struktur-funktionale Theorie [...] ein gesellschaftliches Gesamtmodell auf. Das funktionalistische Gesellschaftssystem rückt die Ordnung, das Gleichgewicht des Systems in den Vordergrund [...]."
>
> „Mit dem Begriff der Struktur soll [...] gewissermaßen die Anatomie des sozialen Systems, mit der Funktion die Physiologie begriffen werden."

Die Parsonssche Systemtheorie ist nicht ganz einfach zu verstehen. In unserem Rahmen brauchen wir uns mit ihr auch nicht näher zu beschäftigen; daher mögen diese knappen Hinweise genügen.[31]

2. *Die Systemstruktur*

Wie kann man nun ein System in allgemeiner und schematischer Form darstellen?

Günter Ropohl hat darauf hingewiesen, daß es drei verschiedene Vorstellungen darüber gibt, wie man ein System im Diagramm darstellen kann, nämlich[32]

– das funktionale Konzept,
– das strukturale Konzept,
– das hierarchische Konzept.

Ropohl meint nun mit Recht, daß man alle drei Konzepte zu einem einheitlichen, in sich gegliederten Systembegriff zusammenfügen könne:[33]

> Die Systemtheorie leidet „bis heute darunter, daß drei unterschiedliche Systemkonzepte vertreten werden, die jeweils einen Systemaspekt in den Vordergrund stellen oder gar verabsolutieren, während doch der Systembegriff in Wirklichkeit alle drei Aspekte umfaßt. Wir meinen das funktionale, das strukturale und das hierarchische Systemkonzept."

In drei Diagrammen, die sich als Teile eines einzigen Schemas ansehen lassen, stellt Ropohl die drei Systembegriffe bildlich dar:[34]

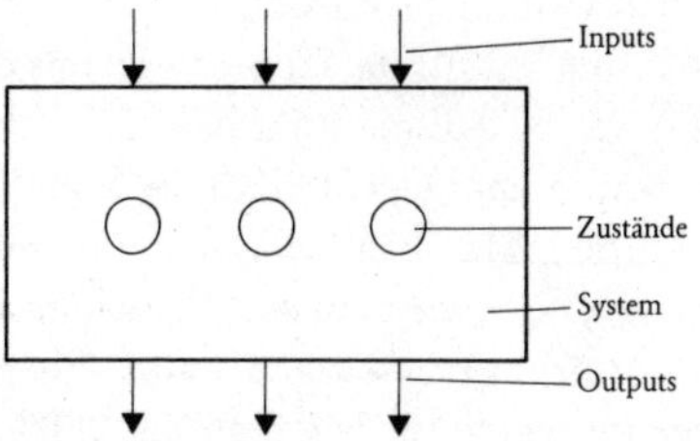

(a) Funktionales Konzept

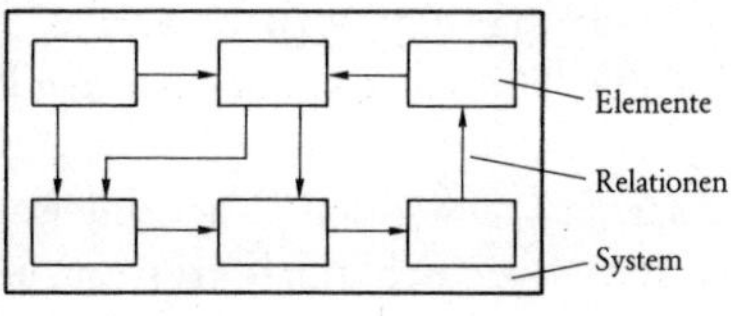

(b) Strukturales Konzept

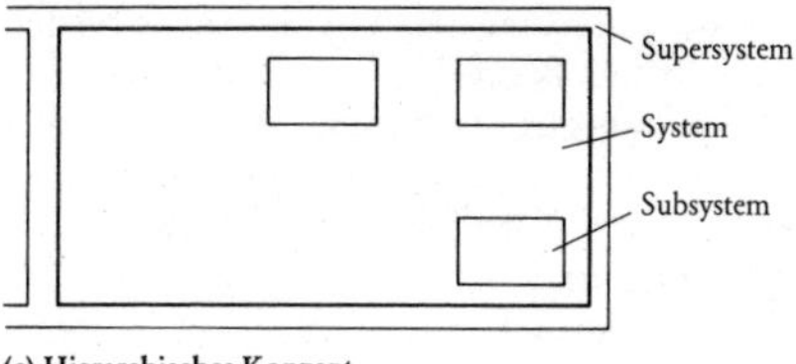

(c) Hierarchisches Konzept

Was hat man sich nun unter diesen drei verschiedenen Begriffen vom „System" vorzustellen?

a. Das funktionale Konzept

Die funktionale Vorstellung vom System ist die „primitivste". Man ist fast geneigt, sie gar nicht als eigentliches „Konzept" anzusehen. Sie betrachtet das System nämlich als „*black box*".

Was eine „black box", ein schwarzer Kasten ist, haben wir bereits im Geschichtskapitel des zweiten Bandes angedeutet.[35] Wer ein Gerät einfach hinnimmt und praktisch anwendet, ohne zu wissen, warum und wie es funktioniert, geht damit um wie mit einem schwarzen Kasten, in den hinein und aus dem heraus Drähte führen: man weiß wohl, was herauskommt, wenn man etwas Bestimmtes hineinsteckt, aber man weiß nicht warum.

Ein typischer „schwarzer Kasten" ist für die meisten von uns das Fernsehgerät. Es ist ja nicht etwa so, daß man mit dem Fernseher überhaupt nicht umzugehen wüßte; im Gegenteil, dieser Umgang ist zur täglichen Routine geworden. Man weiß, was man tun muß, um das Bild scharf zu bekommen, oder wie man ein „Schwimmstadion" (die Streifen einer Bildstörung) beseitigen kann. Ebenso weiß man, wie die Lautstärke zu regeln ist, wie man mit „Helligkeit" und „Kontur" umzugehen hat. Aber: dieses „Wissen, was" ist eben noch kein „Wissen, wie" oder gar ein „Wissen, warum". Ist das Gerät kaputt, so sind wir völlig hilflos und können nur den Reparaturdienst holen.

Man weigert sich, wie gesagt, fast, eine solche Vorstellung von der Beschaffenheit eines Systems wissenschaftlich ernst zu nehmen. Aber Ropohl meint:[36]

„Eine solche Betrachtungsweise, die vor allem in Kybernetik und technischer Systemtheorie anzutreffen ist, ganz allgemein aber bereits in weiten Teilen der empirischen Forschung, so zum Beispiel im ‚Stimulus-Response'-[Reiz-Antwort-]Modell des Behaviorismus, vorgeprägt ist, sieht ausdrücklich von der materiellen Konkretisierung und vom inneren Aufbau eines Systems ab und beschränkt sich auf das Verhalten [des Systems als] einer Ganzheit in ihrer Umgebung. Der funktionale Systemaspekt ‚behandelt nicht Dinge, sondern Verhaltensweisen' und ‚fragt nicht ›Was ist dieses Ding?‹, sondern ›Was tut es?‹' ([W. R.] Ashby [...])."

b. Das strukturale Konzept

Ropohl bemerkt hierzu:[37]

„Am geläufigsten ist das strukturale Systemkonzept [...]; es besteht darin, ein System als eine Ganzheit miteinander verknüpfter Elemente zu betrachten. Diese Blickrichtung" kann durch den Satz wiedergegeben werden, „das Ganze sei mehr als die Summe seiner Teile; bekanntlich besteht dieses Mehr in den Relationen zwischen den Elementen, so daß diese Ganzheitskonzeption durchaus ohne spekulative Mystifikationen auskommen kann. Daß Relationen einem System eine zusätzliche Qualität verleihen, die nicht auf seine Elemente zurückgeführt werden kann, zeigt das folgende einfache Beispiel:

Nehmen wir an, ein System bestehe aus fünf Elementen; jedes dieser Elemente kann mit den vier anderen in Relation stehen, also vier verschiedene Beziehungen aufweisen. Insgesamt sind folglich 5 mal 4 = 20 – allgemein bei n Elementen n (n–1) – Relationen möglich. Nehmen wir jetzt zusätzlich an, daß jede Relation nur zwei Formen haben kann – entweder sie existiert oder sie existiert nicht –, so erhalten wir insgesamt 2^{20} verschiedene mögliche Beziehungsgeflechte zwischen unseren fünf Elementen; obwohl die Elemente dieselben bleiben, lassen sich durch unterschiedliche Kombination der Relationen mehr als eine Million verschiedener Systeme erzeugen! Den Prozeß der Systembildung durch Herstellung von Relationen bezeichnet man als Integration [...]."

Verdeutlichen wir uns zunächst noch Ropohls Berechnung der Möglichkeiten. Daß fünf Elemente durch fünf mal vier gleich zwanzig Relationen miteinander verknüpft sein können, leuchtet ohne weiteres ein. (In einer fünfköpfigen Gruppe zum Beispiel gibt es zwanzig Fälle, daß eine Person über eine andere irgendwie „denkt".) Nunmehr müssen wir uns vorstellen, daß Ropohl jede dieser zwanzig Relationen gewissermaßen zum „Element" seiner weiteren Berechnung macht. Gefragt wird nun, wie viele mögliche Konstellationen vorhandener oder nicht vorhandener Relationen (bildlich dargestellt durch vorhandene oder nicht vorhandene von zwanzig möglichen Strichen im Diagramm) (Ropohl sagt: „Beziehungsgeflechte") möglich sind. Das ist eine sogenannte „Variationsrechnung", wie sie auch der Berechnung der Anzahl sowohl möglicher Wörter als auch möglicher Zahlen bei gegebener Anzahl der verschiedenen Zeichen und der Wort- oder Zahlenlänge zugrundeliegt.

Bezeichnen wir nun das Vorhandensein einer Relation mit 1 und ihr Fehlen mit 0, so besteht die Aufgabe darin, zu berechnen, wie viele verschiedene zwanzigstellige Zahlen aus dem Ziffernvorrat 1 und 0 es gibt.

Nach der mathematischen Methode der „vollständigen Induktion" beginnen wir mit einem Element und nehmen stufenweise immer ein neues hinzu. Also:

Bei einer einzigen Ziffer haben wir zwei Möglichkeiten: 1 und 0.

Bei zwei Ziffern können wir hinter jede dieser Ziffern wieder entweder 1 oder 0 setzen:

$$1 < \begin{matrix} 1 = 11 \\ 0 = 10 \end{matrix}$$

$$0 < \begin{matrix} 1 = 01 \\ 0 = 00 \end{matrix}$$

Wir erhalten so vier Möglichkeiten.

Bei drei Ziffern setzen wir wiederum hinter jede dieser vier Zeichengestalten entweder die 1 oder die 0 und erhalten so zwei mal vier gleich acht Möglichkeiten.

Bei jedem Schritt verdoppeln wir also die Anzahl der Möglichkeiten, gehen also mit der Potenzzahl der 2 um eins höher. Bei einer Ziffer haben wir $2 = 2^1$ Möglichkeiten, bei zwei Ziffern $4 = 2^2$ Möglichkeiten, bei drei Ziffern $8 = 2^3$ Möglichkeiten, ... bei n Ziffern also 2^n Möglichkeiten, bei 20 Ziffern 2^{20} Möglichkeiten.

Um diese Berechnung der vorhandenen und nicht vorhandenen Relationen noch einmal an einem Beispiel zu verdeutlichen, stellen wir uns folgendes vor.

Da ist eine vierköpfige Familie, Eltern und zwei Kinder.

Diese vier Personen können abends entweder zu Haus bleiben oder ausgehen, also vorhanden (zu Hause) oder nicht vorhanden (ausgegangen) sein.

Unsere Frage ist nun: in wievielen möglichen Kombinationen können die Mitglieder dieser Familie nun zu Haus oder nicht zu Haus sein?

Aus dem Vorhergehenden wissen wir schon, daß es $2^4 = 16$

Möglichkeiten sein müssen. Um dies noch etwas anschaulicher zu machen, versuchen wir es noch mit einer etwas anderen Rechnung, die die möglichen Fälle nach der Anzahl der jeweils abwesenden oder zu Haus gebliebenen Familienmitglieder ordnet:

Dafür, daß alle vier zu Haus sind, gibt es eine einzige Möglichkeit:	1
Als einzige Person können alle vier Familienmitglieder jeweils ausgehen. Das gibt vier Möglichkeiten:	4
Die Zahl der Möglichkeiten von Zweiergruppen innerhalb der Familie errechnet sich nach der „Turnier"- oder „Gläser-Anstoß"-Formel $\frac{n\,(n-1)}{2} = \frac{4 \times 3}{2} =$	6
Die Zahl möglicher Dreiergruppen beträgt wieder vier, da jedes Familienmitglied als einziges zu Hause bleiben kann:	4
Für die Abwesenheit aller vier gibt es wiederum eine einzige Möglichkeit:	1
Dies ergibt zusammen sechzehn Möglichkeiten.	16

Hierbei ist, wohlgemerkt, noch nicht einmal berücksichtigt, ob die abwesenden Familienmitglieder, wenn es mehr als eines sind, alle zusammen, jedes für sich oder, bei mehr als zwei Personen, teilweise oder alle in Gruppen (zu 2+1, 3+1, 2+2) ausgegangen sind.

Stellen wir uns nun vor, diese vier Personen seien *Relationen*, so haben wir Ropohls Problem der vorhandenen (zu Haus gebliebenen) oder nicht vorhandenen (ausgegangenen) Relationen.

c. *Das hierarchische Konzept*

Ropohl sagt:[38]

„Das hierarchische Konzept schließlich betont den Umstand, daß die Elemente eines Systems wiederum als Systeme, das System selbst aber seinerseits als Element eines umfassenderen Systems angesehen werden können [...]. Es gibt also mehrere Stufen von Ganzheiten und Teilen, wobei die Ganzheit ein Teil der nächsthöheren Stufe, der Teil indessen eine Ganzheit der nächstniederen Stufe ist, so daß eine Systembetrachtung auf verschiedenen Stufen einer solchen Systemhierarchie möglich ist; ‚bewegt man sich in der Hierarchie abwärts, so erhält man eine detailliertere Erklärung' des Systems, ‚während man, wenn man sich in der Hierarchie aufwärts bewegt, ein tieferes Verständnis seiner Bedeutung gewinnt' (Mesarović/Macko [...]). Offensichtlich hat man das moderne Systemdenken, das gegenüber beiden Perspektiven [das heißt: Richtungen der Bewegung in der Hierarchie] offen ist, als Reaktion auf die Tatsache anzusehen, daß sich die Einzelwissenschaften bislang sehr weitgehend auf die [...] [Richtung von oben nach unten] beschränkt haben."

Um ein Beispiel aus der Kosmologie anzuführen, das allerdings einen sehr spekulativen Charakter hat: Angesichts der auffälligen Ähnlichkeit zwischen dem Modell der Atomstruktur und der Vorstellung von Sternsystemen dürfte schon mehr als ein an solchen Fragen Interessierter auf den Gedanken gekommen sein, daß die Gegenstände, die für uns Atome darstellen, vielleicht wieder die Sternsysteme einer Mikrowelt sind – und umgekehrt entsprechend die Sternsysteme, die wir im Weltall wahrnehmen, wiederum Atome einer Makrowelt, so daß unsere eigene Lebenswelt nur irgend eine Stufe in einer unendlichen Hierarchie ineinandersteckender Weltsysteme ist, den bekannten russischen Puppen vergleichbar. Die Verschiedenheit der absoluten Größenordnungen braucht uns bei dieser Vorstellung nicht zu stören, denn was heißt das schon?! Offenbar ist es ja möglich, daß die gleichen Strukturen auf jeder Größenstufe immer wiederkehren. Was wir die „absolute" Größenordnung der Gegenstände unserer Lebenswelt nennen, ist in Wahrheit ja auch nichts als die richtige Zuordnung der Größen zueinander. Schon für Gullivers Zwerge und Riesen ist bekanntlich ihre Lebenswelt relativ zu ihrer Körpergröße der der Menschen durchaus gleich – nur Gulliver selbst fällt jeweils aus dieser Welt heraus. Ebenso könnten auch „Menschen" in einem „Atom-Weltall" alles so vorfinden, wie wir in unserer Welt und entsprechend bei der Vorstellung in der anderen Richtung.

Ropohls Ausführungen geben uns eine Vorstellung davon, wie man sich dem Begriff des Systems auch theoretisch nähern kann. Aber vieles muß notwendigerweise im Unklaren bleiben. Das hängt vor allem damit zusammen, daß der Bereich der Gegenstände, die ein „System“ sein können, unendlich groß und unbestimmt ist. Man kann nicht sagen: ein System weist die und die Merkmale auf. Denn das ist für jedes System ganz verschieden. Über allgemeine „Ausstattungsstücke“ wie „Elemente“ und „Relationen“ kommt man daher kaum hinaus. Es gibt nur eine Möglichkeit, sich mit dem Begriff des Systems vertraut zu machen – und die besteht darin, so viele praktische Beispiele zu betrachten, wie man nur findet.

III. Systeme in der Gesellschaft und ihre gegenseitigen Beziehungen

Wir wollen den Systembegriff nunmehr nur noch in einem Bereich betrachten, dem der Gesellschaft.

Die Unbestimmtheit und Weitmaschigkeit des Systembegriffes bringt es mit sich, daß auch innerhalb des Bereiches der Gesellschaft „System“ schlechthin alles im Gebiet sämtlicher Kategorien der Gesellschaft sein kann.

Ein System ist ein Liebespaar so gut wie eine Familie, eine Jugendgruppe, ein Freundeskreis, Gruppen jeder Art bis hinauf zur „Gesellschaft“ eines ganzen Landes oder gar Kontinentes.

Aber auch für andere Kategorien des gesellschaftlichen Lebens gilt das Gleiche. Ein System ist ein Betrieb, ein Unternehmen, ein ganzer Geschäftszweig, eine Dienststelle, eine Behörde, ein ganzes Ministerialressort, ein Parlament, ein Kabinett, ein Verband, ein Berufsstand als ganzer und in seinen Untergruppen, und so fort.

Eine ganz besonders wichtige Kategorie von Systemen bilden diejenigen Systeme, die einem bestimmten „Sachgebiet“ innerhalb des gesellschaftlichen Lebens zugeordnet sind.

So spricht man etwa von einem Wirtschaftssystem, einem Rechtssystem, einem Erziehungssystem, einem politischen System, und nicht zuletzt auch vom Wissenschaftssystem.

Die Eigenart aller dieser Systeme besteht darin, daß sie jeweils von der strukturellen Besonderheit des jeweiligen Sachgebietes geprägt werden. So unterscheiden sich zum Beispiel das Wirtschafts- und das Rechtssystem genau so, wie sich eben Wirtschaft und Recht in ihren Sachgesetzlichkeiten unterscheiden.

Aus diesem Grunde müssen wir unser soziales Handeln immer den Gegebenheiten des jeweiligen Systems anmessen, da wir uns sonst selbst schaden.

Hierzu – anhand von Beispielen – einige paarweise Gegenüberstellungen sozialer Systeme.

1. Wirtschaftssystem und Rechtssystem

a. Folgender Fall trug sich in einer süddeutschen Großstadt zu. Ein Unternehmer hatte eine neuartige „Fertigungsstraße" für Bratwürste konstruiert und begann eine Großproduktion fertig gebratener Würste für Großabnehmer. Das Geschäft florierte – aber leider hatte der Unternehmer verabsäumt, sich für sein Unternehmen eine Erlaubnis geben zu lassen, was umso schwerer wog, als er in einer reinen Wohngegend arbeitete und die Anwohner sich über Geruchsbelästigung beklagten. Dies führte schließlich dazu, daß dem Unternehmer im anschließenden Verwaltungsgerichtsstreit auferlegt wurde, nur ein Drittel seiner bisherigen Produktionsmenge herzustellen.

Diese Umsatzminderung konnte der Unternehmer nicht verkraften, und er mußte sein Geschäft vorerst aufgeben.

Hier wird deutlich: im Wirtschaftssystem ist die Ursache von Firmenzusammenbrüchen in der Regel auch in innerwirtschaftlichen Ursachen zu suchen; in Absatzmangel, in fehlendem Geschick bei Werbung und Verkauf, in Mängeln der angebotenen Ware, in verfehlten Finanzierungsmethoden und in ähnlichen Faktoren – mit einem Wort: in einem (markt)wirtschaftlich bedingten Umsatzrückgang, der durch das Unterlassen von Kaufentscheidungen seitens potentieller Kunden und/oder Geldmangel entsteht.

Ganz anders in diesem Fall: die Bratwürste waren qualitativ gut, sie fanden ausreichenden Absatz, das Herstellungs- und Verkaufspersonal war qualifiziert – aber wegen Mißachtens gewisser rechtlicher Rahmenbestimmungen wurde dem Unternehmer nicht von irgend einer wirtschaftlichen Instanz (Kunde, Lieferant, Bank), sondern von einer Instanz des Rechtssystems (Verwaltungsbehörde oder Gericht) der Absatz auf ein Drittel beschnitten.

(Natürlich könnte man, im weiteren Sinne, auch das rechtzeitige Einholen von Genehmigungen als eine spezifisch wirtschaftliche Handlung betrachten und sich im übrigen fragen, warum der Unternehmer seinen Betrieb überhaupt erst in einem dafür ungeeigneten Stadtgebiet eröffnet hat. Das Entscheidende hier ist aber, daß der Absatzrückgang nicht durch systemspezifische Ursachen ausgelöst wurde, sondern durch einen Eingriff von außen.)

b. Ein instruktives Beispiel von Richard Münch:[39]

„Wenn zum Beispiel ein Arbeitgeber die Entscheidung des Arbeitsgerichts, einen entlassenen Arbeiter wieder einzustellen, nicht akzeptieren möchte, so kann er dies nicht innerhalb des Wirtschaftssystems durch Nicht[wieder]einstellung des Arbeiters tun, sondern nur durch Handeln im Rechtssystem, indem er Rechtsmittel einlegt."

Das heißt: durch den Arbeitsgerichtsprozeß ist aus dem Arbeitsverhältnis ein Rechtsfall geworden. Denn: das Arbeitsverhältnis unterliegt nicht mehr den wirtschaftlichen Zwecküberlegungen des Arbeitgebers („Nützt mir die Einstellung des Arbeiters?"), sondern allein dem rechtlichen Zwang („Ich *muß* den Arbeiter einstellen!"). Verweigert jetzt der Arbeitgeber die Wiedereinstellung, so verstößt er gegen ein Gerichtsurteil und kann entsprechenden Maßnahmen unterworfen werden. Und wenn er den Arbeitnehmer, so gezwungen, wieder einstellt, muß er ihn auch so beschäftigen, wie das Gericht es vorschreibt, und nicht so, wie er es für zweckmäßig halten würde.

c. Der entgegengesetzte Fall ist folgender. Vor einigen Jahren lief in mehreren ARD-Sendern ein sehr interessantes Hörspiel[40] über einen Redakteur in einer medizinischen Zeitschrift, der vergebens versuchte, seine „linken" Anschauungen in seiner Zeitschrift zur Geltung zu bringen, obwohl der Verleger dies nicht wünschte. Was dem Redakteur vorschwebte, war eine gewissermaßen „*arbeitsrechtliche*" Regelung: er wollte das Recht verbrieft haben, innerhalb des gegebenen Rahmens seine Ansichten zur Geltung zu bringen. Eine solche Lösung des Problems konnte nicht gelingen, weil dem Verleger der sogenannte „Tendenzschutz" zur Seite steht (das Recht, die Richtung seiner Zeitung bestimmen zu können – das im übrigen selbstverständlich auch „linken" Publikationsorganen zugute kommt). –

Für die heutige Situation bezeichnend kam der Redakteur (und der Autor?) überhaupt nicht darauf, daß man ein solches Problem überhaupt nicht arbeitsrechtlich, also im Rechtssystem, lösen kann.

So lange es Zeitungen und Zeitschriften gibt, hat sich hier nämlich eine ganz andere Lösung angeboten: wer einen bestimmten Standpunkt publizistisch vertreten will, gründet eben – unter Umständen im Verein mit Freunden und Geschäftspartnern – eine *eigene Zeitschrift,* in der er dann das schreiben kann, was er für richtig hält. Dies wäre die im Wirtschaftssystem angemessene Lösung: wem eine abhängige Arbeit – gleich aus welchen Gründen – nicht paßt, macht sich selbständig und hat nun – im Rahmen der Marktgegebenheiten – freie Hand. – Einen solchen Schritt müßte der Held (und der Autor?) konsequenterweise natürlich ablehnen, denn erstens will er nicht selbst „Kapitalist" werden, und zweitens will er ja die bereits bestehende Zeitschrift zu einer Änderung ihres Kurses veranlassen, statt nur eine konkurrierende danebenstellen.

2. *Erziehungssystem und politisches System*

Nach einem weiteren Beispiel von Richard Münch: Wenn einem Lehrer irgend etwas an dem Schulsystem, in dem er arbeitet, mißfällt, so kann er nicht in seiner Eigenschaft als Lehrer eigenmächtig etwas ändern, weil er damit möglicherweise Dienstpflichten verletzt. Ist er dagegen Landtagsabgeordneter, so kann er eben diese Änderung in seiner Eigenschaft als Politiker im Parlament über die Gesetzgebung durchzusetzen versuchen. Als Parlamentarier ist er hierzu berechtigt, und nunmehr würden Kollegen und Vorgesetzte ihrerseits unkorrekt handeln, wenn sie ihn seine politische Aktivität entgelten ließen. In diesem Fall geht es also um den Gegensatz von Erziehungs- und politischem System:[41]

„Sofern er [...] die Mißbilligung seiner Kollegen auf sich ziehen würde, handelte es sich in diesem Fall um eine Verwischung der Grenzen zwischen dem Schulsystem und dem politischen System. Je mehr jedoch diese Grenzen bewahrt werden, um so mehr kann der Lehrer widersprüchlich handeln. Er kann den Lehrplan im Schulsystem einhalten und trotzdem im politischen System die zu hohen Anforderungen des Lehrplans beklagen."

3. Ausbildungssystem und Beschäftigungssystem

a. Allgemeines

Ein anderes sehr anschauliches Beispiel für den gegenwärtigen Gebrauch des Systembegriffes im Bereich der Gesellschaft ist die Gegenüberstellung der Wörter „Ausbildungssystem" und „Beschäftigungssystem".

Unter dem „Ausbildungssystem" versteht man die Gesamtheit sämtlicher Bildungs- und Ausbildungseinrichtungen, also der allgemeinbildenden Schulen, der Berufsschulen, der Fachschulen, Fachhochschulen, der Hochschulen, auch der Einrichtungen der Erwachsenenbildung, und so fort.

Unter dem „Beschäftigungssystem" versteht man die Gesamtheit aller „Betriebe" im weitesten Sinne, die „Arbeitnehmer" gegen Vergütung beschäftigen und/oder einem selbständig Arbeitenden den Lebensunterhalt schaffen: also Privatunternehmungen aller Art; Betriebe anderweitiger Institutionen (etwa der Gewerkschaften), des Staates oder der Kirche; Behörden, Verwaltungen, Dienststellen aller Art (also auch Schulen und Hochschulen in ihrer Eigenschaft als Arbeitsstätte für Lehrende und sonstige Bedienstete); schließlich Arztpraxen, Rechtsanwalts- und Architektenbüros, die „Einmannbetriebe" der freien Künstler, Schriftsteller und so fort.

Das Wort „System" ist in diesem Zusammenhang, wie so oft, in doppeltem Sinne zu verstehen:

– Einerseits als Verflochtenheit aller einzelnen ihm angehörenden Institutionen untereinander: alle Ausbildungsstätten stehen untereinander in einem bestimmten Verhältnis, die Übergänge von einer Schule zur anderen sind genau geregelt und so fort; ebenso bilden, wie wir bereits wissen, alle Wirtschaftseinheiten untereinander ein „System".

– Andererseits als ein Gebilde mit spezifischen, eben für ein bestimmtes „System" charakteristischen Eigenschaften: die Verhaltensregeln für das eine System müssen nicht auch für das andere gelten, wie wir das bereits an mehreren Beispielen zeigten.

Gerade der Vergleich zwischen Ausbildungs- und Beschäftigungssystem ist geeignet, die charakteristische Strukturverschiedenheit zwischen Systemen offenzulegen.

Sowohl im Ausbildungssystem als auch im Beschäftigungssystem wird „gearbeitet": der Schüler arbeitet, und der Verkäufer arbeitet auch. Aber „systematisch" besteht ein grundlegender Unterschied:

Der Schüler und der Student arbeiten entweder, um sich zweckfrei zu „bilden" (etwa wenn sie Griechisch oder Flöte spielen lernen) oder um sich für eine spätere Berufstätigkeit „auszubilden".

Für diese Arbeit im Ausbildungszusammenhang bekommt der Schüler keine „Vergütung", da er zunächst nicht für andere, sondern für sich selbst arbeitet. Er erwirbt nicht schon, sondern schafft sich allenfalls Erwerbs*chancen.* Ursprünglich mußte der Lernende für die Ausbildung sogar *zahlen.* In Amerika sind mehr oder weniger hohe Studiengebühren die Regel. Noch vor fünfzig Jahren kostete die höhere Schule in Deutschland Schulgeld. Selbst für die Ausbildung innerhalb des Betriebes, die oft schon mit Arbeitsleistung für den Betrieb verknüpft ist, bezahlte man früher „Lehrgeld", ein Ausdruck, der als Metapher noch geläufig ist.

Aus der Eigenart des Ausbildungssystems ergibt sich auch, daß die Stipendien oder die breite Studienförderung, wie sie durch das „BAföG" eingeführt worden war, nicht etwa Gegenleistung für Arbeit, sondern Beihilfe zur Fristung des Lebensunterhalts ist.

Auch die Regelung, daß selbst Kinder wohlhabender Eltern Studienförderung bekommen können, die der Staat dann von den Eltern wieder eintreiben kann, ist unter dem Gesichtswinkel des Ausbildungssystems zu sehen: die Eltern sollen nicht – mittels ihres Geldes – Druck auf das Kind ausüben, ein bestimmtes Fach zu studieren; vielmehr soll das Kind in die Lage versetzt werden, seine Ausbildung auch unabhängig vom Elternwillen zu gestalten. – Eine solche Maßnahme wäre im Beschäftigungssystem ersichtlich gegenstandslos, weil sich das Kind durch das Ergreifen einer Berufstätigkeit, die ihm Vergütung einbringt, finanziell in jedem Fall unabhängig machen würde.

Zu bemerken wäre nur noch, daß jede Ausbildungseinrichtung für die in ihr beschäftigten Lehrer und sonstigen Arbeitnehmer in das *Beschäftigungs*system gehört, da sie hier ja gegen Vergütung eine Berufstätigkeit ausüben.

Zum Beschäftigungssystem ist hier nur so viel zu sagen, daß die Tätigkeit aller Arbeitnehmer, also der Arbeiter, Angestellten und Beamten, grundsätzlich nach dem Prinzip von Leistung und Gegenleistung erfolgt: der Arbeitnehmer stellt seine Arbeitskraft zur Verfügung und bekommt dafür Geld (und gegebenenfalls Naturalleistungen wie Unterkunft und Verpflegung, die dann als Teil der Vergütung gelten, da sie dem Arbeitnehmer ja die sonst fälligen eigenen Aufwendungen ersparen).

(Von der rechtlichen Sonderstellung des Beamten können wir hier absehen: er steht nicht in einem Arbeits-, sondern einem öffentlich-rechtlichen Dienstverhältnis, was bedeutet, daß er in besonderer Weise durch den Staat gesichert ist [zum Beispiel Pension statt Rente] und dafür eine besondere Treueverpflichtung hat [etwa nicht streiken darf]. Aber auch für den Beamten gilt, daß Arbeit und Vergütung wechselseitig aufeinander bezogen sind.)

b. Beispiel: Studentenstreik

Nun gibt es einen Fall, an dem sich der Unterschied zwischen Ausbildungs- und Beschäftigungssystem besonders plastisch deutlich machen läßt: das ist der sogenannte *Studenten-„Streik"*.

Was ist ein Streik? Nach dem alten Vers: „Alle Räder stehen still, wenn dein starker Arm es will" ist der Unternehmer, mag er auch der „Kopf" seines Unternehmens sein, von der Arbeitsleistung seiner Arbeitnehmer abhängig. Also können die Arbeitnehmer, wenn sie die Ausführung der Arbeit verweigern, den Betrieb lahmlegen; der Unternehmer erleidet einen Umsatzausfall und damit eine Gewinnminderung.

Diese Arbeitsverweigerung nennen wir bekanntlich „Streik". Der Streik enthält, in seiner ursprünglichen Form, immer ein Risiko für beide Seiten: für den Unternehmer wegen der Störung des

Betriebsablaufes, und für den Arbeitnehmer wegen der Möglichkeit, entlassen und durch willfährige Arbeiter ersetzt zu werden.

(Der Zweck des Streiks ist es, den *Unternehmer* zu schädigen, und nicht etwa unbeteiligte Dritte. Durch einen Streik darf daher immer nur der Gewinn eines Unternehmers, nicht aber die Versorgung der Bevölkerung durch die von ihm hergestellten Güter oder Dienstleistungen beeinträchtigt werden. Hieraus folgt, daß ein Streik etwa der Polizei, der Feuerwehr, der Strom- und Wasserversorgung oder der Müllabfuhr sinnwidrig ist, denn durch ihn werden keine Unternehmer, sondern die – zum größten Teil aus Arbeitnehmern bestehende – Gesamtbevölkerung betroffen; ganz abgesehen davon, daß ein öffentlicher Arbeitgeber als Objekt eines Streiks nicht möglich ist, da er ohnehin nicht auf der Basis der Gewinnmaximierung arbeitet.)

Was bedeutet es nun unter dem Gesichtswinkel der Systemtheorie, wenn Studenten streiken?

Der Student arbeitet für seine Ausbildung, also für sich selbst. Durch die Verweigerung seiner Lernarbeit schadet er also keinem Dritten, sondern niemandem als sich selbst. Er erleidet einen Lernausfall, den er entweder ohnehin durch Nacharbeit ausgleichen muß, oder der seine berufliche Qualifikation beeinträchtigt.

Auf der anderen Seite schadet der Studentenstreik niemand anderem.

Dem Staat nicht, denn er braucht den streikenden Studenten nur vor die Wahl zu stellen, den versäumten Wissenserwerb nachzuholen oder eben durch die Prüfung zu fallen. Allenfalls kann der Staat streikenden Studenten das Stipendium streichen. Das ist aber nicht systemspezifisch, denn es betrifft einen Studenten, der ohnehin auf eigene Kosten studiert, überhaupt nicht.

Den Dozenten nicht, denn diese sind ja nicht Arbeitgeber des Studenten, sondern im Gegenteil Arbeitnehmer der sie anstellenden Institution. Wirtschaftliche Gefahr droht den Dozenten daher nicht (wie den Unternehmern durch streikende Arbeiter) durch die streikenden Studenten, sondern allenfalls durch ihren Dienstherrn, wenn sie sich während eines Streiks nicht ihrer Dienstvorschrift entsprechend verhalten.

Im Falle eines Studentenstreiks ist ein Dozent daher in folgender Situation:

Ein wirtschaftliches Risiko bedeutet ein solcher Streik für den Dozenten niemals, da er nicht von den Studenten, sondern von seinem Arbeitgeber bezahlt wird.

Daß der Dozent über den Ausfall der Lehrveranstaltung betrübt ist, etwa weil er seelisch vom Unterrichten lebt oder weil er fürchtet, „mit dem Stoff nicht durchzukommen", dürfte ein extremer Ausnahmefall sein.

Der normale Dozent dürfte vielmehr über einen Studentenstreik erfreut sein, weil er den Gewinn kostbarer Zeit für die eigene Arbeit bedeutet.

Aber hier greift nun ein ganz anderer Zusammenhang ein: Der Dozent ist seinem Dienstherrn gegenüber verpflichtet, seine Lehrveranstaltungen auch abzuhalten. Aus diesem Grunde muß er sich zur Zeit und am Ort der Lehrveranstaltung für die ihm obliegende Dienstleistung bereithalten, gleichgültig, ob Studenten, die ihm diese Leistung „abnehmen", anwesend sind oder nicht. Ist auch nur ein einziger Student bereit, an der Lehrveranstaltung teilzunehmen, so ist auch der Dozent verpflichtet, pflichtgemäß tätig zu werden.

Ein Dozent während eines Studentenstreiks ist also wie eine unter Dampf stehende Lokomotive, die bereit ist, abzufahren, sobald nur der Hebel gedrückt wird. Die Abwesenheit der Studenten kann zwar die Verwirklichung der Lehrveranstaltung physisch unmöglich machen, ändert aber nichts an der Verpflichtung des Dozenten, steht also – aus der Sicht der Behörde – etwa dem Sachverhalt gleich, daß zufällig alle an einer Lehrveranstaltung teilnehmenden Studenten durch Krankheit verhindert sind.

Aus allen diesen Erwägungen ergibt sich deutlich, daß der Streik in das Ausbildungssystem überhaupt nicht paßt, daß er hier eben „systemwidrig" ist. Ein Streik muß für den Bestreikten ein Übel enthalten – das ist beim Studentenstreik nicht gegeben. Ein Dozent, der anläßlich eines Studentenstreiks nicht auf die Studenten, sondern auf seine Behörde blickt, um zu wissen, was er tun soll, ist ein denkbar schlechtes Objekt für einen Streik.

FÜHRER DURCH DIE WISSENSCHAFTSTHEORETISCHE LITERATUR

Im folgenden sollen etwa zehn Zeitschriften und etwa fünfzehn für die erste Einführung in die Wissenschaftstheorie und in die Philosophie (so weit diese für die Wissenschaftstheorie, wie wir sie hier verstehen wollen, bedeutsam ist) wichtige Bücher besprochen werden.

Ganz allgemein darf gesagt werden: Jeder, der die hier genannten Schriften durcharbeitet oder in Einzelfragen zu Rate zieht, bekommt einen ausreichenden Begriff von dem, was Wissenschaftstheorie und wissenschaftstheoretisch wichtige Philosophie heute ist.

An den Anfang gestellt habe ich einige Hinweise auf die wichtigsten Zeitschriften, die für den sich Orientierenden nicht nur wegen einzelner Beiträge interessant sind, sondern vor allem um dessentwillen, was in ihnen „überhaupt so steht", das heißt: was Problemlagen, den Stand der Dinge, die Atmosphäre, die „Landschaft" ihres jeweiligen Bereiches ausmacht.

Sämtliche hier besprochenen Schriften erscheinen in den knappen *systematisch* gegliederten Listen, die dem großen alphabetischen Literaturverzeichnis vorangestellt sind, sind also als „Handbücher" im weitesten Sinne anzusehen.

Einzelwerke über spezielle Gegenstände, wie sie das *alphabetische* Verzeichnis in der Regel enthält, konnten leider nicht besprochen werden. Denn einerseits wäre das Material zu umfangreich, andererseits wäre eine gleichmäßige, „neutrale", allen Gegenständen und Richtungen gerecht werdende Auswahl nur schwer möglich gewesen.

Jedoch habe ich auch zugunsten dieser Einzelwerke im alphabetischen Verzeichnis eine Art kleinen Ersatz für einen Literaturführer anzubieten: nämlich die Kennzeichnung eines Teils der Titel, je nach Bedeutung, mit einem oder zwei Sternen, wodurch auch das umfangreiche alphabetische Verzeichnis in drei Bestände, drei nach Wichtigkeit abgestufte Kreise, gegliedert erscheint: mit zwei Sternen, mit einem Stern, ohne Stern.

Ein Qualitätsurteil ist mit dieser Abstufung selbstverständlich nicht verbunden – es geht nur um die Frage danach, was für den sich Einarbeitenden wichtig und zugänglich ist. „Empfehlenswert" ist jeder Titel des Verzeichnisses – sonst wäre er gar nicht erst aufgenommen worden.

Weitere Hinweise auf zentrale Titel innerhalb unseres Verzeichnisses geben die Anmerkungen. Dies gilt besonders für den dritten Band, in dessen Anmerkungsteil jeweils für ein Kapitel zunächst die „grundlegende Literatur" genannt wird.

Wissenschaftliche Zeitschriften sind – anders als viele Wissenschaftler glauben – nicht einfach Aufbewahrungs- und Fundkisten für bestimmte wissenschaftliche Beiträge, wie man sie gerade für sein Spezialthema braucht, sondern sehr oft auch in sich selbst, als literarische Objekte, interessant. Sie spiegeln nämlich Gegebenheiten und Entwicklungen auf ihrem jeweiligen Gegenstandsgebiet und verdienen es daher, im ganzen gelesen oder durchgeflogen, also nicht bloß auf einen nach Band- und Seitenzahl ohnehin schon bekannten Beitrag abgesucht zu werden. Vielmehr vergegenwärtigen sie – in ihrem gesamten Inhalt – Probleme, Richtungen, Schulen, Tendenzen, Bewegungen, Wandlungen, Gruppen, Einzelpersonen, kurz: die ganze „Szene" des betreffenden Gegenstandsgebietes.

Dies gilt natürlich um so stärker, je mehr eine Zeitschrift sich nicht nur auf Aufsätze im engeren Sinne beschränkt, sondern auch Rezensionen, Diskussionen, Polemiken (vor allem zwischen Autoren und Rezensenten), Nachrufe, Mitteilungen und Berichte über literarische Unternehmungen, Institutionen, Konferenzen und anderes bringt.

Für die Wissenschaftstheorie insgesamt wichtig sind bereits die großen Tageszeitungen, die vielfach, vor allem in Feuilleton und Wissenschaftsbeilage, einschlägiges Material bieten, und in noch größerem Maße gilt dies für bedeutende Wochenzeitungen und -zeitschriften wie etwa Die Zeit oder den Spiegel.

Von den eigentlichen Zeitschriften allgemeinen Charakters ist zweifellos am interessantesten der

Merkur. Die Zeitschrift hält eine liberale Mittellinie und bringt zahlreiche wissenschaftstheoretisch interessante Beiträge aus allen denkbaren Bereichen in lesbarer, oft essayistischer Formulierung. Darüber hinaus druckt die Zeitschrift auch Belletristik ab, so daß dem Leser gleichzeitig ein anschaulicher Eindruck von gegenwärtigen Tendenzen in Lyrik, Erzählung und Roman vermittelt wird.

Dem Merkur ähnlich, aber „politischer" und deutlich links und katholisch orientiert, waren die Frankfurter Hefte.

Kursbuch. Thematische Hefte. Links, aber meist durchaus differenzierende, oft überscharfe Analyse geistiger und gesellschaftlicher Tendenzen. Unentbehrlich für ein eindringendes Verständnis von Problemen und Strukturen der Gegenwart.

Information Philosophie. Ursprünglich und noch heute im Hauptteil (ab Heft 4/1984 als Beiheft „Philosophie Neuerscheinungen") eine außerordentlich umfangreiche und umfassende laufende Bibliographie der philosophischen Literatur. Titelangaben nicht immer zuverlässig, hierfür jedoch durch Aktualität, Breite und systematische Anordnung mehr als entschädigend. Jetzt auch Zeitschriftenschau. Im Laufe der Jahre wurde der Textteil immer mehr erweitert (und ist für den Herausgeber jetzt offensichtlich zur

Hauptsache geworden). Er ist lebendiger und instruktiver als in allen anderen philosophischen Zeitschriften: Interviews, Berichte, oft pointierter, direkter, persönlicher als in „normalen" Zeitschriften üblich – die „preiswerteste" philosophische Zeitschrift, im gewöhnlichen wie im wörtlichen Sinne.

Conceptus. Eine diskussionsfreudige Zeitschrift, von österreichischen Philosophiestudenten begründet, im Laufe der Zeit leider etwas etablierter geworden. Grundlinie ist die einer kritischen analytischen Philosophie.

Zeitschrift für Allgemeine Wissenschaftstheorie. Die zentrale deutsche Zeitschrift eigens für die Wissenschaftstheorie. Aufsätze, Kurzbeiträge, Berichte, Rezensionen und ähnliches. Wichtig nicht zuletzt auch bibliographisch durch die jährlichen Rubriken „Eingegangene Bücher" (Titel ausführlich mit Verlag, Seitenzahl, Reihe) und „Zeitschriftenschau" (Inhaltsverzeichnisse aller wissenschaftstheoretisch wichtigen Zeitschriften) und natürlich durch die meist umfangreichen Literaturverzeichnisse der Beiträge. Behandelt werden alle Gebiete der Wissenschaftstheorie. Die Grundrichtung ist einerseits analytisch, andererseits hermeneutisch; Kritische Theorie und marxistische Richtungen treten zurück.

Studium Generale, Universitas. Beiträge aus allen Gebieten der Wissenschaft.

Philosophische Rundschau. Von allen philosophischen Besprechungszeitschriften die wissenschaftstheoretisch ergiebigste. Aus der hermeneutischen Tradition Gadamers, mit durchweg anspruchsvollen, reflektierten und daher informativen Beiträgen zur laufenden Literatur.

Neue Hefte für Philosophie. In loser Folge erscheinende Themenhefte. In Niveau und Tendenz der „Philosophischen Rundschau" verwandt.

Zeitschrift für Philosophische Forschung, Philosophischer Literaturanzeiger, Allgemeine Zeitschrift für Philosophie. Die drei zentralen Organe der deutschen Philosophie. Die ersten beiden bis vor kurzer Zeit durch ihren Begründer und Herausgeber Georgi Schischkoff verbunden, die dritte erst in den siebziger Jahren als Organ der Allgemeinen Gesellschaft für Philosophie gegründet. Der Philosophische Literaturanzeiger bietet breite Information über die Neuerscheinungen.

Archiv für Begriffsgeschichte. Zeitschrift, von dem bedeutenden Geisteswissenschaftsmethodologen Erich Rothacker begründet. Enthält in ungeordneter Folge Abhandlungen über die verschiedensten Begriffe, stellt aber in der Gesamtheit seiner nunmehr mehr als ein Viertelhundert Jahrgänge seinerseits eine Art – durch Register erschließbares – Lexikon zur Begriffsgeschichte dar, so als Vorläufer, Ergänzung und Vertiefung zum Historischen Wörterbuch der Philosophie von Ritter zu betrachten.

Es gibt oder gab bisher zwei Lexika speziell für die Wissenschaftstheorie:

BRAUN/RADERMACHER (Hg): Wissenschaftstheoretisches Lexikon. 1978.
SPECK, Josef (Hg): Handbuch wissenschaftstheoretischer Begriffe. 1980.

Beide Lexika sind sich in Umfang, Inhalt und Konzeption recht ähnlich. Umfang zwischen 700 und 800 Spalten bzw. Seiten, um 250 Stichwörter, rund 80 bzw. 130 Autoren. Die Artikel sind also durchschnittlich drei Spalten bzw. Seiten lang. Jeder Artikel bietet Literaturangaben.

SEIFFERT/RADNITZKY (Hg): Handlexikon zur Wissenschaftstheorie. 1989.

Dieses Lexikon unterscheidet sich in seinem Zuschnitt von den Lexika von BRAUN/RADERMACHER und von SPECK. Es enthält auf etwa 500 Seiten im Lexikonformat (1000 Spalten) nur etwa 90 Artikel von etwa 50 Autoren; die Artikel sind mit 11 Spalten im Durchschnitt also erheblich umfangreicher als die der anderen beiden Lexika. Sie behandeln dementsprechend nur relativ wenige Kernbegriffe, diese aber in längeren, durch Zwischenüberschriften gegliederten Artikeln. Literaturlisten, Sach- und Personenregister.

HOFFMEISTER, Johannes (Hg): Wörterbuch der philosophischen Begriffe.

Nach wie vor das beste einbändige Sachwörterbuch. Es verbindet die begriffsgeschichtliche mit der etymologischen Methode, das heißt: es gibt für jeden Begriff, ob griechischer, lateinischer, deutscher oder sonstiger Herkunft, auch die Grundbedeutung, ggf. aller Bestandteile, an.

SCHMIDT/SCHISCHKOFF: Philosophisches Wörterbuch.

Ein einbändiges, knappes und doch umfassendes Sach- und Personen-Nachschlagewerk, das laufend neu bearbeitet wird. Für schnelle Auskunft. Mit Literaturangaben.

MITTELSTRASS, Jürgen (Hg): Enzyklopädie Wissenschaftstheorie und Philosophie. Bisher erschienen: bis O.

Dieses neue Sach- und Personenlexikon wird nach seiner Vollendung *das* Nachschlagewerk für Wissenschaftstheorie und Philosophie sein. Mit 3 Bänden ist es noch handlich genug, um auch rasche Orientierung zu ermöglichen; mit etwa 3 000 doppelspaltigen Seiten, also 6 000 Spalten im Lexikonformat, wird es das umfangreichste Sach- und Personenlexikon zur Philosophie und Wissenschaftstheorie sein, das seit langem auf den deutschsprachigen Markt gekommen ist; es füllt damit eine recht breite Lücke.

Die Zahl der Mitarbeiter ist relativ klein; nur etwa 40 Autoren bearbeiten die etwa 4 000 Stichwörter. Die Autoren gehören alle einem bestimmten Kreis an, nämlich der Erlanger und Konstanzer Schule des Konstruktivismus. Natürlich ist nicht auszuschließen, daß sich mit diesem Unternehmen auch das Motiv verband, auf dem Wege über ein praktisch unentbehrliches allgemeines Lexikon jeden Benutzer mit konstruktivistischem Gedankengut bekannt zu machen. Dies wirkt sich aber in keiner Weise unliebsam aus, was nicht zuletzt der hohen Allgemeinbildung und der intellektuellen Redlichkeit der Mitarbeiter des Lexikons zuzuschreiben ist. Eine gewisse Überbetonung logischer und mathematischer Gedankengänge ist zwar nicht zu übersehen, aber immerhin besser als das Gegenteil. Besonders wichtig für den Benutzer sind die sorgfältig gearbeiteten bibliographischen Angaben, die an Umfang gelegentlich den Sachtext eines Artikels erreichen.

Ritter, Joachim [ab Bd 4: und Karlfried Gründer] (Hg): Historisches Wörterbuch der Philosophie. Bisher erschienen: bis Q.

Das Riesenwerk wird nach Abschluß etwa zehn Bände umfassen. Es ist ein reines Sachwörterbuch, das die philosophischen Termini begriffsgeschichtlich darstellen will. Die Artikel sind dementsprechend außerordentlich umfangreich und breit angelegt; der Durchschnittsumfang liegt bei etwa drei bis fünf Spalten (Mittelstrass: etwa anderthalb Spalten). Leider sind die Artikel oft nicht so klar und instruktiv abgefaßt, wie man dies erwarten würde; allzuoft scheint die Stoffülle Autoren und Redakteure überwältigt zu haben. Aber der Benutzer wird durch den Reichtum an Einzelmaterialien entschädigt. Das Werk eignet sich weniger zur großflächigen Information (da ist Mittelstrass vorzuziehen) als vielmehr zum Auffinden von Details bei speziellen Fragestellungen. Ein Beispiel: wer die Fundstelle von Diltheys berühmtem Ausspruch: „Was der Mensch sei, sagt ihm nur die Geschichte“ sucht, wird sicher sein können, Zitat und Fundstelle im Artikel „Mensch“ zu finden. Die Artikel enthalten Anmerkungen und Literaturhinweise.

Brunner/Conze/Koselleck (Hg): Geschichtliche Grundbegriffe. Bisher erschienen: bis Vert.

Dieses Lexikon ist in seiner Zielsetzung mit dem von Ritter zu vergleichen, jedoch sind die Artikel weit umfangreicher angelegt (durchschnittlich etwa 50 Seiten). Der historisch Interessierte muß beachten, daß es sich um ein Begriffs-, kein Reallexikon handelt. Der Artikel „Bauer“ beispielsweise informiert nicht über die konkrete politische, Sozial- und Wirtschaftsgeschichte des Bauernstandes, sondern darüber, wie sich der Begriff „Bauer“ jeweils im Bewußtsein einer Epoche spiegelt. Eben deshalb gehört ein Lexikon wie dieses eher in den Bereich der Wissenschafts-, speziell der Geschichtstheorie, als in den der Geschichtswissenschaft. Daher befriedigen auch die Artikel am meisten, bei denen klar ist, daß es sich um geistesgeschichtliche und nicht um realgeschichtliche Begriffe handelt, wie etwa Antisemitismus, Aufklärung, Beruf, Ideologie, Interesse, Liberalismus und so fort.

Hartmann, Nicolai: Einführung in die Philosophie.

Die mit riesigem Abstand beste Einführung in die Philosophie, die jemals geschrieben wurde, ist gleichzeitig diejenige, die am schlichtesten auftritt: in einem unbekannten Osnabrücker Verlag, betreut von gar nicht prominenten Herausgebern, eine autorisierte Vorlesungsnachschrift in einfachstem Druck, ohne jede gliedernde Überschrift (allerdings mit präzisem Inhaltsverzeichnis): das ist Nicolai Hartmanns, des großen neukantisch-lebensphilosophisch-phänomenologischen Philosophen, „Einführung in die Philosophie". Der Text gliedert sich einleuchtend in die beiden Großteile „Einleitende Betrachtung der wichtigsten Probleme der Philosophiegeschichte" und „Einführung in das heutige philosophische Denken". Der zweite Teil ist übersichtlich gegliedert in: Erkenntnistheorie, Die Stellung des Menschen in der Welt, Vom Aufbau der realen Welt, Ethik, Ästhetik. Die Darstellung vereinigt – in über die ganze Geschichte der Philosophie hin einzig dastehender Weise – elementare Klarheit, Anschaulichkeit, Faßlichkeit mit Tiefe und Genauigkeit philosophischer Systembildung. Zahlreiche Zeichnungen – ein Punkt, dem Hartmann besondere Aufmerksamkeit widmete – verdeutlichen die Gedankengänge.

Ohne Übertreibung darf gesagt werden: wer diese „Einführung" mehrmals gründlich durchgearbeitet hat, weiß und versteht mehr von Philosophie als nach der Lektüre sämtlicher anderer hier zu nennenden Einführungen zusammen – was freilich keinerlei negatives Urteil über andere Bücher bedeutet, denn es ist keine Schande, „schlechter" zu sein als Nicolai Hartmann.

Jaspers, Karl: Einführung in die Philosophie. Zwölf Radiovorträge.

Der gleiche Titel, der Verfasser nur ein Jahr jünger – und doch: eine andere Welt. Jaspers ist kein strenger, konstruktiver, systematischer Denker wie Hartmann. Er meditiert, er umkreist die Probleme, er stellt eher Fragen, als daß er sie beantwortet. Er lehrt weniger die Philosophie als das Philosophieren. Der Mensch Jaspers wird sichtbar: der sensible Oldenburger, der sein Leben lang einen wachen Sinn für politische Verantwortung bewies.

Hochkeppel, Willy (Hg): Die Antworten der Philosophie heute.

Hochkeppel formulierte vierzig Fragen, die praktisch alle wesentlichen Probleme der Philosophie abdecken sollen und unter folgende Leitfragen geordnet sind: „Wer sind wir?", „Was ist die Welt?", „Was sollen wir tun?", „Was können wir wissen?" Diese Fragen richtete er an acht seinerzeit (1967) junge Philosophen (von denen vor allem Wilhelm Essler, Friedrich Kambartel, Hans Lenk und Jürgen Mittelstraß heute bekannte Wissenschaftstheoretiker sind). Das Interessante an Fragen und Antworten ist, worauf Hochkeppel selbst hinweist: die Fragen sind bewußt „laienhaft" formuliert, und die Antworten versuchen dann oft zu zeigen, „inwieweit die gedanklichen und sprachlichen Mittel der modernen Philosophie den älteren, an denen der Laie in der Regel orientiert ist, überlegen sind.“ (S. 21)

Lenk, Hans: Wozu Philosophie?

Das Buch enthält die Antworten Lenks aus dem Buch von Hochkeppel, ergänzt durch ein „Plädoyer für praxisnähere Philosophie“ und durch ein instruktives Literaturverzeichnis.

Lenk ist auch an anderer Stelle, meist in Form kleinerer Beiträge, als einer der klarsten, kritischsten und der Verantwortung für die Gesellschaft bewußtesten Philosophen seiner Generation hervorgetreten. Unter diesem Gesichtspunkt besonders lesenswert sind die Sammelbände *Pragmatische Philosophie* und *Pragmatische Vernunft* – das beide Male erscheinende Adjektiv gewiß kein Zufall.

Kamlah/Lorenzen: Logische Propädeutik. 2. Aufl.

Dieses Buch ist – zusammen mit der „Einführung“ von Nicolai Hartmann – das wichtigste überhaupt für jeden, der sich ein wirkliches Verständnis der Grundlagen der Philosophie und Wissenschaftstheorie erarbeiten möchte. Es ergänzt Hartmann auf das beste, weil es das philosophische Denken von der Sprachanalyse her aufbaut, die bei Hartmann keine Rolle spielt. Kamlah und Lorenzen verdeutlichen das Verhältnis zwischen den „Gegenständen“ und den „Wörtern“, mit denen wir über sie sprechen. Sie machen klar, was ein „Begriff“ ist, und legen so den Grund für das wissenschaftliche Sprechen und Denken überhaupt.

Die „Logische Propädeutik“ entstand aus der Zusammenarbeit zweier Philosophen, von denen der eine (Kamlah) Geisteswissenschaftler Diltheyscher und existenzphilosophischer Tradition und der andere (Lorenzen) Mathematiker und Logiker ist. Schon damit ist das wissenschaftliche Programm der „Logischen Propädeutik“ gekennzeichnet: sie greift die Ergebnisse der mathematischen Logik auf, die im Laufe unseres Jahrhunderts die Voraussetzungen wissenschaftlichen Denkens neu geordnet hat, und verknüpft sie mit den Errungenschaften des hermeneutischen Verstehens, wie die Geisteswissenschaften es ausgebildet haben. Durch diese neuartige Verknüpfung von Logik und Hermeneutik – die weit über die Einseitigkeit des analytischen Ansatzes der angelsächsischen Philosophen hinausgeht – ist die „Logische Propädeutik“ geeignet, eine Denkgrundlage für alle Disziplinen bereitzustellen.

Der Gedankengang setzt bei der Alltagssprache ein, in der wir immer schon wissen, wie wir die Wörter gebrauchen müssen, und zeigt dann, wie die Wissenschaft ihre Sprache methodisch aus der Alltagssprache durch Einführung „normierter“ Wörter, der Termini, entwickelt. Diese Sprachkritik (unter anderem auch die Erörterung der Wörter „Gegenstand“ und „Welt“) nimmt die ersten drei Kapitel des Buches ein; das vierte Kapitel behandelt die auch für uns grundlegenden Wörter „Aussage“ und „Sachverhalt“. Das fünfte Kapitel enthält eine relativ leicht verständliche Einführung in die formale Logik, die in der zweiten Auflage dankenswerterweise um einen Abschnitt über „Modalitäten“ ergänzt wurde. Das sechste und siebte Kapitel sind schwieriger und brauchen vom Anfänger zunächst nicht studiert zu werden.

Adorno, Theodor W.: Philosophische Terminologie.

Dieses Werk gehört zu den reizvollsten Veröffentlichungen der gesamten Philosophie, und zwar gleich aus zwei Gründen: wegen seines Themas und dazu deshalb, weil es eine Vorlesungsnachschrift ist und ihm daher das erstarrte Marmordeutsch der Frankfurter abgeht, das offenbar nur am Schreibtisch ausgedacht, nicht aber in einer lebendigen Situation gesprochen werden kann. Wir lernen hier einen Adorno kennen, der wie ein Mensch spricht, oder doch zumindest wie ein normaler Professor, der eben auch mit seinem gewaltigen Stoff zu ringen hat, der sich gelegentlich auch mit Einwänden beschäftigt, die ihm von Hörern zwischen zwei Vorlesungsstunden zugekommen waren.

Hier erlebt man Philosophieren im besten Sinne – wie es geschieht, wenn sich ein so reflektierter, scharfsinniger, gebildeter Geist auch relativ handwerklicher Dinge annimmt.

Zum Inhalt selbst braucht hier nicht viel gesagt zu werden. Es handelt sich um eine Wanderung durch die Welt der philosophischen Begriffe, in lockerer Ordnung, hier und dort verweilend. Adornos Stärke ist – wie nicht anders zu erwarten – die Vielschichtigkeit der Darstellung, die Brillanz der Verknüpfungen, die Schärfe der Kritik; seine Schwäche die oft mangelnde Präzision, die man besonders dann empfindet, wenn man vorher Kamlah/Lorenzen gelesen hat. In jedem Falle aber wird die Einsicht und die philosophische Bildung des Lesers ungemein bereichert. Ein Register fehlt leider.

Handbücher

Rombach, Heinrich (Hg): Wissenschaftstheorie. Bd 1; 2.

Es handelt sich um ein instruktives, systematisch angelegtes Handbuch mit relativ knappen Abschnitten, die auf 20 Mitarbeiter verteilt sind. Herausgeber und Verlag sind katholisch orientiert, die Mitarbeiter wurden jedoch aus der ganzen Breite der Wissenschaftstheorie gewonnen; so sind etwa Hans Lenk, Jürgen Mittelstraß und die drei „Düsseldorfer“ Diemer, Geldsetzer und König vertreten.

Der erste Band behandelt „Probleme und Positionen der Wissenschaftstheorie“, unter Überschriften wie etwa Logischer Positivismus, analytisch-empirische Theorie, Hermeneutik, Kritische Theorie, Marxistische Wissenschaftstheorie, Sprachanalyse und anderen. Auch ein Überblick über die Wissenschaftsgeschichte findet sich.

Der zweite Band behandelt unter dem Titel „Struktur und Methode der Wissenschaften" zunächst „Grundbegriffe" wie etwa Theorie, Methode, Erfahrung, Erkenntnis, Hypothese, Experiment, Definition, Induktion und Deduktion, Logik und Dialektik, Beweis, Interpretation und andere. (Solche Abschnitte ließen sich auch als alphabetisch geordnete Lexikonartikel denken.) Wichtig ist ein Kapitel über „Das System der Wissenschaften" von Diemer.

Nicht zuletzt von großem Wert ist das Handbuch durch die reichen Literaturangaben. Nicht nur enthalten die einzelnen Abschnitte Anmerkungen und Titellisten, sondern den Schluß bildet eine reichhaltige, 45 Seiten umfassende Bibliographie zur Wissenschaftstheorie von Gert König.

STEGMÜLLER, Wolfgang: Probleme und Resultate der Wissenschaftstheorie und Analytischen Philosophie. Bd 1; 2/1, 2/2, 2/3; 3; 4/1, 4/2.

Dieses gewaltige Werk ist das umfassendste und detaillierteste Handbuch für die (analytische) Wissenschaftstheorie, das wir in deutscher Sprache besitzen. Über den Inhalt informieren in großen Zügen die ausführlichen Band- und Halbband-Titel. Die Bände sind auch als „Studienausgaben", das heißt hier: in kartonierten Bänden für jeweils die Teilabschnitte eines Bandes, erschienen.

Von Nachteil ist nur, daß Stegmüller den Begriff „Wissenschaftstheorie" im wesentlichen analytisch, angelsächsisch, naturwissenschaftlich versteht, so daß bei aller Gründlichkeit nur Teilaspekte dessen behandelt werden, was wir unter „Wissenschaftstheorie" verstehen müssen. Da aber Stegmüllers Position bekannt ist und im Haupttitel ausdrücklich von „Analytischer Philosophie" die Rede ist, wird das niemanden stören; vielmehr wird man dankbar das aufnehmen, was Stegmüller innerhalb seines Rahmens zu bieten hat.

STEGMÜLLER, Wolfgang: Hauptströmungen der Gegenwartsphilosophie. Bd 1–4.

Das jetzt vierbändige Werk bestand ursprünglich nur aus dem ersten Band. Stegmüller, der heute als einer der führenden Philosophen der logisch-empiristischen Richtung bekannt ist, schrieb diesen Band, wie er selbst mitteilt, als ganz junger Mann, als er noch stärker über die „Einfühlungsgabe in mir fernstehende philosophische Denkweisen" verfügte. So finden sich im ersten Band auch zahlreiche Philosophen behandelt, deren Namen man nicht unbedingt im Zusammenhang mit dem eines analytischen Philosophen sehen würde, so (neben vergessenen Philosophen) Brentano, Husserl, Scheler, Heidegger, Jaspers und Nicolai Hartmann. Es ehrt Stegmüller, daß er diesen Band weiter veröffentlicht (was immerhin zumindest die Fortführung der Bibliographie einschließt), und angesichts des steten Wandels philosophischen Denkens dürften einige Autoren schon heute wieder mehr Bedeutung haben als noch vor zwanzig Jahren. Unmittelbar Stegmüllers Neigungen entsprechen natürlich die umfangreichen

Schlußkapitel über Carnap, die analytische Philosophie und Ludwig Wittgenstein.

In dieser einbändigen Form hat Stegmüllers Buch in den sechziger Jahren einen ungeheuren Einfluß auf alle an der Philosophie Interessierten ausgeübt und maßgeblich dazu beigetragen, daß die analytische Philosophie, die noch um 1965 hinter der geisteswissenschaftlichen Betrachtungsweise zurücktrat, auch in Deutschland bekannt wurde.

Dieser Einfluß verdankt sich nicht zuletzt der außerordentlich klaren und durchsichtigen Sprache Stegmüllers, der es gelingt, auch schwierige Sachverhalte verständlich zu machen (wenn auch der geisteswissenschaftliche Aspekt im ganzen zu kurz kommt).

Die Schlußkapitel des ersten Bandes kann man fast als eine systematische Einführung in die (analytische) Philosophie lesen. Für den zweiten bis vierten Band gilt das nicht so eindeutig. Sie sind – wie schon die ursprünglichen Kapitel des ersten Bandes über die nichtanalytischen Philosophen – Geschichtsdarstellung im präzisen Sinne, das heißt: Beschreibung moderner philosophisch-wissenschaftstheoretischer Lehren, die nicht „unter einen Hut" gebracht werden können. Dieser mehr „flächige" Charakter der Darstellung wird am deutlichsten in den Kapiteln über Kosmologie und Biologie, in denen, überspitzt und keineswegs negativ gesagt, nur noch „erzählt" werden kann.

Behandelt werden vor allem: In Band 2: Chomsky; Montague; Austin, Searle; von Wright; Quine; Kripke; Putnam; Sneed. – In Band 3: Monod, Eigen, Hans Kuhn; Thomas S. Kuhn. – In Band 4: Kripke zu Wittgenstein; Mackie.

ANMERKUNGEN

Die Anmerkungen zum ersten und zweiten Band der Neubearbeitung habe ich nicht mit Vorbemerkungen versehen. Daher gilt das hier zu Sagende auch für diese Bände mit.

Das Problem der Formulierung von Anmerkungen besteht heute nicht mehr, wie noch vor zwanzig Jahren, in ihrer unübersichtlichen Anordnung unter Vernachlässigung alphabetischer Titelverzeichnisse. Im Gegenteil: Heute enthält fast jede wissenschaftliche Veröffentlichung am Schluß ein alphabetisches Literaturverzeichnis. Dafür wird nun jedoch gern der Anmerkungsapparat drastisch amputiert. Er besteht oft nur aus summarischen Titelangaben, meist ohne Seitenzahl- oder gar sonstige, individuell formulierte, Informationen: normalerweise finden wir die Form „Meyer 1976" oder „Müller 1983", wobei die Jahreszahl den Titel ersetzen soll. Diese heute weit verbreitete (wohl aus den amerikanischen Natur- und Sozialwissenschaften nach Deutschland, zunehmend auch in geisteswissenschaftliche Veröffentlichungen, eindringende) Übung ist nicht nur unschön, unpraktisch und leserunfreundlich, sondern noch dazu (entgegen ihrem eigenen Anspruch) unrationell – so paradox das auch klingen mag.

Man vergegenwärtige sich folgendes: enthält das Literaturverzeichnis von einem Verfasser nur *eine* Veröffentlichung, ist die Jahreszahl überflüssig, weil der Name des Verfassers eindeutig einen bestimmten Titel kennzeichnet. Werden dagegen von einem Verfasser mehrere Veröffentlichungen genannt, dann ist deren Unterscheidung durch Jahreszahlen praktisch gesehen unnötig aufwendig, zeichentheoretisch gesehen dagegen „redundant", weil zum Beispiel bei im gleichen Jahrzehnt erschienenen Publikationen die ersten drei Ziffern ohnehin gleich lauten und nur die vierte („der „Einer") die Unterscheidung trägt. Gegenüber „Müller 1972, 1976, 1978, 1979" würde „Müller a, b, c, d" also eine Menge Einzelzeichen einsparen und doch die gleichen Dienste leisten.

Aber auch dann gilt: eine Titelangabe, die nur den Verfasser bietet, bleibt blaß und verstimmt daher den Leser. Der Leser möchte schon aus der Anmerkung erfahren, welche Veröffentlichung des Verfassers gemeint ist, und nicht erst die Literaturliste nachschlagen.

Natürlich hatte die Jahresangabe ursprünglich ihren guten Sinn, wenn sie sagen sollte, in welchem Jahr das betreffende Forschungsergebnis veröffentlicht wurde. Dies wäre gerade aus einem historischen Bewußtsein heraus nur zu bejahen. Aber: aus solchem Sinn muß Unsinn werden, wenn die fragliche Veröffentlichung neu aufgelegt wird oder gar – als Werk eines „Klassikers" – nach dessen Tode in einer Neuausgabe erscheint. „Max Weber 1973" – das ist schlecht möglich, wenn Weber schon 1920 gestorben ist. Und „Kant 1976" als Verschlüsselung der „Kritik der reinen Vernunft", weil der Autor eine Ausgabe benutzt, die zufällig 1976 erschienen ist – das wäre in meinen Augen der Gipfel der Geschmacklosigkeit.

Für eine ganz schlimme Verirrung halte ich es daher, daß diese Zitierweise von zahlreichen wissenschaftlichen Zeitschriften, auch geisteswissenschaftlichen, den Autoren verbindlich vorgeschrieben wird, statt daß man ihm wenigstens die Wahl zwischen der angestammten und der heute üblichen Methode läßt. Ein besorgniserregendes Symptom der Verflachung und Barbarisierung auch der geisteswissenschaftlichen Arbeit!

Unsere Anmerkungen gehen daher einen anderen Weg.

Alle wichtigen in den Anmerkungen erwähnten Veröffentlichungen sind auch im Literaturverzeichnis genannt. Trotzdem werden in den Anmerkungen jeweils Autor und gekürzte Titelfassung und nicht bloß Autor und Jahreszahl zitiert, so daß der Leser immer unmittelbar weiß, von welcher Veröffentlichung die Rede ist. Gekürzte Titel bzw. bloße Titelangaben ohne Ort, Verlag und Jahr verweisen also stets auf das Literaturverzeichnis.

Gelegentlich wird auf das Literaturverzeichnis allerdings auch nur durch Nennung von Autorennamen hingewiesen. Bloße Seitenzahlen beziehen sich stets auf den jeweils zuletzt genannten Titel.

In jeder wissenschaftlichen Darstellung müssen beiläufig Titel erwähnt werden, die für das Thema nur periphere Bedeutung haben und das Literaturverzeichnis unnötig anschwellen lassen würden. Diese Titel werden daher nicht im Literaturverzeichnis genannt, dafür jedoch in den Anmerkungen vollständig aufgeführt (bei zwei- oder mehrmaliger Nennung unter Hinweis auf die Anmerkung, in der die erstmalige Zitierung zu finden ist).

Umgekehrt sind in das Literaturverzeichnis auch zahlreiche Titel aufgenommen worden, die der Text gar nicht erwähnt, die jedoch von Bedeutung für das Thema sind.

Titel, die nicht im *alphabetischen* Literaturverzeichnis, sondern in einer der *systematischen* Literaturlisten erscheinen, sind mit Buchstaben in Klammern vor dem Verfassernamen gekennzeichnet: (H) = Handbücher, (L) = Lexika, (W) = Wissenschaftskunde.

1. Kapitel. Handlungstheorie

1 *Grundlegende Literatur:* Vor allem das mehrbändige Sammelwerk Hans Lenk, Handlungstheorien interdisziplinär, das mit seiner Fülle verschiedenartigster, bandweise nach Gebieten und damit Problemschichten angeordneter Beiträge eine umfassende Orientierung bietet. – Lenk, Artikel „Handlung(stheorie)", in: Seiffert/Radnitzky, Handlexikon. – Riedel, Rehabilitierung. – Meggle, Analyt. Handlungstheorie 1. – Beckermann, Analyt. Handlungstheorie 2. – *Ferner:*

Brennenstuhl, Handlungstheorie u. Handlungslogik. – (Apel/Böhler,) Funkkolleg Praktische Philosophie/Ethik. Studienbegleitbriefe. – (Apel/Böhler,) Funkkolleg Praktische Philosophie/Ethik, Reader. – Kamlah, Philos. Anthropologie. – Kaulbach, Einf. in d. Philos. des Handelns. – Lenk, Normenlogik. – Lenk, Pragmat. Philos. – Riedel, Norm u. Werturteil. – Rohs, Die Zeit des Handelns. – Türk, Handlungssysteme. – v. Wright, Erklären u. Verstehen. – v. Wright, Handlung, Norm u. Intention. – v. Wright, Norm u. Handlung.

2 Vgl. Wilhelm Kamlah, Anthropologie, S. 49. – Manfred Riedel, in: Lenk, Handlungsth. interdisz. II 1, S. 145. Riedel spricht hier auch von „‚Verhaltensweisen', die keine ‚Handlungen' und doch spezifisch menschlich sind". – Kamlah meint, „daß ‚handeln' als ein Spezialfall von ‚sich verhalten' zu verstehen ist."

3 Kamlah, S. 34–40. – Vgl. Riedel, S. 148.

4 Kamlah, S. 34 f.

5 S. 35.

6 Vgl. Riedel (Anm. 2), S. 148–152.

7 Vgl. das Literaturverzeichnis.

8 Das Beispiel verdanke ich Jan M. Romein, in: Die Sammlung 5 (1950), S. 737 f.

9 Zitiert nach Seiffert, Marxismus und bürgerliche Wissenschaft, S. 138 f.

10 Paul Lorenzen, Method. Denken, S. 43. – Zitiert und besprochen in Seiffert, Wissenschaftstheorie I, Teil II, Kap. 2, A.

11 Vgl. Kamlah, Anthropologie, S. 49. – Riedel (Anm. 2), S. 147 f.

12 Lenk, Artikel „Handlung(stheorie)", in: Seiffert/Radnitzky, Handlexikon zur Wissenschaftstheorie.

13 Lenk, in Lenk, Handlungsth. interdisz. I, S. 13 f.

14 Vgl. Kamlah/Lorenzen, Logische Propädeutik, Kap. V § 6 und VII §§ 3 u. 4. – Ferner die in Anm. 1 des folgenden Kapitels „Modallogik" genannte Literatur.

2. Kapitel. Modallogik

1 *Grundlegende Literatur:* Knapp und instruktiv Kamlah, Kap. V § 6, und Lorenzen, Kap. VII §§ 3 u. 4 in der 2. Aufl. von Kamlah/Lorenzen, Logische Propädeutik. – Oskar Becker, Untersuchungen über den Modalkalkül. – *Ferner:* Oskar Becker, „Zur Logik der Modalitäten." – Wolfgang Gombocz, Artikel „Modalität", in: Seiffert/Radnitzky, Handlexikon. – Hans Lenk, Normenlogik. – Hans-Georg Lichtenberg, Abschnitt „Modallogik" im Artikel „Logik", in: Seiffert/Radnitzky, Handlexikon. – Lorenzen, „Zur Begründung der Modallogik." – v. Wright, Handlung, Norm u. Intention. – v. Wright, Norm u. Handlung.

2 Vgl. SEIFFERT, Wissenschaftstheorie I, Teil I, Kap. 1, B.

3 Daß das verneinte *muß* immer die Bedeutung ‚nicht geboten', also ‚braucht nicht', hat, ist nicht gesagt. So bedeutet englisch *must not* ‚darf nicht'; und auch in der norddeutschen Umgangssprache sagt man: „Mußte nich machen", wenn man meint: „Laß das!"

4 Christian MORGENSTERN, Alle Galgenlieder. Galgenlieder, Palmström, Palma Kunkel, Gingganz. Berlin: Cassirer 1932. S. 163 f.

3. KAPITEL. ETHIK

1 *Grundlegende Literatur:* Nicolai HARTMANN, (H) Einführung in die Philosophie, Abschn. 9. – Otfried HÖFFE, Lexikon der Ethik. – BIRNBACHER/HOERSTER, Texte zur Ethik. – KAMLAH, Philos. Anthropologie. Sprachkrit. Grundlegung u. Ethik. – Günther PATZIG, Ethik ohne Metaphysik. – *Ferner:* Kurt BAIER, Der Standpunkt der Moral. – BLÜHDORN, Das Gewissen i. d. Diskussion. – Otto Friedr. BOLLNOW, Einfache Sittlichkeit. – BOLLNOW, Wesen und Wandel der Tugenden. – William K. FRANKENA, Analyt. Ethik. – (APEL/BÖHLER,) FUNKKOLLEG Praktische Philosophie/Ethik, Studienbegleitbriefe. – (APEL/BÖHLER,) FUNKKOLLEG Praktische Philosophie/Ethik, Reader. – Herbert L. A. HART, Recht u. Moral. – Nicolai HARTMANN, Ethik. – Otfried HÖFFE, Ethik u. Politik. – Norbert HOERSTER, Recht u. Moral. – Friedr. KAULBACH, Ethik u. Metaethik. – MAIHOFER, Naturrecht oder Rechtspositivismus? – Annemarie PIEPER, „Analytische Ethik." – PIEPER, Abschn. VIII im Artikel „Ethik", in: (L) RITTER, Hist. Wb. Philos. 2, Sp. 806–808. – John RAWLS, Eine Theorie der Gerechtigkeit. – Hans REINER, Die Grundlagen der Sittlichkeit. – Wilhelm WEISCHEDEL, Skeptische Ethik.

2 Ein ähnliches Beispiel bei Wilhelm WEISCHEDEL, Skeptische Ethik, S. 160 f.

3 Vgl. Nicolai HARTMANN, (H) Einführung, S. 178. – Günther PATZIG, Ethik ohne Metaphysik, S. 3. – Norbert HOERSTER, Texte zur Ethik, S. 9.

4 Nach Leopold v. RANKE „ist ein Fortschritt anzunehmen in allem, was sich sowohl auf die Erkenntnis als auf die Beherrschung der Natur bezieht" – dagegen nicht hinsichtlich der Moral und auch nicht hinsichtlich der „Produktionen des Genius in Kunst, Poesie, Wissenschaft und Staat" (Epochen, S. 11). – (Zitiert auch in SEIFFERT, Wissenschaftstheorie II, Teil II, Kap. 1, A II 1 a. Der Fortschrittsglaube.) Nicolai HARTMANN sagt: „Wenn irgendwo im Bereiche des Geistes, so gibt es in der Erkenntnis den Fortschritt. Aus der Geschichte der Wissenschaften läßt sich das leicht und überzeugend erweisen. In der Moral aber gibt es diesen Fortschritt, dieses fortdauernde Aufspeichern von immer neuen Er-

kenntnissen nicht, und zwar deshalb, weil Moral eben nicht Wissenschaft ist. Die Ethik zwar kann man eine Wissenschaft nennen, sie ist die Wissenschaft von der Moral; diese selber aber ist etwas Lebendiges [. . .]." ([H] Einführung, S. 178.)

5 Joachim Ritter, in: (L) Ritter, Hist. Wb. Philos. 2, Sp. 759 f. – Hervorhebung von H. S.

6 Immanuel Kant, Grundlegung zur Metaphysik der Sitten, VII, S. 18. – Hervorhebungen hier und in den folgenden Zitaten von Kant.

7 S. 19. 8 S. 22. 9 S. 22 f. 10 S. 23. 11 S. 24. 12 S. 26.

13 Kant, Metaphysik der Sitten, VIII, S. 531 f.

14 Vgl. Adolf Arndt, in: Maihofer, Naturrecht oder Rechtspositivismus, S. 137. – Hans Kelsen, in: Hoerster, Recht und Moral, S. 26 f. – Alfred Verdross, ebenda, S. 40 f.

15 Vgl. Dieter Birnbacher, in: Birnbacher/Hoerster, Texte zur Ethik, S. 198–203.

16 Höffe, Lexikon der Ethik, S. 256 f. – Absatz von H. S.

17 Aristoteles, Nikomach. Ethik 1107 a, S. 92. – Hartmann, (H) Einführung, S. 148 f.

18 Hartmann, S. 150–155. – Das Zitat S. 154.

19 S. 154 f. – Das Zitat S. 155.

20 S. 154.

21 S. 155.

22 Zitiert nach Hans-Georg Gadamer aus seiner Einleitung zu dem Auswahlbändchen: Immanuel Kant. Auswahl und Einleitung von H.-G. G. Frankf. u. Hamb.: Fischer 1960. (Fischer Bücherei. 336.) S. 11 f.

23 Hartmann, (H) Einführung, S. 172 f. – Das Zitat S. 173.

24 S. 176–179. – Kerngedanke und Zeichnung S. 177.

25 In der Tat vertritt Hartmann (S. 197 f.) die Ansicht, daß sich zwar direkt nur die materielle Unterlage der Kunst- und literarischen Werke (die Statuen, Bilder, Noten, Bücher und so fort) erhält, daß es aber lediglich eines verstehenden Menschen bedarf, um auch diesen geistigen Inhalt wieder zu erwecken.

26 Vgl. Annemarie Pieper, Abschnitt VIII „Analytische Philos." im Artikel „Ethik", in: (L) Ritter, Hist. Wb. Philos. 2, Sp. 806–808. – Pieper, Art. „Metaethik", ebenda 5, Sp. 1168–1171. – Pieper, „Analytische Ethik." – Friedrich Kaulbach, Ethik u. Metaethik, insbes. S. IX. – Kaulbach, in: Blühdorn, Gewissen, S. 317–342, insbes. S. 317 f.

27 Zitiert von L. M. Archangelski, in: Blühdorn, Gewissen, S. 357.

28 Hierzu die Sammelwerke Blühdorn, Gewissen; Hoerster, Recht und Moral; Maihofer, Naturrecht oder Rechtspositivismus?

29 Vgl. Otfried Höffe, Ethik und Politik, S. 290. – Talcott Parsons, Beiträge zur soziologischen Theorie, S. 110.

30 Höffe, Ethik und Politik, S. 290.

31 Kant, Grundlegung zur Metaphysik der Sitten, VII, S. 18.

32 Wie Anm. 27.
33 PATZIG, Ethik ohne Metaphysik, S. 14 f. – Ähnliche Beispiele und Gedankengänge noch an anderen Stellen des Bandes.
34 Vgl. das Material in MAIHOFER, Naturrecht oder Rechtspositivismus?
35 Vgl. Gustav RADBRUCH, in: HOERSTER, Recht und Moral, S. 43.
36 Das Wort „Amnestie" hat zwei Bedeutungen: Aussetzung der Strafe *nach* der Verurteilung, aber auch Aussetzung der Strafverfolgung *vor* der Gerichtsverhandlung (so im vorliegenden Falle; anderes Wort dafür: Abolition).

4. KAPITEL. SYSTEMTHEORIE

1 *Grundlegende Literatur:* Ludwig v. BERTALANFFY, in: (KURZROCK,) SYSTEMTHEORIE. – DIEMER, System u. Klassifikation. – Alois von der STEIN, in: DIEMER, System u. Klassifikation. – (KURZROCK,) SYSTEMTHEORIE. – Manfred ZAHN, Art. „System", in: (L) KRINGS/BAUMGARTNER/WILD, HANDBUCH philos. Grundbegriffe. – *Ferner:* Jakob BARION, Ideologie, Wissensch., Philos., Kap. 2 § 1. – Hans LENK, Handlungstheorien interdisziplinär. – LENK, Pragmat. Philos. – LENK/ROPOHL, Systemtheorie als Wissenschaftsprogramm. – Niklas LUHMANN, Zweckbegriff und Systemrationalität. – Richard MÜNCH: Theorie sozialer Systeme. – Wolf-Dieter NARR, Theoriebegriffe u. Systemtheorie. – Talcott PARSONS, Zur Theorie sozialer Systeme. – PARSONS, Beiträge zur soziologischen Theorie, hg v. Dietrich RÜSCHEMEYER; hier vor allem die Einleitung von RÜSCHEMEYER. – Günter ROPOHL, „Einführung in die allgemeine Systemtheorie." In: LENK/ROPOHL. – ROPOHL, „Ein systemtheoretisches Beschreibungsmodell d. Handelns." In: LENK, Handlungsth. interdisz. I. – ROPOHL, Eine Systemtheorie der Technik.
2 Vgl. Manfred ZAHN, Art. „System", Abschn. 5, in: (L) KRINGS/BAUMGARTNER/WILD. – Johannes HOFFMEISTER, Art. „System", in: (L) HOFFMEISTER, Johannes (Hg): Wörterbuch der philos. Begriffe. Die Lexika von (L) MITTELSTRASS und (L) RITTER sind leider noch nicht bis zur Alphabetstelle „System" gelangt. – Manfred RIEDEL, Art. „System, Struktur", in: (L) BRUNNER/CONZE/KOSELLECK, Bd 6.
3 Vgl. HOFFMEISTER.
4 Vgl. ZAHN (Anm. 2).
5 Für das Folgende ist grundlegend die vorzügliche, sorgfältig gearbeitete Abhandlung von Alois von der STEIN, in: DIEMER, System und Klassifikation.
6 von der STEIN, S. 4.
7 S. 3. 8 S. 5. 9 S. 4. 10 S. 4 f. 11 S. 5. 12 S. 8 f. 13 S. 10–13. 14 S. 2.
15 In dem von Alwin DIEMER herausgegebenen Band *System und Klassifikation,* in dem von der STEINS Arbeit enthalten ist, sind dankenswerter-

weise auch „Drei Abhandlungen zum Systembegriff" von Johann Heinrich LAMBERT abgedruckt (S. 161–177).

16 Das im folgenden Zitierte S. 169.

17 Vgl. (L) MITTELSTRASS, Enzyklopädie 1, S. 169–174.

18 Vgl. etwa Karl VORLÄNDER: Philosophie der Neuzeit. Die Aufklärung. (Geschichte der Philosophie. V.) Bearb. v. Hinrich Knittermeyer. ... Reinbek: Rowohlt 1967. (rde. 281.) S. 83–87.

19 SEIFFERT, Wissenschaftstheorie II, Teil III, Kap. 2, A.

20 Vgl. die gründliche und grundlegende Geschichte des Begriffes „Enzyklopädie" von Jürgen HENNINGSEN: „‚Enzyklopädie'. Zur Sprach- und Bedeutungsgeschichte eines pädagogischen Begriffs." – Zum „Brockhaus" § 59, S. 311 f.

21 Vgl. Wolfgang STEGMÜLLER, Hauptströmungen 1. – Darstellung S. 243–287, Bibliographie am Schluß des Bandes.

22 Englisch: Nach Mona McCORMICK: The New York Times Guide to Reference Materials. ... New York: Popular Library 1971. S. 173. – Deutsch: Nach (W) HACKER, Biblioth. Grundwissen, 3. Aufl., S. 108–111.

23 LC-Klassifikation: Nach McCORMICK (Anm. 22), S. 173. – ASB: Nach HACKER (Anm. 22), S. 111–114.

24 Alwin DIEMER, in: (H) ROMBACH, Wissenschaftstheorie 2, S. 128 f.

25 Nach HACKER (Anm. 22), S. 110 f.

26 Ein Beispiel bei Arnold GEHLEN, Der Mensch, S. 77 f.

27 Ludwig v. BERTALANFFY, in: (KURZROCK,) SYSTEMTHEORIE, S. 18. – Vgl. auch: Günter ROPOHL, in: LENK/ROPOHL, S. 11 u. 14 unten.

28 Vgl. Wolf-Dieter NARR, Theoriebegriffe u. Systemtheorie, S. 97–115. – Etwas anders Günter ROPOHL, in: LENK/ROPOHL, S. 11–14.

29 v. BERTALANFFY (Anm. 27), S. 18. – Absatz von H. S.

30 NARR (Anm. 28), S. 110.

31 Zu PARSONS' Systemtheorie vgl. PARSONS, Zur Theorie sozialer Systeme (hg v. Stefan JENSEN) und PARSONS, Beiträge zur soziologischen Theorie (hg v. Dietrich RÜSCHEMEYER).

32 Günter ROPOHL, in: LENK/ROPOHL, S. 14–19. – Ähnlich ROPOHL, in: Hans LENK, Handlungsth. interdisz. I, S. 325–327.

33 ROPOHL, in: LENK/ROPOHL, S. 14.

34 Nach ROPOHL, in: LENK/ROPOHL, S. 15. – Identisch in: LENK, Handlungsth. interdisz. I, S. 326.

35 Vgl. SEIFFERT, Wissenschaftstheorie II, Teil II, Kap. 1, B II.

36 ROPOHL, in: LENK/ROPOHL, S. 16.

37 S. 14 u. 16 (S. 15: die in Anm. 34 genannten Diagramme!). – Absatz v. H. S.

38 S. 18.

39 MÜNCH, Theorie sozialer Systeme, S. 29 f.

40 Es handelt sich um das Hörspiel von Renke KORN: *Gedämpft,* Frankfurt: Hessischer Rundfunk 1978.

41 MÜNCH (Anm. 40), S. 31 f.

LITERATUR ZU DEN BÄNDEN 1–3

Das Literaturverzeichnis enthält – in *einem* Alphabet – die wichtigsten Titel zum Gesamtbereich der in den drei Bänden der „Einführung in die Wissenschaftstheorie" behandelten Gegenstände.

Es ist einerseits die Verweisungsgrundlage für die Anmerkungen, die alle auch im Literaturverzeichnis auftretenden Titel in Kurzfassung nennen, andererseits jedoch eine von solchen Erwähnungen unabhängige Auswahlbibliographie.

Bezogen auf den Stoff aller drei Bände konnte der Umfang des Verzeichnisses gegenüber dem der Verzeichnisse in den alten Bänden 1 und 2 (relativ) nicht wesentlich erweitert werden. Um Platz für neue Titel zu schaffen, wurden zahlreiche Titel der früheren Literaturverzeichnisse ausgeschieden. Wer eine breitere Literaturbasis sucht, wird daher mit Nutzen auch die Verzeichnisse in den beiden Bänden der Erstausgabe verwenden können.

Aber es gibt auch noch einen weiteren Grund für weitgehendes Auswechseln der Bestände. Die früheren Verzeichnisse enthielten relativ viele englischsprachige Titel. Ihre Nennung ist heute nur in seltenen Fällen noch notwendig, da gerade in den letzten anderthalb Jahrzehnten zahlreiche wichtige englischsprachige Werke der Wissenschaftstheorie und angrenzender Gebiete ins Deutsche übersetzt wurden.

Zur Erweiterung und Ergänzung des Literaturmaterials sei ferner auf das 1989 erschienene *Handlexikon zur Wissenschaftstheorie,* im Ehrenwirth Verlag (München) (dtv-Ausgabe April 1992) von mir in Verbindung mit Gerard Radnitzky herausgegeben, verwiesen.

Die Titel sind – entgegen leider weit verbreiteter Gepflogenheit – so ausführlich und genau wie möglich dargestellt worden; insbesondere sind nach Möglichkeit überall Untertitel, Verlag, Seitenzahl und die Schriftenreihe angegeben, in der das Buch erschienen ist.

Soweit irgend möglich beruhen die Titelangaben auf „Autopsie", also auf eigener Einsichtnahme in die Bücher selbst. Wenn dies nicht möglich war, wurden zuverlässige Verzeichnisse, vor allem also Buchhändlerbibliographien oder Bibliothekskatalogisierungen, herangezogen. Die Titelangaben sind daher in der Regel – und in den Grenzen, die die menschliche Unzulänglichkeit nun einmal zieht – zuverlässig.

Nicht nur durch die Anmerkungen, sondern noch durch einige andere Vorkehrungen habe ich Sorge dafür getragen, daß der Literaturbestand so weit wie möglich für die Benutzung aufgeschlüsselt wird.

So habe ich vor das alphabetisch nach Verfassern geordnete Hauptverzeichnis noch einige kürzere Listen mit grundlegenden oder einführenden Werken gesetzt; es handelt sich um Verzeichnisse von Zeitschriften, Bibliographien, Lexika, Wissenschaftskunden, Einführungen und Handbüchern.

Um die Verzeichnisse noch plastischer zu gestalten, habe ich die Titel mit Hilfe von Sternen in drei Unterbestände gegliedert:

Zwei Sterne kennzeichnen grundlegende oder besonders wichtige Veröffentlichungen, ein Stern wichtige oder besonders empfehlenswerte Titel. „Empfehlenswert" sind selbstverständlich auch alle ohne Stern erscheinenden Titel – denn sonst wären sie überhaupt nicht aufgenommen worden.

Über den Literaturführer als zusätzliche Erschließung des Titelmaterials unterrichtet dessen Vorbemerkung.

Abkürzungen

„Die Abk. für Abk. ist Abk."
Sponti-Spruch

Zur Entlastung der eigentlichen Titelangabe habe ich weitgehend Gebrauch von Abkürzungen gemacht.

Daher sind Abkürzungsverzeichnisse erforderlich.

Die Abkürzungen und ihre Auflösungen erscheinen nicht in einem einheitlichen Alphabet, sondern wurden nach der Stellung der fraglichen Angabe im Titel getrennt. Daher gibt es vier Verzeichnisse: für allgemeine und bibliographische Abkürzungen, für (Verlags-)Orte, für Verlage und für Schriftenreihen.

In welchem Verzeichnis eine bestimmte Abkürzung zu finden ist, ergibt sich eindeutig aus ihrer Stellung in der Titelangabe. So ist völlig klar, daß in einer Angabe wie „B: dGr 1976. 315 S. (SG 2202)" B den Verlagsort, dGr den Verlagsnamen und SG die Reihe bedeutet. Die Auflösungen sind: Berlin, de Gruyter, Sammlung Göschen.

Da Autor, Titel und Erscheinungsjahr der Titelangabe stets ohne weiteres entnommen werden können, hat die Abkürzungsmethode keinerlei Nachteil für denjenigen Benutzer, der nur diese drei Angaben braucht.

Etwas problematisch sind manchmal Abkürzungen für Schriftenreihen, da Bezeichnungen für solche Reihen oft nicht individuelle „Namen" wie etwa „Erfahrung und Denken" oder „Standpunkte" sind, sondern allgemeine Bezeichnungen wie etwa „Studienbücher (zur ...)" oder aber Titel von Zeitschriften, wie etwa „Philosophische Rundschau, Beihefte" enthalten. In solchen Fällen ist dem Benutzer nicht zuzumuten, zu wissen, daß er „eigentlich" „Stb" (= Studienbuch) im allgemeinen Abkürzungsverzeichnis und „PhR" (=Philosophische Rundschau) im Zeitschriftenverzeichnis nachschlagen müßte. Vielmehr werden solche Abkürzungen selbstverständlich zusätzlich ins Reihenverzeichnis aufgenommen – bei Bedarf auch als feste Verbindung, etwa StRG = Studienreihe Gesellschaft.

Ein besonderes Zeitschriftentitel-Abkürzungsverzeichnis scheint entbehrlich, da das Zeitschriftentitel-Verzeichnis mit Abkürzungen versehen ist. Zwar liegt es in der Natur der Sache, daß diese Abkürzungen in ihrer alphabetischen Reihenfolge nicht genau der Reihenfolge der ungekürzten Titel im Titelverzeichnis folgen. Da der erste Buchstabe der Abkürzung aber ausnahmslos mit dem ersten Buchstaben des Volltitels übereinstimmt, sind die Abkürzungen in dem nicht allzu umfangreichen Verzeichnis leicht zu finden.

Soweit Zeitschriftentitel in Reihentiteln erscheinen, sind sie ohnehin in das Reihenverzeichnis aufgenommen worden (wie oben erläutert). Leicht durchschaubare allgemeine Abkürzungen (z. B. dchges., erw., unv. Aufl. und ähnliche) sind nicht aufgeführt.

Allgemein und bibliographisch

Abh	Abhandlung(en)
Am, am	amerikanisch
Anh	Anhang
AR	Allgemeine Reihe
Arg	Argument
Aufs	Aufsatz, Aufsätze
Bd	Band
Beitr	Beitrag, Beiträge
Bh(e)	Beiheft(e)
Bibl	Bibliographie
Bk	Bibliothek
BrD	Bundesrep. Deutschld.
BrR	Braun/Radermacher, Wiss 'theoret. Lexikon
Dept	Depart(e)ment
DFG	Deutsche Forschungsgemeinschaft
DIFF	Deutsches Institut für Fernstudien, Tübingen
Disk	Diskussion(en)
Diss	Dissertation
Dok'ion	Dokumentation(en)
Dru	Druckerei
Dt, dt	deutsch
DU	Dies Universitatis
EA	Evangelische Akademie
EDV	Elektronische Datenverarbeitung
Ef	Einführung
Eh	Ergänzungsheft
emp	empirisch
En, en	englisch
Erk	Erkenntnis
F	Folge
Fg	Festgabe
Fs	Festschrift
FTS	Fritz Thyssen Stiftung
Fz, fz	französisch
GA	Gesamtausgabe
Gegw	Gegenwart
gegw	gegenwärtig

Ges	Gesellschaft
ges'l	gesellschaftlich
Ges Abh	Gesammelte Abhandlungen
Ges Aufs	Gesammelte Aufsätze
Gesch	Geschichte
gesch'l	geschichtlich
Gr, gr	griechisch
GS	Gesammelte Schriften
GW	Gesammelte Werke
Gw(en)	Geisteswissenschaften
H	Heft
Hab	Habilitation(s)
Hardc	Hardcover (= fester Einband)
Hb(er)	Handbuch, Handbücher; handbook(s)
Hbd	Halbband
Hg	Herausgeber
Hs, Hss	Handschrift(en)
Ht	Hochschultaschenbuch, -bücher
Hwb	Handwörterbuch
idR	in der Regel
III	Third (= der Dritte) (in amer. Vornamen)
Inf	Information
Inf'ik	Informatik
int	international
Intpretion	Interpretation
It, it	italienisch
Jb	Jahrbuch
Jg	Jahrgang
Jh	Jahrhundert
Jr	Junior
Komm	Kommentar
komm'iert	kommentiert
Lat, lat	lateinisch
Lfg	Lieferung
Ling	Linguistik
Math	Mathematik
Meth	Methode
meth	method
Meth'ie	Methodologie

Meth'ik	Methodik
meth'isch	methodisch
meth'log	methodologisch
meth'y	methodology
Ms	Manuskript
Mss	Manuskripte
Nachdr	Nachdruck(e)
Neudr	Neudruck(e)
NF	Neue Folge
Nw(en)	Naturwissenschaft(en)
Obj	Objekt
Obj'ism	Objektivismus
Obj'tät	Objektivität
P	Press
Ph	Philosophie
Phän	Phänomenologie
phän'isch	phänomenologisch
Pos	Positivismus
Ppb	Paperback
Probl	Problem
Ps	Psychologie
Ps'anal	Psychoanalyse
Rat'ism	Rationalismus
Rat'tät	Rationalität
Rb(s)	Reference Book(s) (=Nachschlagewerk, Handbuch)
Rh	Reihe
RN	Reprographischer Nachdruck
Russ, russ	russisch
S, s	Siehe, siehe
Sb(er)	Sachbuch, Sachbücher
Sc	Science
Schr('en)	Schrift(en)
Sda	Sonderausgabe
Sdbd	Sonderband
Ser, ser	Serie; lat u. en series
Sh	Sonderheft
SM	Series Minor (Kleine[re] Reihe)
Soziol	Soziologie
Sp, sp	spanisch
Sph	Sozialphilosophie

Sr	Senior
St	Studium, Studie
St'ien	Studien
StA	Studienausgabe
Stb(er)	Studienbuch, Studienbücher
Stf	Studienführer
Sth(e)	Studienheft(e)
St Rh	Studienreihe
Subj	Subjekt
Subj'ism	Subjektivismus
Subj'tät	Subjektivität
Suppl	Supplement
Sw(en)	Sozialwissenschaft(en)
Syst, syst	System, systematisch
TA	Taschenbuch-Ausgabe
Tb(er)	Taschenbuch, Taschenbücher
THA	Theodor-Heuss-Akademie, Gummersbach
Tl	Teil
transz'al	transzendental
transz'ent	transzendent
TU	Technische Universität
TV	Taschenbuch Verlag
U	Universität
UB	Universitäts-Bibliothek
Unts('en)	Untersuchung(en)
u. ö.	und öfter (= mehrere unveränderte Nachdrucke)
VDI	Verein Dter Ingenieure
Vg	Verlagsgesellschaft
Vjs	Vierteljahrsschrift
Vl	Verlag
Vorl	Vorlesung(en)
Vortr	Vortrag, Vorträge
vs	versus (= gegen)
WA	Werkausgabe
Wb	Wörterbuch
We	Werke
Wg	Wissenschaftsgeschichte
Wsch	Wissenschaft
wschl	wissenschaftlich
Wschlkt	Wissenschaftlichkeit
Wth	Wissenschaftstheorie
Wtsch	Wirtschaft
Ww	Wirtschaftswissenschaft(en)
Zs, Zss	Zeitschrift, Zeitschriften

Orte

A	Amsterdam
Aal	Aalen
B	Berlin
Ba	Basel
BB	Baden-Baden
Be	Bern
Berk	Berkeley
Bn	Bonn
Br	Braunschweig
Bre	Bremen
Brü	Brüssel
Ca	Cambridge
Ch	Chicago
CM	Cambridge, Massachus.
Ddf	Düsseldorf
Ddr	Dordrecht
DH	Den Haag
Dst	Darmstadt
EC	Englewood Cliffs, New Jersey
Erl	Erlangen
F	Frankfurt am Main
Fb	Freiburg im Breisgau
G	Göttingen
Ge	Genf; Genève
Gi	Gießen
Göt	Göteborg
Gu	Gummersbach

Gü	Gütersloh
H	Hamburg
Ha	Hannover
Harm	Harmondsworth
Hd	Heidelberg
Hi	Hildesheim
Ib	Innsbruck
Ip	Indianapolis, Indiana
K	Köln
Klrh	Karlsruhe
Krb	Kronberg, Taunus
Kst	Königstein, Taunus
Kstz	Konstanz
L	London
Lp	Leipzig
M	München
Mh	Mannheim
Msh	Meisenheim
Mü	Münster
Mz	Mainz
NH	New Haven, Connecticut
Nw	Neuwied
NY	New York
Ol	Olten
Op	Opladen
Osb	Osnabrück
Ox	Oxford
P	Paris
Pd	Paderborn
Pfu	Pfullingen
Ph	Philadelphia, Pennsylv.
Pr	Princeton, New Jersey
Pu	Pullach
Rb	Reinbek
S	Stuttgart
Sb	Salzburg
Sbr	Saarbrücken
T	Tübingen
Vd	Vaduz
W	Wien
Wa	Warschau; Warszawa
Wb	Wiesbaden
Wz	Würzburg
Z	Zürich

Ortsbuchstabe mit Apostroph (z. B. M') bedeutet: „und andere Verlagsorte"

Verlage

Af	Akademiförlaget, Göteborg
AFT	Athenäum Fischer Taschenbuch Verlag
AHSH	Athenäum Hain Scriptor Hanstein
Arg	Argument Verlag Berlin
asp	aspekte Verlag
Ath	Athenäum
AV	Akademie-Verlag, Ost-Berlin
AVg (Ath)	Akademische Verlagsgesellschaft (Athenaion)
Bert	Bertelsmann
BFV	Bertelsmann Fachverlag
BI	Bibliograph. Institut
BI Ht	Bibliogr. Inst., Hochschultaschenbücher-Verlag
Bir	Birkhäuser
BI W	Bibliogr. Inst., B. I.-Wissenschaftsverlag
Bla	Blackwell
BLex	Bertelsmann Lexikon Verlag
Bouv	Bouvier
Brau	Braumüller
BUV	Bertelsmann Universitätsverlag
ClP	Clarendon Press

CM	Collier-Macmillan
Coll	Colloquium Verlag
Cps	Campus
CUP	Cambridge University Press
dGr	de Gruyter
D&H	Duncker & Humblot
Died	Diederichs
Diest	Diesterweg
Diog	Diogenes
DrKn	Droemer-Knaur
Dru	Druckerei
dtv	Deutscher Taschenbuch Verlag
DVA	Deutsche Verlags-Anstalt
DVW	(VEB) Dter Verl. d. Wschen (Ost-B)
EA	Evangelische Akademie
EV	Europa-Verlag
EVA	Europäische Verlagsanstalt
FA	Forum Academicum, bei AHSH
FH	Frommann-Holzboog
Fi	S. Fischer
Fi B	Fischer Bücherei
Fi T	Fischer Taschenbuch Verlag
FP (oG)	Free Press (of Glencoe)
Fr	Francke
Gerst	Gerstenberg
GFi	Gustav Fischer
Go	Goldmann
GS	Gesammelte Schriften
GW	Gesammelte Werke
Ha	Hanser
Hanst	Hanstein
H&C	Hoffmann & Campe
Hey	Heymann
H&R	Harper & Row
HUP	Harvard University Press
Insel	Insel Verlag

Ki	Kindler
Kl (-C)	Klett (-Cotta)
Klost	Klostermann
K&N	Königshausen & Neumann
Ko	Kohlhammer
K&W	Kiepenheuer & Witsch
Lu	Luchterhand
Me	Metzler
MI	Moderne Industrie
Mi	Minerva
Mm	Macmillan
M&S	Matthes & Seitz
Mu	Musterschmidt
MV	Moderne Verlagsgesellschaft
nds	Neue Deutsche Schule
NF	Neue Folge
NG	Neue Gesellschaft
NH	North Holland
Niem	Niemeyer
Nij	Nijhoff
Nostr	van Nostrand
Ny	Nymphenburger Verlagshandlung
Ölsch	Ölschlägel
Old	Oldenbourg
OUP	Oxford University Press
P	Press
Pat	Patmos
PH	Prentice Hall
Phia	Philosophia
Pi	Piper
PrUP	Princeton Univ. Press
PWN	[polnisch:] Poln. Vl. der Wschen
Q&M	Quelle & Meyer
Re	Reclam
Rei	Reidel
Reinh	Reinhardt
R&L	Rütten & Loening
Ro	Rowohlt
Ro T	Rowohlt Taschenb. Vl

Romb	Rombach
SchB	Schulte-Bulmke
Schö	Schöningh
Schü	Schünemann
Schw	Schwann
Scia	Scientia
Scr	Scriptor
Spri	Springer, Berlin und Wien
St	Steiner
Su	Suhrkamp
Tb	Taschenbuch
Teub	Teubner
THA	Theodor-Heuss-Akademie, Gummersbach
Tö	Töpelmann
TU (B)	Technische Universität (Berlin)
U	Universität
UB	Universitätsbibliothek
Ul (T)	Ullstein (Taschenbuchverlag)
UP	University Press
UTB	Uni-Taschenbücher
VA	Verl. d. Akad. d. Wissensch'en u. d. Lit. in Mainz
VD	Verlag Dokumentation Saur
VDI	Verein Dter Ingenieure
VGP	Verl. f. Gesch. u. Pol.
Vi	Vieweg
Vl	Verlag
V&R	Vandenhoeck & Ruprecht
VWGÖ	Verb. der wschl'en Gesellschaften Österreichs
WB	Wissenschaftl. Buchgesellschaft
WbV	Werkbund-Verlag
We	Wegner
West	Westermann
WV	Westdeutscher Verlag
WVg	Wissenschaftliche Verlagsgesellschaft
YUP	Yale University Press

Reihen

AfB	Archiv für Begriffsgeschichte ⟨Zs⟩ (Bouv)
AG-PH	Abh. der Akad. d. Wiss. in Göttingen, Philolog.-Histor. Klasse (V&R)
AMG	Arbeitsbücher zur modernen Geschichte (V&R)
AM-GS	Abh. der Akad. d. Wiss. u. d. Lit., Mainz, Geistes- und sozialwiss. Klasse (Steiner)
APPP	Abh. zur Philos., Psychol. und Pädag. (Bouv)
ARSP	Archiv f. Rechts- und Sozialphilos. ⟨Zs⟩ (Steiner)
AT (L)	Athenäum Taschenbücher (Linguistik) (Athenäum)
AuA	Anmerkungen und Argumente (Kl-C)
AW	Aktuelles Wissen (B Lex)
BAS	Bibliothek d. Allgem. Sprachwissensch. (Winter)
BdW	Bücher des Wissens/der Wissensch. (FiT)
BE	Beck'sche Elementarbücher
BF	Bauwelt Fundamente (BFV)
BGWT	Beitr. z. Gesch. d. Wsch. u. d. Technik (Steiner)

Bh	Beiheft
BLPW	Bibliothek Lit. Philos. Wissensch. (dtv)
BPh	Broschur Philosophie (Alber)
BQ	Böhlau Quellenbücher
BrR	Braun/Radermacher, Wiss' theoret. L. ⟨Lex⟩ (Styria)
BS	Beck'sche Sonderausgaben
bs	Bibliothek Suhrkamp
BSc	Bibliothèque Scientifique (Griffon)
BSR	Beck'sche Schwarze Reihe
BStb G	Böhlaus Studienbücher Geschichte
Bw	Basiswissen (MV)
BzFt	Beiträge zur Forschungstechnologie (AV)
BzH	Beiträge zur Historik (dtv)
BZNR	Bücher der Zeitschrift Naturwiss. Rdschau (WVg)
BzWP	Beiträge zur Wirtschaftspolitik (Haupt)
CF	Campus Forschung
CH	Conditio Humana (S. Fischer)
CP: KS	Campus Paperbacks: Krit. Sozialwissensch.
CS: KS	Campus Studium: Krit. Sozialwissensch.
dGr Lb	de Gruyter Lehrbuch
dGr Stb	de Gruyter Studienbuch
DS	Documenta Semiotica (Olms)
dtb	Diogenes Taschenbuch
dtv B (LPW)	dtv Bibliothek (Literatur Philos. Wissensch.)
dtv D	dtv Dokumente
dtv LT	dtv List Taschenbücher
dtv W/WR	dtv Wissenschaft/Wissenschaftl. Reihe
DU	Dies Universitatis
EA	Evangelische Akademie
EB	Edition Beck
ED	Erfahrung und Denken (D&H)
EdF	Erträge der Forschung (WB)
EF	Erlanger Forschungen
EG	Die Einheit der Gesellschaftswiss.en (Mohr)
EgA	Enzyklopädie der geisteswiss. Arbeitsmethoden (Old)
EM	Ergebnisse der Mathematik (Spri)
EP	Europäische Perspektiven (EV)
es	edition suhrkamp
Eu Bi	Europäische Bibliothek (EVA)
Eu HS	Europäische Hochschulschriften (P. Lang)
Ex Ge	Exakte Geheimnisse (Knaur)
F	Folge
f (BdW)	Fischer Taschenbuch (Bücher des Wissens/der Wissenschaft)

FA	Forum Academicum (AHSH)
FAT (G)	Fischer Athenäum Taschenbuch (Grundlagenforschung)
FAT (S)	Fischer Athenäum Taschenbuch (Sprachwissenschaft)
FBS	Frankfurter Beiträge z. Soziol. (EVA)
FI	Forschung und Information (Coll)
Fi H	Fischer Handbuch
Fi T	Fischer Taschenbuch (Verlag)
Fi T AR	Fischer Taschenbuch Allgem. Reihe
Fi W	Fischer Wissen(schaft)
FK	Funkkolleg
FL	Fischer Lexikon
Flex Tb	Flexibles Taschenbuch (Enke/Thieme)
FoL (SS)	Foundations of Language (Suppl. Ser.) (Reidel)
Fo Ph	Foundations of Philosophy (Prentice Hall)
FTS	Fritz Thyssen Stiftung ⟨Allg. Abkü.⟩
FWS	Fachserie Wissensch.theorie u. Soz.wiss. (Minerva)
GdK	Grundlagen der Kommunikation (dGr)
GdPh	Gesch. der Philos. v. Vorländer/Erdmann (rde) (Rowohlt)
GE	Gesellschaft und Erziehung (Q&M)
GeSo	Geschichte und Sozialwissenschaft (Schwann)
GG	Geschichte und Gesellschaft ⟨Zs⟩
Gk Ph	Grundkurs Philosophie (Ko)
GL	Reihe Germanistische Linguistik (Niem)
GMW	Grundlehren der mathematischen Wissensch.en (Spri)
Grdz	Grundzüge (WB)
GS	Gesammelte Schriften ⟨Allg. Abkü.⟩
GSpD	Grundlagen der Sprachdidaktik (Q&M/UTB)
GW	Gesammelte Werke ⟨Allg. Abkü.⟩
H	Heft
HbT	Heidelberger Taschenbücher (Spri)
HdPh	Handbuch der Philosophie (Alber)
HSF	Historisch-Sozialwissenschaftl. Forschungen (Kl-C)
HT	Harper Torchbook
Ht	Hochschultaschenbücher (BI)
Hua	Husserliana (Nijhoff)
HWPh	Historisches Wörterbuch der Philos. (Schwabe)
HZ	Herkunft und Zukunft (Styria)
IBaL	Internat. Bibliothek f. Allgem. Linguistik (Fink)
IdF	Impulse der Forschung (WB)
IRKI	Internat. Reihe Kybernetik und Inform. (Agis)
JL (SM)	Janua Linguarum (Series Minor) (Mouton [=dGr])
KB	Kleine Bibliothek (PR)
KG	Kultur und Gesellschaft (FH)
KI	Kritische Information (Fink)

Kl d Gr B	Die kleinen de-Gruyter-Bände
Ko St Ps	Kohlhammer Standards Psychologie
KPB	Kleine Philosophische Bibliothek (Phia)
KPh	Kolleg Philosophie (Alber)
KSL	Konzepte der Sprach- und Literaturwiss. (Niem)
KStGw	Krit. Studien zur Geschichtswissensch. (V&R)
KTA	Kröners Taschenausgabe
KVR	Kleine Vandenhoeck-Reihe
KW	Kritische Wissenschaft (H&C)
Ky Inf	Kybernetik und Information (Agis)
KZfSS	Kölner Zs. f. Soziol. u. Sozialpsychol. ⟨Zs⟩
LEP	Library of Exact Philosophy (Spri)
Li	Libelli (WB)
Ling	Linguistik
LK	Loccumer Kolloquien (EA Loccum)
LS	Lehrgebiet Sprache (Hueber)
LT (W)	List Taschenbücher (der Wissenschaft)
MEW	Marx/Engels: Werke (Dietz)
ML	Mathematische Leitfäden (Teub)
MM	Moderne Math. in element. Darstellg (V&R)
MND	Materialien z. Normendiskuss. (Schö)
Mo Ge	Moderne Geschichte (WV)
MphF	Monographien z. philos. Forschg. (Ath/Hain/Hanst)
MUR/MUS	Münchner Univ.reden/-schriften
MWG	Monographien Wissensch.theor. u. Grundlagenfschg. (Scr)
NF	Neue Folge
NHP	Neue Hefte für Philosophie ⟨Zs⟩
npb	neue pädagogische bemühungen (nds)
ntw	Nymphenb. Texte zur Wissensch.
NWB	Neue Wissenschaftliche Bibliothek (K&W; später AHSH)
OCPhM	Oxford Classical and Philos. Monographs (OUP)
PH	Poetik und Hermeneutik (Fink)
Ph [allg]	Philosophie
Ph [bei WB]	Die Philosophie (WB)
PhA	Philosophische Abhandlungen (Klost)
PhAG	Philosophie – Analyse u. Grundlegg (AHSH)
Ph akt	Philosophie aktuell (Schwabe)
PhB	Philosophische Bibliothek (Meiner)
PhF	Phänomenologische Forschungen (Alber)
PhFa	Philosophische Fakultät ⟨Allg. Abkü.⟩
PhK	Philosophisches Kolleg (Patmos)
PhR	Philosophische Rundschau ⟨Zs⟩
PhS	Philosophische Schriften

PhT	Philosophische Texte (Klost)
Pos	Positionen (VSA-Verl.)
PP	Piper Paperback
PPF	Phänomenologisch-psycholog. Forschungen (dGr)
pra	problemata (FH)
PrPh	Praktische Philosophie (Alber)
PrRes	Probleme und Resultate der Wiss'theor. u. Analyt. Philos. ⟨Buch-Generaltitel Stegmüller⟩
PSW	Piper Sozialwissenschaft
PT	Politische Texte (EV)
PuG	Philosophie und Geschichte (Mohr)
QdPh	Quellen der Philosophie (Klost)
QStPh	Quellen und Studien zur Philosophie (dGr)
r	rororo (Rowohlt)
ra	rororo aktuell
r(d)e	rowohlts (deutsche) enzyklopädie
Rea	Reader ([Reihe bei] H&C)
RGG	Die Religion in Geschichte und Gegenwart ⟨Lex⟩
RH	Reihe Hanser
Rh	Reihe ⟨Allg. Abkü.⟩
rhb	rororo Handbuch
rhp	rombach hochschul paperback
rk	rowohlts klassiker
rpb	rowohlt paperback
RS	Recht und Staat in Gesch. u. Gegenw. (Mohr)
rsb	rororo sachbuch
rst	rororo studium [z. B. (rst. Sw 91)]
RUB	Reclams Universal-Bibliothek
SaP	Sammlung Piper
Sb	Sachbuch ⟨Allg. Abkü.⟩
SCPh	Sources in Contemp. Philos. (H&R)
sd	Sammlung dialog (Ny)
Sda	Sonderausgabe ⟨Allg. Abkü.⟩
Sdbd	Sonderband
SE	Soziologische Essays (Lu)
Ser, ser	Serie; lat u. en series
SeTe	Semester-Textbücher (Gerst)
SG	Sammlung Göschen (dGr)
SH	Social History (OUP)
Sh	Sonderheft
SL	Sammlung Luchterhand
SLK	Schwerpunkt Linguistik u. Kommunikation (Ath)
SM	Sammlung Metzler
SN	Scientia Nova (Old)

SoPa: PW	Sozialwiss. Paperbacks: Perspekt. d. Wsch.forschg. (Ath)
SP	Serie Piper
SPFUA	Schr'en d. Phil. Fak. d. Univ. Augsburg
SpGe	Sprache und Geschichte (Kl-C)
SpLe	Sprache und Lernen (Schwann)
SR	Sammlung Rombach
SS (GG)	Sammlg. Schöningh zur Gesch. u. Gegenw.
SSS	Studienskripten zur Soziologie (Teub)
SSt	Social Strategies (Birkhäuser)
ST	Soziologische Texte (Lu)
st	suhrkamp taschenbuch
StA	Studien-Ausgabe ⟨Allg. Abkü.⟩
Sta St	Starnberger Studien (Su)
Stb(er)	Studienbuch, -bücher ⟨Allg. Abkü.⟩
StbS	Studienbücher zur Soz. Wiss. (WV)
Stf	Studienführer ⟨Allg. Abkü.⟩
StG	Staat u. Gesellsch. (Lurz)
Sth(e)	Studienhefte
StLb	Studia Leibnitiana (Steiner)
St ph hi	Studia philosophica historica (Lang)
St Ph Li	Studien zur Philos. u. Lit. des 19. Jh's = [Teilreihe von:] ‚19. Jh.' Forschgsuntern. d. FTS (Klost)
Stpkte	Standpunkte (H&C)
StRG	Studienreihe Gesellsch. (WV)
StTS	Studies in the Theory of Science (Göteborg: Af)
StU	Studium Universale (Alber)
StuG	Staat und Gesellschaft (Lurz)
stw	suhrkamp taschenbuch wissenschaft
SUB	Scandinavian University Books (Göteborg: Af)
Suppl	Supplement
SuW	Suhrkamp Wissenschaft
SV	Sammlung Vandenhoeck (V&R)
SW	Studien zur Wissenschaftstheorie (Hain)
Sw(en)	Sozialwissenschaft(en) ⟨Allg. Abkü.⟩
SyP (S)	Ein systematisches Programm (Soziol) (Ko)
SzR	Schriften zur Rechtstheorie (D&H)
SzS	Studienbücher zur Sozialwissenschaft (WV)
Tb (er)	Taschenbuch, -bücher ⟨Allg. Abkü.⟩
TBL	Tübinger Beiträge zur Ling. (Narr)
Th	Theorie (Su)
Th.Th-Disk	Theorie. Theorie-Diskussion (Su)
Th d Gesch	Theorie der Geschichte (dtv)
THA	Theodor-Heuss-Akademie, Gummersbach
ThPDS	Theorie u. Praxis d. dten Sozialdemokratie

TPh	(Klost) Texte Philos.
TS	Teubner Studienbücher
TU (B)	Technische Univ. (Berlin)
TUR	Tübinger Universitätsreden (Mohr)
TV	Taschenbuch Verlag
U	Urban Taschenbücher (Ko)
U 80. . . .	Urban Taschenbücher, Reihe 80 (Ko), Nr. . . .
UB	Univers*itäts*-Biblioth. [Reclams Univers*al*-Biblioth. = RUB]
UlB	Ullstein Buch
UM	Ullstein Materialien
UTB	Uni-Taschenbücher (versch. Verlage)
VeWi	Verständliche Wissenschaft (Springer)
Vjs	Vierteljahr(e)sschrift
WA	Werkausgabe ⟨Allg. Abkü.⟩
WB (GN)	Wiener Beiträge (zur Geschichte der Neuzeit) (VGP)
WdF	Wege der Forschung (WB)
WE	Weltbild und Erziehung (Werkbund-Verl.)
We	Werke ⟨Allg. Abkü⟩
WEIVA	Walter Eucken Institut, Vortr. u. Aufs. (Mohr)
WiFo	Wissenschaftsforschung (Su)
WP	Weißes Programm (Su)
WR	Wissenschaftl. Reihe (dtv)
WSA	Wissenschaftl. Sonderausgabe (Su)
Wth Gr	Wissenschaftstheorie und Grundlagenforschung (Scr)
WV St	WV Studium [Bd 1–123 früher: rororo studium] (WV)
WWP	Wissenschaftstheorie – Wissensch. u. Philos. (Vieweg)
WWW	Wsch'stheorie – Wsch'spolitik – Wsch'sgeschichte (BUV)
ZB (We)	Die Zeit-Bücher (Wegner)

Zeitschriften

Allgemeine Zeitschrift für Philosophie. S: FH. 16. Jg 1991. 3 mal jährl. AZP

Analyse und Kritik. Zeitschrift für Sozialwissenschaften. Op: WV. 10. Jg 1988. 2 mal jährl. AuK

* Archiv für Begriffsgeschichte. Bn: Bouv. 32. Bd 1989. AfB

Archiv für Rechts- und Sozialphilosophie. Wb: St. 75. Jg 1989. 4 mal jährl. ARSP

* Conceptus. Zeitschrift für Philosophie. W: VWGÖ. 24. Jg 1990. 2 bis 3 mal jährl. Conc

Erkenntnis. An International Journal of Analytic Philosophy. Ddr': Kluwer; H: Meiner. 34./35. Bd 1991. 3 Hefte pro Bd; 2 Bde = 6 Hefte jährl. Erk

* FRANKFURTER Hefte. Zeitschrift für Kultur und Politik. F: Neue Verl'sges. d. Frankf. Hefte. Bis 39. Jg 1984. 12 mal jährl. FH

* GESCHICHTE und Gesellschaft. G: V&R. 16. Jg 1990. 4 mal jährl. GG

GRAZER Philosophische Studien. Internationale Zeitschrift für analytische Philosophie. A: Rodopi. 37./38. Bd 1990. 2 Bde = Hefte jährl. GrPS

HISTORISCHE Zeitschrift. M: Old. 252./253. Bd 1991. 3 Hefte pro Bd; 2 Bde = 6 Hefte jährl. HZ

* HISTORY and Theory. Middletown, Conn (USA): Wesleyan UP. 29. Bd 1990. 4 mal jährl. HT

** INFORMATION Philosophie. Reinach BL (Schweiz): Moser & Scheuermeier. 19. Jg 1991. 5 mal jährl. IP

KÖLNER Zeitschrift für Soziologie und Sozialpsychologie. Op: WV. 43. Jg 1991. 4 mal jährl. KZfSS

* KURSBUCH. B: Ro. Nr. 104 Juni 1991. 4 mal jährl. Kb

* MERKUR. Deutsche Zeitschrift für europäisches Denken. S: Kl-C. 45. Jg 1991. 12 mal jährl. Me

MIND. A Quarterly Review of Philosophy. Ox: OUP. 100. Bd 1991. 4 mal jährl. Mind

* NEUE Hefte für Philosophie. [Themenhefte.] G: V&R. 1. Heft 1971. 30./31. Heft 1991. *Unregelmäßig erscheinend:* Mindestens 2 mal jährl. *Thematisch einschläg. Hefte s. Autoren-Alphabet unter* BUBNER/CRAMER/WIEHL. NHP

PHÄNOMENOLOGISCHE Forschungen. [Periodische Schriftenreihe.] Fb': Alber. 1. 1975. – 23. 1990. PhF

* PHILOSOPHISCHE Rundschau. T: Mohr. 38. Jg 1991. 4 mal jährl. (bzw. 2 Doppelh.) PhR

PHILOSOPHISCHER Literaturanzeiger. Ein Referateorgan für die Neuerscheinungen der Philosophie und ihrer gesamten Grenzgebiete. F: Klost. 44. Bd 1991. 4 mal jährl. PhLA

RATIO. H: Meiner; Ox: Bla. Bis 29. Bd 1987. 2 mal jährl. Dte u. en Ausg. Rat

SOZIALE Welt. Zeitschrift für sozialwissenschaftliche Forschung und Praxis. G: Schwartz. 42. Jg 1991. 4 mal jährl. SW

SOZIOLOGISCHE Revue. M': Old. 14. Jg 1991. SozRev

STUDIUM Generale. B: Spri. Bis 24. Jg 1971. StG

UNIVERSITAS. Zeitschrift für interdisziplinäre Wissenschaft. S: WVg. 46. Jg 1991. 12 mal jährl. Uas

** ZEITSCHRIFT für allgemeine Wissenschaftstheorie. Journal for General Philosophy of Science. Wb: St. 20. Bd 1989. 2 mal jährl. ZaW

ZEITSCHRIFT für philosophische Forschung. F: Klost 45. Bd 1991. 4 mal jährl. ZphF

ZEITSCHRIFT für Soziologie. S: Enke. 20. Jg 1991. 6 mal jährl. ZfSoz

Bartsch, Eberhard: Die Bibliographie. Einf. in Benutzung, Herstellung, Geschichte. M: Saur 1979. 280 S. (UTB 948) – ^{2}1989.

* Braun, Edmund; Radermacher, Hans (Hg): Wissenschaftstheoretisches Lexikon. Graz': Styria 1978. 713 S. bzw. Sp.

Brunner, Otto; Conze, Werner; Koselleck, Reinhart (Hg): Geschichtliche Grundbegriffe. Historisches Lexikon zur politisch-sozialen Sprache in Deutschland. Bd 1 –. S: Kl-C 1972 –. *Weitere Angaben s. Liste Lexika.*

* Diemer, Alwin; Frenzel, Ivo (Hg): Philosophie. ([Erstausg.] 1958.) Neuausg. F: FiT 1967 u. ö. 384 S. (FL 11)

* Geldsetzer, Lutz: Allgemeine Bücher- und Institutionenkunde für das Philosophiestudium. Wissenschaftl. Institutionen. Bibliographische Hilfsmittel. Gattungen philos. Publikationen. Fb': Alber 1971. 210 S. (KPh)

Hoffmeister, Johannes (Hg): Wörterbuch der philosoph. Begriffe. 2. Aufl. H: Meiner (1944) 1955. VIII, 687 S. (PhB 225) – Sda. 1988.

** Information Philosophie. *Zeitschrift.* Ba: Moser & Scheuermeier. 19. Jg 1991. 5 mal jährl.

** Informationsdienst Philosophie. *Laufende Bibliographie.* Hg. v. Sondersammelgebiet Ph der UB Erl.-Nürnberg. 8. Jg 1991. 4 mal jährl. *Buchtitel* und *Zss-Schau.*

Koch, Hans-Albrecht: Wegweiser zur Literaturbeschaffung. Ein Bibliotheksführer. M: Saur 1983. ca 150 S. (UTB 1241)

Krings, Hermann; Baumgartner, Hans Michael; Wild, Christoph (Hg): Handbuch philosophischer Grundbegriffe. Bd 1–3. M: Kös 1973–1974. – Studienausg. Bd 1–6. – *Weitere Angaben s. Liste Lexika.*

** Lenk, Hans: Wozu Philosophie? Eine Einf. in Frage und Antwort. M: Pi 1974. 123 S. (SP 83)

** Mittelstrass, Jürgen (Hg) in Verbindung m. Gereon Wolters: Enzyklopädie Philosophie und Wissenschaftstheorie. Unter ständ. Mitwirkung von .... Bd 1–3. Mh': BIW. – Bd 1. A–G. 1980. 835 S. – Bd 2. H–O. 1984. 1105 S. – Bd 3. P–Z. *Noch nicht ersch.*

Popst, Hans; Schöller, Rainer: Bibliographisches Grundwissen. M: Saur 1983. Ca 200 S. (UTB 1242) – *Verselbständigung des früher letzten Teils von* Hacker, Bibliothekarisches Grundwissen. *S. Liste Wissenschaftskunde.*

Rehfus, Wulff D.: Einführung in das Studium der Philosophie. Hd: Q&M 1981. 227 S. (UTB 1138)

** Ritter, Joachim [ab Bd 4: und Karlfried Gründer] (Hg): Historisches Wörterbuch der Philosophie. Bd 1–. Ba: Schwabe 1971–. – *Weitere Angaben s. Liste Lexika.*

ROMBACH, Heinrich (Hg): Wissenschaftstheorie. M. Beitr. von .... Bd 1; 2. Fb': Herder 1974. (Stf. - Schr'en des Willmann-Inst's München-Wien.) - Bd 1. Probleme u. Positionen der Wth. 184 S. - Bd 2. Struktur u. Methode der Wsch'en. 191 S.

** SEIFFERT, Helmut; RADNITZKY, Gerard (Hg): Handlexikon zur Wissenschaftstheorie. M: Ehrenwirth 1989. 31*, 502 S.

SPECK, Josef (Hg): Grundprobleme der großen Philosophen. Bd 1–. G: V&R 1972–. (UTB) – *Weitere Angaben s. Alphabet. Verzeichnis.*

* SPECK, Josef (Hg): Handbuch wissenschaftstheoretischer Begriffe. In Verbindung m. Karl ACHAM, Rudolf HALLER, Lorenz KRÜGER u. Paul WEINGARTNER hg v. ~. Bd 1–3. G: V&R 1980. (UTB 966–968) – *Weitere Angaben s. Liste Lexika.*

* SCHMIDT, Heinrich (Begründer): Philosophisches Wörterbuch. Neu bearb. v. Georgi SCHISCHKOFF. 21. Aufl. S: Kröner (1912) 1982. VIII, 787 S. (KTA 13) – ^{22}1991.

* STEGMÜLLER, Wolfgang: Hauptströmungen der Gegenwartsphilosophie. Eine krit. Einf. Bd 1–4. S: Kröner 1952 –. (KTA) – *Weitere Angaben s. Alphabet. Verzeichnis.*

* STEGMÜLLER, Wolfgang: Probleme und Resultate der Wissenschaftstheorie und Analytischen Philosophie. Bd 1; 2/1, 2/2, 2/3; 3; 4/1, 4/2. B': Spri 1969–. *Weitere Angaben s. Alphabet. Verzeichnis.*

TOTOK, Wilhelm: Bibliographischer Wegweiser der philos. Literatur. F: Klost 1959. 36 S. – ^{2}1985.

* TOTOK, Wilhelm; WEITZEL, Rolf (Hg): Handbuch der bibliographischen Nachschlagewerke. 6. erw., völl. neu bearb. Aufl. Bd 1; 2. F: Klost (1953) 1984; i. Vorb. – Bd 1. Allgemeinbibliographien und allgemeine Nachschlagewerke. Hg v. Hans-Jürgen und Dagmar Kernchen. 6., erw., völlig neu bearb. Aufl. 1984. XVI, 472 S. – Bd 2. Fachbibliographien und fachgebundene Nachschlagewerke. 1985.

WISSENSCHAFTLICHE Buchgesellschaft: Jahreskatalog. Jährlich neu erscheinend.

** ZEITSCHRIFT für allgemeine Wissenschaftstheorie. Journal for General Philosophy of Science. Wb: St. 20. Bd 1989. 2 mal jährl.

LEXIKA

APEL, Max; LUDZ, Peter: Philosophisches Wörterbuch. 6. Aufl. B': dGr (1930) (1958) 1976. 315 S. (SG 2202)

BRAUN, Edmund; RADERMACHER, Hans (Hg): Wissenschaftstheoretisches Lexikon. Graz': Styria 1978. 713 S. bzw. Sp.

BRUNNER, Otto; CONZE, Werner; KOSELLECK, Reinhart (Hg): Geschichtliche Grundbegriffe. Historisches Lexikon zur politisch-sozialen Sprache in Deutschland. Bd 1–. S: Kl-C 1972–. – Bd 1. A–D. 1972. Nachdr. 1979. XXVII, 948 S. – Bd 2. E–G. 1975. Nachdr. 1979. XII, 1082 S. – Bd 3. H–Me. 1982. XII, 1128 S. – Bd 4. Mi–Pre. 1978. XII, 927 S. – Bd 5. Pro–Soz. 1984. XV, 1032 S. – Bd 6. St–Vert. 1990. XV, 954 S.

CLAUBERG, K. W.; DUBISLAV, Walter: Systematisches Wörterbuch der Philosophie. Lp: Meiner 1923. VII, 565 S.

DIEMER, Alwin; FRENZEL, Ivo (Hg): Philosophie. ([Erstausg.] 1958.) Neuausg. F: FiT 1967 u. ö. 384 S. (FL 11)

* HOFFMEISTER, Johannes (Hg): Wörterbuch der philosophischen Begriffe. 2. Aufl. H: Meiner (1944) 1955. VIII, 687 S. (PhB 225) – Sda. 1988.

KRINGS, Hermann; BAUMGARTNER, Hans Michael; WILD, Christoph (Hg): Handbuch philosophischer Grundbegriffe. Bd 1–3. M: Kös. – Bd 1. A–Ges. 1973. XI, 567 S. – Bd 2. Ges–Rel. 1973. VII S., S. 569–1231. – Bd 3. Rel–Z. 1974. IX S., S. 1233–1874. – Studienausgabe. Bd 1–6. *Text- und seitengleich. Aufteilung jedes Bandes in 2 Bände.*

* MITTELSTRASS, Jürgen (Hg) in Verbindung m. Gereon WOLTERS: Enzyklopädie Philosophie und Wissenschaftstheorie. Unter stänđ. Mitw. von ... – Bd 1–3. Mh': BIW. – Bd 1. A–G. 1980. 835 S. – Bd 2 H–O. 1984. 1105 S. – Bd 3. P–Z. *Noch nicht ersch.*

NEUHÄUSLER, Anton: Grundbegriffe der philosophischen Sprache. 2., verb. Aufl. ... Begriffe viersprachig. M: Ehrenwirth 1967. 274 S. (Grundbegriffe d. Fachsprachen.)

* RITTER, Joachim [ab Bd 4: und Karlfried GRÜNDER] (Hg): Historisches Wörterbuch der Philosophie. Bd 1–. Unter Mitw. von ... Fachgelehrten. In Verbindung mit ... hg v. ~. Völlig neubearb. Ausg. des „Wörterbuchs der philosophischen Begriffe" von Rudolf EISLER. Ba, S: Schwabe. – Bd 1. A–C. 1971. XI S., 1036 Sp., [9 S.] – Bd 2. D–F. 1972 [V S.,] 1152 Sp., [9 S.] – Bd 3. G–H. 1974. [V S.,] 1272 Sp., [9 S.] – Bd 4. I–K. 1976. [V S.,] 1470 Sp., [9 S.] – Bd 5. L–Mn. 1980. VI S., 1448 Sp., [9 S.] – Bd 6. Mo–O. 1984. IX S., 1396 Sp., [11 S.] – Bd 7. P–Q. 1989. [VI S.,] 1842 Sp., [11 S.]

SEIFFERT, Helmut; RADNITZKY, Gerard (Hg): Handlexikon zur Wissenschaftstheorie. M: Ehrenwirth 1989. 31*, 502 S. (1992 in dtv)

SPECK, Josef (Hg): Handbuch wissenschaftstheoretischer Begriffe. In Verbindung m. Karl ACHAM, Rudolf HALLER, Lorenz KRÜGER u. Paul WEINGARTNER hg v. ~. Bd 1–3. G: V&R 1980. (UTB 966–968) – Bd 1. A–F. XXX, 239 S. – Bd 2. G–Q. XX S., S. 243–530. – Bd 3. R–Z. XX S., S. 531–780.

SCHMIDT, Heinrich (Begründer): Philosophisches Wörterbuch. Neu bearb. v. Georgi SCHISCHKOFF. 21. Aufl. S: Kröner (1912) 1982. VIII, 787 S. (KTA 13). – ^{22}1991. XI, 817 S.

* HACKER, Rupert: Bibliothekarisches Grundwissen. Unter Mitarb. v. Hans POPST u. Rainer SCHÖLLER. (Pu bei) M: VD (1972). (UTB 148) – 2. unv. Aufl. Pu (1972) 1973. 368 S. *Vierter Teil:* Wissenschaftskunde. Von Rainer SCHÖLLER. – 3., neubearb. Aufl. M (1972) 1976. 432 S. *Im Dritten Teil neue Abschnitte über* Fachbibliographien. Dafür fällt die Wissenschaftskunde weg. – 4., völl. überarb. Aufl. M: VD=Saur (1972) 1982. 340 S. (UTB 148) – [5]1989. *Enthält nur noch Bibliothekslehre und Buchkunde. Der die Bibliographien behandelnde Teil von* POPST *und* SCHÖLLER *erschien als selbständiges Buch. S. Liste Bibliographien.*

HELBIG, Gerhart: Wissenschaftskunde. Neu bearb. v. Edwin KLINGNER. Ddf: VI „Buchhändler heute". (Das Fachwissen des Buchhändlers) Tl 1; 2. – Tl 1. 5., neubearb. Aufl. 1977. 103 S. – [8]1988.

HOLL, Oskar: Wissenschaftskunde. Bd 1; 2. Pu: VD 1973. (UTB 286; 287) – Bd 1. 183 S. (286) – Bd 2. [VII S.,] S. 185–363. – 2. Aufl. 1976. 178 S. (287)

* SCHUDER, Werner (Hg): Universitas Litterarum. Handbuch der Wissenschaftskunde. Unter Mitarb. zahlr. Fachgelehrter in Verb. mit ... hg v. ~. B: dGr 1955. XX, 819 S.

EINFÜHRUNGEN

ADORNO, Theodor W.: Eingriffe. Neun kritische Modelle. F: Su 1963 u. ö. 173 S. (es 10)

* ADORNO, Theodor W.: Philosophische Terminologie. Zur Einleitung. Bd 1; 2. F: Su (stw 23; 50) – Bd 1. 1973 u. ö. 229 S. (stw 23) – Bd 2. 1974 u. ö. 327 S. (stw 50)

ADORNO, Theodor W.: Stichworte. Kritische Modelle 2. F: Su 1969 u. ö. 193 S. (es 347)

BARION, Jakob: Philosophie. Einf. in ihre Terminologie u. ihre Hauptprobleme. 2. erw. Aufl. Bn: Bouv (1977) 1982. 336 S.

BOLZ, Norbert W. (Hg): Wer hat Angst vor der Philosophie? Eine Einf. in Philos. Pd': Schö 1982. 320 S. (UTB 1145)

DIDEROT, Denis: Enzyklopädie. Philos. u. polit. Texte aus der ‚Encyclopédie'. M. e. Vorw. v. Ralph-Rainer Wuthenow. M: dtv 1969. 396 S. (dtv WR 4026)

* GROSSNER, Claus: Verfall der Philosophie. Politik deutscher Philosophen. H: We 1971. 348 S. (ZB We)

HABERMAS, Jürgen: Philosophisch-politische Profile. 3., erw. Aufl. F: Su (1971) 1981. 479 S. (Auch 1987 als stw 659)

** HARTMANN, Nicolai: Einführung in die Philosophie. Überarb., vom

Verf. genehm. Nachschr. d. Vorlesg. im Sommersemester 1949 in Göttingen. Bearbeitg: Karl Auerbach. 7. Aufl. Osb: Hanckel o. J. 213 S.

* HARTMANN, Nicolai: Der philosophische Gedanke und seine Geschichte. – Zeitlichkeit und Substantialität. – Sinngebung und Sinnerfüllung. – Nachw. v. Ingeborg Heidemann. Aus: N. H., Kleinere Schriften, Bd 1 und 2, B: dGr 1955 und 1957. S: Re 1977. 216 S. (RUB 8538.3)

HARTMANN, Nicolai: Philosophische Gespräche. G: V&R 1954. 80 S. (KVR 3)

* HOCHKEPPEL, Willy (Hg): Die Antworten der Philosophie heute. M. Beitr. v. Wilhelm Essler, Joachim Hölling, Friedrich Kambartel, Peter Krausser, Hans Lenk, Reinhart Maurer, Jürgen Mittelstraß, Werner Schneider. M: Szczesny 1967. 444 S.

JASPERS, Karl: Einführung in die Philosophie. Zwölf Radiovorträge. (1950.) (19. Aufl. [der Erstausg.] Mi: Pi 1953.) Neuausg. 1971. M: Pi (1953) 1971 [u. ö.] 131 S. (SP 13)

JASPERS, Karl: Kleine Schule des philos. Denkens. Vorles'gen gehalten im ... Bayer. Fernsehen. Herbst 1964. (6. Aufl. [der Erstausg.] M: Pi 1965.) Neuausg. 1974. M: Pi (1965) 1974 [u. ö.] 183 S. (SP 54)

JASPERS, Karl: Was ist Philosophie? Ein Lesebuch. Textauswahl u. Zus.stellung v. Hans Saner. (M: Pi 1976). M: dtv 1980 [u. ö.] 415 S. (dtv 1575)

** KAMLAH, Wilhelm; LORENZEN, Paul: Logische Propädeutik. Vorschule des vernünftigen Redens. 2., verbess. u. erw. Aufl. Mh': BIW (1967) 1973. 239 S. (BI Ht 227). – Unv. Nachdr. 1990.

KAUFMANN, Walter: „Revolution in der Philosophie?" In: SALAMUN, Was ist Philosophie?, S. 218–236.

KRAFT, Victor: Einführung in die Philosophie. Philosophie, Weltanschauung, Wissenschaft. 2., erg. Aufl. W': Spr (1950) 1967. VI, 162 S.

* LENK, Hans: Wozu Philosophie? Eine Einführung in Frage und Antwort. M: Pi 1974, 123 S. (SP 83)

MARQUARD, Odo: Abschied vom Prinzipiellen. Philosophische Studien. S: Re 1981. 151 S. (RUB 7724.2)

NOHL, Herman: Einführung in die Philosophie. 4. Aufl. F: SchB (1935) 1948. 112 S. – [8]1977.

REHFUS, Wulff D.: Einführung in das Studium der Philosophie. Hd: Q&M 1981. 227 S. (UTB 1138)

SALAMUN, Kurt (Hg u. Einl.): Was ist Philosophie? Neuere Texte zu ihrem Selbstverständnis. T: Mohr 1980. X, 283 S. (UTB 1000) – 2., erw. Aufl. 1986. 374 S.

* SCHICKEL, Joachim (Hg): Grenzenbeschreibung. Gespräche mit Philo-

sophen. Unter Mitw. v. . . . Aus einer Sendereihe des NDR. H: Meiner 1980. VII, 271 S.

* STEGMÜLLER, Wolfgang: Hauptströmungen der Gegenwartsphilosophie. Eine krit. Einf. Bd 1–4. S: Kröner 1952 –. (KTA) – *Weitere Angaben s. Alphabet. Verzeichnis.*

STRÖKER, Elisabeth: Einführung in die Wissenschaftstheorie. 2., um e. Nachw. erw. Aufl. Dst: WB (1973) 1977. 145 S. (Ph) – ³1987.

* WINDELBAND, Wilhelm: Präludien. Aufsätze und Reden zur Philosophie und ihrer Geschichte. 9., photo-mechanisch gedr. Aufl. Bd 1; 2. T: Mohr (1883) 1902, 1907, 1911, 1914) 1924. – Bd 1. XI, 299 S. – Bd 2. IV, 345 S. Hierin vor allem: „Was ist Philosophie? Über Begriff und Geschichte der Philosophie." (1882) Bd 1. S. 1–54. – „Über die gegenwärtige Lage und Aufgabe der Philosophie." (1907) Bd 2. S. 1–23.

WUCHTERL, Kurt: Methoden der Gegenwartsphilosophie. Be': Haupt 1977. 350 S. (UTB 646) – ²1987.

HANDBÜCHER

DIEMER, Alwin: Elementarkurs Philosophie. [Bd 1–.] Ddf: Econ 1976–. – [Bd 1.] Dialektik. 1976. 224 S. – [Bd 2.] Hermeneutik. 1977. 294 S. – [Bd 3.] Philosophische Anthropologie. 1978. 300 S.

ESSLER, Wilhelm Karl: Wissenschaftstheorie. Bd 1–4. Fb': Alber. (KPh) – Bd 1. Definition und Reduktion. 2., neu bearb. u. erw. Aufl. (1970) 1982. 190 S. – Bd 2. Theorie und Erfahrung. 1971. 166 S. – Bd 3. Wahrscheinlichkeit und Induktion. 1973. 175 S. – Bd 4. Erklärung und Kausalität. 1979. 259 S.

* GELDSETZER, Lutz: Allgemeine Bücher- und Institutionenkunde für das Philosophiestudium. Wissenschaftliche Institutionen. Bibliograph. Hilfsmittel. Gattungen philos. Publikationen. Fb': Alber 1971. 210 S. (KPh)

* HARTMANN, Nicolai: Einführung in die Philosophie. Überarb., vom Verf. genehm. Nachschr. d. Vorlesg. im Sommersem. 1949 in Göttingen. Bearbeitg: Karl Auerbach. 7. Aufl. Osb: Hanckel o. J. 213 S.

* ROMBACH, Heinrich (Hg): Wissenschaftstheorie. M. Beitr. von . . . . Bd 1; 2. Fb': Herder 1974. (Stf.-Schr'en des Willmann-Inst's München-Wien.) – Bd 1. Probleme u. Positionen der Wth. 184 S. – Bd 2. Struktur u. Methode der Wsch'en. 191 S.

STEGMÜLLER, Wolfgang: Probleme und Resultate der Wissenschaftstheorie und Analytischen Philosophie. Bd 1; 2/1, 2/2, 2/3; 3; 4/1, 4/2. B': Spri 1969–. *Weitere Angaben s. Alphabet. Verzeichnis.*

WEINGARTNER, Paul: Wissenschaftstheorie. Bd 1; 2/1, 2/2; 3. S: FH 1971–. (pra) – Bd 1. Einführung in die Hauptprobleme. 2., verb.

Aufl. (1971) 1978. 267 S. (pra 3) – Bd 2. Grundlagenprobleme der Logik und Mathematik. (pra 4) – Bd 2/1. 1976. 358 S. (pra 4.1) – Bd 2/2. (pra 4.2) – Bd 3. Deskriptive und normative Erfahrungswissenschaften. (pra 5)

Alphabetisches Literaturverzeichnis

ABEL, Bodo: Grundlagen der Erklärung menschlichen Handelns. Zur Kontroverse zwischen Konstruktivisten u. krit. Rationalisten. M. e. Vorw. v. Hans Albert. T: Mohr 1983. XII, 212 S. (EG 34)

* ACHAM, Karl: Analytische Geschichtsphilosophie. Eine krit. Einf. Fb': Alber 1974. 390 S. (BPh)

* ACHAM, Karl (Hg): Methodologische Probleme der Sozialwissenschaften. Dst: WB 1978. VII, 520 S. (WdF 435)

ACHAM, Karl: Philosophie der Sozialwissenschaften. Fb': Alber 1983. 409 S. (HdPh 3)

ACKOFF, Russel; EMERY, Fred: Zielbewußte Systeme. Anwendung der Systemforschung auf gesellschaftliche Vorgänge. (A d Am) F: Cps 1975. 312 S.

ADORNO, Theodor W.: Gesellschaftstheorie und Kulturkritik. F: Su 1975 u. ö. 178 S. (es 772)

* ADORNO, Theodor W. u. a.: Der Positivismusstreit s. POSITIVISMUSSTREIT.

AGAZZI, Evandro (Hg): Modern Logic. A Survey. Ddr: Rei 1980. 496 S.

ALBERT, Hans: Kritik der reinen Erkenntnislehre. Das Erkenntnisproblem in realistischer Perspektive. T: Mohr 1987. IX, 183 S. (EG 53)

* ALBERT, Hans: Kritische Vernunft und menschliche Praxis. M. e. autobiogr. Einl. S: Re 1977. 214 S. (RUB 9874.2)

** ALBERT, Hans (Hg): Theorie und Realität. Ausgew. Aufs. z. Wissensch.slehre d. Soz.wiss.en M. Beitr. v. . . . . 2., veränd. Aufl. T: Mohr (1964) 1972. XII, 431 S. (EG 2)

Beiträge z. T. ausgetauscht. Daher s. auch die Erstausgabe:

** ALBERT, Hans (Hg): Theorie und Realität. Ausgew. Aufs. z. Wissensch.slehre der Soz.wiss.en. . . . T: Mohr 1964. XI, 366 S. (EG 2)

* ALBERT, Hans: Traktat über kritische Vernunft. 4., verb. Aufl. T: Mohr (1968, 1975) 1980. XVI, 225 S. (EG 9)

ALBERT, Hans: Traktat über rationale Praxis. T: Mohr 1978. XI, 193 S. (EG 22)

* ALBERT, Hans; STAPF, Kurt H. (Hg): Theorie und Erfahrung. Beitr. zur Grundlagenproblematik der Sozialwissenschaften. . . . Interdisz. Symposium. . . . S: Kl-C 1979. 382 S.

* ALBERT, Hans; TOPITSCH, Ernst (Hg): Werturteilsstreit. 2., um e. Bibl. erw. Aufl. Dst: WB (1971) 1979. XI, 568 S. (WdF 175) – ³1990.

** v. ALEMANN, Heine: Der Forschungsprozeß. E. Einf. i. d. Praxis d. emp. Soz.forschg. 2. Aufl. S: Teub (1977) 1984. ca. 360 S. (SSS 30)

ALTHUSSER, Louis: Für Marx. (A d Fz) F: Su 1968. 217 S. (Th 2) (Auch 1974 u. ö. als es 737)

* ANALYTISCHE Handlungstheorie. F: Su 1977 (Th) Bd 1; 2. – Bd 1. Handlungsbeschreibungen. Hg. v. Georg MEGGLE. XXVIII, 428 S. – Bd 2. Handlungserklärungen. Hg. v. Ansgar BECKERMANN. 446 S. – S. auch BECKERMANN; MEGGLE. (Auch 1984 als stw 488; 489)

** ANDEREGG, Johannes (Hg): Wissenschaft und Wirklichkeit. Z. Lage u. z. Aufg. d. Wissensch.en M. Beitr. v. . . . . G: V&R 1977. 187 S. (KVR 1435)

APEL, Karl-Otto: Diskurs und Verantwortung. Das Problem des Übergangs zur postkonventionellen Moral. F: Su 1988. 488 S. Auch 1990 als stw 893)

* APEL, Karl-Otto: „Die Entfaltung der ‚sprachanalytischen' Philosophie und das Problem der ‚Geisteswissenschaften'." In: PhJb 72 II (1965). S. 239–289.

Englisch unter dem Titel:

* APEL, Karl-Otto: Analytic Philosophy of Language and the Geisteswissenschaften. Ddr: Rei 1967. IX, 63 S. (FoL SS 4)

APEL/BÖHLER u. a.: Funkkolleg s. FUNKKOLLEG.

APEL, Karl-Otto: Art. „Hermeneutik". In: BrR, Sp. 228–236.

APEL, Karl-Otto: Transformation der Philosophie. Neuausg. Bd 1; 2. F: Su (1973) 1976. (stw 164; 165) – Bd 1. Sprachanalytik, Semiotik, Hermeneutik. 379 S. – Bd 2. Das Apriori der Kommunikationsgemeinschaft. 447 S.

* APEL, Karl-Otto: „Das Verstehen (eine Problemgeschichte als Begriffsgeschichte)." In: AfB 1. Bn: Bouv 1955. S. 142–199.

APPELT, Heinrich: Privilegium minus. Das stauf. Kaisertum u. d. Babenberger in Österreich. 2., durchges. Aufl. W': Böhlau 1976. 104 S. (BQ)

ARENDT, Hannah: Vita activa oder Vom tätigen Leben. 3. Aufl. (S: Ko 1960.) M: Pi 1981. 375 S. (SP 217) – ⁵1989.

ARENS, Hans: Sprachwissenschaft. Der Gang ihrer Entwicklung v. d. Antike bis z. Gegenw. Ungek. Lizenzausg. der um d. letzt. 30 Jahre der ling. Forschg. fortgef. 2. Aufl. (Fb': Alber [1955] 1969.) Bd 1; 2. F: AFT (1974). (FATS 2077; 2078) – Bd 1. V. d. Antike bis z. Ausg. d. 19. Jhs. XIV, 399 S. – Bd 2. Das 20. Jh. X S., S. 401–816.

ARGUMENTATIONEN s. DELIUS/PATZIG.

* ARISTOTELES: Die Nikomachische Ethik. Übs. u. hg v. Olof GIGON. (2., überarb. Aufl. Z: Art [1951] 1967.) M: dtv 1972 u. ö. 376 S. (dtv B 6011)

ARNOLD, Franz; HARTMANN, Max: Geisteswissenschaft und Naturwissenschaft. T: Mohr 1955. 45 S. (TUR 4)

ASHBY, W. Ross: Einführung in die Kybernetik. (A d En) Wiss. Bearb. v. W. L. Bauer u. a. F: Su 1974. 416 S. (stw 34)

ATTESLANDER, Peter: Methoden der empirischen Sozialforschung. Unt. Mitarb. v. . . . . 4., erw. Aufl. B: dGr (1969) 1975. 320 S. (SG 2100) – [5]1985.

AUBIN, Hermann; ZORN, Wolfgang (Hg): Handbuch der deutschen Wirtschafts- und Sozialgeschichte. Bd 1; 2, S: Kl-C. – Bd 1. Von der Frühzeit bis zum Ende des 18. Jhs. Nachdruck. (1971) 1978. XIV, 714 S. – Bd 2. Das 19. und 20. Jh. 1976. XIV, 998 S.

* AUSTIN, John Langshaw: Zur Theorie der Sprechakte. (How to do Things with Words.) (A d En) (1962, 1975.) Dte Bearb. v. Eike v. SAVIGNY. 2. Aufl. S: Re (1972) 1979. 219 S. (RUB 9396.3)

BACHMANN, Heinz: Der Weg der mathematischen Grundlagenforschung. Be: Lang 1983. 240 S.

* BAETHGE, Martin; ESSBACH, Wolfgang (Hg): Soziologie: Entdeckungen im Alltäglichen. Hans Paul BAHRDT gewidmet. M. Beitr. v. . . . . F: Cps 1983. 450 S.

* BAHRDT, Hans Paul: „Zur Frage des Menschenbildes in der Soziologie." In: Archives Européennes de Sociologie 2 (1961) 1. S. 1–17.

BAHRDT, Hans Paul: Die moderne Großstadt. Soziolog. Überlegungen z. Städtebau. Rb: Ro 1961. 150 S. (rde 127)

** BAHRDT, Hans Paul: Schlüsselbegriffe der Soziologie. Eine Einf. mit Lehrbeispielen. 3. Aufl. M: Beck (1984) 1987. 200 S. (BE)

** BAHRDT, Hans Paul: Wege zur Soziologie. 7. erneu. Aufl., m. e. neu. Kap. ‚Wege in d. soziol. Theorie' v. Dirk KÄSLER. M: Ny (1966) 1973. [V,] 314 S. (sd 10)

* BAHRDT, Hans Paul: Wissenschaftssoziologie. – ad hoc Beitr. z. Wissensch.soziol. u. Wissensch.spolitik aus den letzten zehn Jahren. (Ddf: BUV.) Op: WV 1971. 282 S. (WWW 25)

BAHRDT, Hans Paul: „Die wohnliche Stadt." In: Die Kunst zu Hause zu sein. Elf Beitr. . . . M: Pi 1965. (PP) S. 9–24.

** BAHRO, Rudolf: Die Alternative. Zur Kritik des real existierenden Sozialismus. Ungek. Stud.ausg. K, F: EVA (1977) 1979, 543 S. – K: Bund Vl [2]1990.

BAIER, Kurt: Der Standpunkt der Moral. E. rat. Grundlegg. d. Eth. (A d En) (1958) Ddf: Pat 1973. 303 S. (Pat Ppb)

BALDUS, Richard: Formalismus und Intuitionismus in der Mathematik. Klrh: Braun 1924. 45 S. (Wissen u. Wirken)

BALZER, Wolfgang: Empirische Theorien. Modelle, Strukturen, Beispiele. Die Grundzüge der neueren Wth. Br, Wb: Vi 1982. VIII, 326 S. (WWP 20)

* BARION, Jakob: Ideologie, Wissenschaft, Philos. Bn: Bouv 1966. VIII, 245 S.

* BARION, Jakob: Was ist Ideologie? Studie zu Begriff u. Problematik. 3. erw. Aufl. Bn: Bouv (1964) 1974. 164 S.

BARTLEY, William Warren III: Flucht ins Engagement (A d En) (1962) (M: Szczesny 1964) 2. verbess. Aufl. T: Mohr 1987. XXX, 307 S. (EG 48)

BARTSCH, Renate; VENNEMANN, Theo: Grundzüge der Sprachtheorie. Eine ling. Einf. T: Niem 1982. VIII, 204 S. (K SL 32)

BASIS GWS s. HISTORIE zwischen Ideologie und Wissenschaft.

BAUER, Gerhard: ‚Geschichtlichkeit'. Wege u. Irrwege e. Begriffs. B: dGr 1963. XI, 208 S. (KldGrB 3)

BAUMGARTNER, Hans Michael; RÜSEN, Jörn (Hg): Seminar: Geschichte und Theorie. Umrisse e. Historik. F: Su 1976 u. ö. 403 S. (stw 98)

BAYERTZ, Kurt: Wissenschaftstheorie und Paradigma-Begriff. S: Me 1981. VI, 120 S. (SM 202)

BECKER, Friedrich: Einführung in die Astronomie. Meth.en u. Ergebnisse. 5. Aufl. Mh: BI 1966. 149 S. (BI Ht 8)

BECKER, Oskar: Größe und Grenze der mathematischen Denkweise. Fb': Alber 1959. [VIII,] 174 S. (StU)

* BECKER, Oskar: Die Grundlagen der Mathematik in geschichtlicher Entwicklung. (Fb': Alber 1964.) F: Su 1975. IX, 428 S. (stw 114)

BECKER, Oskar: „Zur Logik der Modalitäten." In: Jb f. Ph u. phän. Forschg. 1930.

BECKER, Oskar: Unters'en über d. Modalkalkül. Msh: Hain 1952.

BECKER, Werner: Idealistische und materialistische Dialektik. 2. Aufl. S': (1970) 1972.

BECKER, Werner: Kritik der Marxschen Wertlehre. D. meth. Irrationalität d. ökon. Basistheorien d. ‚Kapitals'. H: H&C 1972. 157 S. (KW)

BECKER, Werner; ESSLER, Wilhelm K. (Hg): Konzepte der Dialektik. F: Klost 1981. [VI,] 247 S.

* BECKERMANN, Ansgar (Hg): Analytische Handlungstheorie. Bd 2. Handlungserklärungen. F: Su 1977. 446 S. (Th) [Bd 1: s. MEGGLE]

* BEHNKE, Heinrich; REMMERT, Reinhold; STEINER, Hans-Georg; TIETZ, Horst: Mathematik 1 s. MATHEMATIK 1.

BEITRÄGE zur Historik [Reihe bei dtv] [Reihen-Untertitel]: s. KOCKA/NIPPERDEY; KOSELLECK/LUTZ/RÜSEN; KOSELLECK/MOMMSEN/RÜSEN; MEIER/FABER. [Reihen-Haupttitel:] THEORIE der Geschichte.

BENSE, Max: Semiotik. Allg. Theorie d. Zeichen. BB: Agis 1967. 79 S. (IRKI 4)

BENSE, Max: Das Universum der Zeichen. Essays über die Expansion der Semiotik. BB: Agis 1984. 216 S. (Ky Inf 14)

BERDING, Helmut: Bibl. zur Geschichtstheorie. G: V&R 1977. 331 S. (AMG 4)

Bergmann, Joachim E.: Die Theorie des sozialen Systems von Talcott Parsons. E. krit. Anal. F: EVA 1967. 253 S. (FBS 20)

Berk, Ulrich: Konstruktive Argumentationstheorie. S: FH 1979. 248 S. (pra 72)

* Bernays, Paul: Abh.en zur Philosophie der Mathematik. Dst: WB 1976. X, 213 S.

** Bernheim, Ernst: Lehrbuch der Historischen Methode und der Geschichtsphilosophie. M. Nachweis d. wichtigst. Quellen u. Hilfsmittel z. Studium d. Geschichte. Unv. Abdruck d. 5. u. 6. Aufl. M, Lp: D&H (1889) 1914. X, 842 S.

Bernstein, Eduard: Texte zum Revisionismus. Ausgew., eingel. u. komm. v. Horst Heimann. Bn: NG 1977. VIII, 195 S. (ThPDS) – [2]1990.

** v. Bertalanffy, Ludwig: „Vorläufer und Begründer der Systemtheorie." In: Systemtheorie. B: Coll 1972. (FI 12). S. 17–28.

Besson, Waldemar (Hg): Geschichte. M. e. Einl. v. Hans Rothfels. F: FiB (1961) 1969. 383 S. (FL 24)

Best, Heinrich; Mann, Reinhard (Hg): Quantitative Methoden in der historisch-sozialwissensch. Forschung. S: Kl-C 1977. 254 S. (HSF 3)

Beyer, Ulrich-Johannes: Methode als Handeln. Die Grenzen der Überprüfbarkeit wissenschaftlicher Aussagen. F: Cps 1980. 534 S. (CF 151)

** Bierwisch, Manfred: „Strukturalismus. Geschichte, Probleme und Methoden." In: Kursbuch 5. F: Su 1966. S. 77–152. – Jetzt auch in: Jens Ihwe (Hg): Lit.wiss. u. Ling. I. F: Ath 1971. S. 17–90. (Verbess. Abdr.)

Birnbacher, Dieter (Hg): Ökologie und Ethik. S: Re 1980. 252 S. (RUB 9983.3)

** Birnbacher, Dieter; Hoerster, Norbert (Hg): Texte zur Ethik. 3. Aufl. M: dtv (1976) 1980. 346 S. (dtv Bi LPW) (dtv 6012)

* Bloch, Marc: Apologie der Geschichte oder Der Beruf des Historikers. (A d Fz) (1949) (Einl. v. Friedrich J. Lucas.) S: Kl 1974. 192 S. (AuA 9) – [2]1980.

Bloomfield, Leonard: Language. (1933 u. ö.) Rev. Ed. 1950 u. ö.

** Blühdorn, Jürgen (Hg): Das Gewissen in der Diskussion. Dst: WB 1976. VI, 523 S. (WdF 37)

* Bocheński, Innocenty Marie: Die zeitgenössischen Denkmethoden. 8. Aufl. (Be,) M: Francke (1954) 1980. 150 S. (UTB 6) – [9]1986.

** Boeckh, August: Enzyklopädie und Methodenlehre der philologischen Wissenschaften. Hg v. Ernst Bratuscheck. Erster Hauptteil. Formale Theorie der philolog. Wissensch. Unv. reprogr. Nachdr. d. 2., v. Rudolf Klussmann besorgten Aufl. Lp 1886. Dst: WB 1966. VII, 262 S.

Böhler, Dietrich, s. Funkkolleg Praktische Philosophie/Ethik.

Böhme, Gernot; van den Daele, Wolfgang; Krohn, Wolfgang: „Die Finalisierung der Wissenschaft.“ In: ZfSoz 2/2 (1973). – Auch in: Diederich, Werner (Hg): Theorien der Wg, F: Su 1974 (Th. Th-Disk), S. 276–311.

Bollack, Mayotte, Wismann, Heinz (Hg): Philologie und Hermeneutik im 19. Jh. 2. [Fz:] Philologie et hermeneutique au 19ième siècle. M. Beitr. v. ... G: V&R 1983. 529 S. (Aus d. Förderbereich ‚Grundlagen d. geistesw. Forschung‘ der FTS) Vgl. Flashar/Gründer/Horstmann.

Bollnow, Otto Friedrich: Dilthey. E. Einf. in s. Philos. (1. Aufl. Lp: Teub 1936.) 2. Aufl. S: Ko 1955. 224 S. Neuausg. 1980. 228 S.

* Bollnow, Otto Friedrich: Einfache Sittlichkeit. Kleine philos. Aufs. 2. Aufl. G: V&R (1947) 1957.

* Bollnow, Otto Friedrich: Die Lebensphilosophie B': Spri 1958. VI, 154 S. (VeWi 70)

** Bollnow, Otto Friedrich: Mensch und Raum. 4. Aufl. S': Ko (1963) 1980. 310 S. (SyP 1. Ph) – [6] 1989.

* Bollnow, Otto Friedrich: Die Methode der Geisteswissenschaften ... Mz: Gutenberg-Buchh 1950. 47 S. (Mainzer Univ. Reden 16/17)

Bollnow, Otto Friedrich: Philosophie der Erkenntnis. [Tl 1:] Das Vorverständnis u. d. Erfahrg. d. Neuen. 2. Aufl. S': Ko (1970) 1981. 160 S. (U 126)

Bollnow, Otto Friedrich: Philosophie der Erkenntnis. Tl 2: Das Doppelgesicht der Wahrheit. S': Ko 1975. 175 S. (U 184)

Bollnow, Otto Friedrich: Studien zur Hermeneutik. Bd 1; 2. Fb': Alber. (BPh) – Bd 1. Zur Philos. der Geisteswissensch.en 1982. 344 S. – Bd 2. Zur hermen. Logik v. Georg Misch u. Hans Lipps. 1983. 296 S.

* Bollnow, Otto Friedrich: Das Verstehen. Drei Aufs. z. Theor. der Geisteswiss.en. Mz: Kirchheim 1949. 112 S.

Bollnow, Otto Friedrich: Das Wesen der Stimmungen (3. dchges. u. erw. Aufl. 1956.) 6. Aufl. F: Klost (1941) (1956) 1980. 268 S. – [7]1988.

Bollnow, Otto Friedrich: Wesen und Wandel der Tugenden. Orig.-ausg. F: UlT (1958) 1960. 204 S. (UlB 209) (UM 35 130)

Bolte, Gerhard (Hg): Unkritische Theorie. Gegen Habermas. ... Lüneburg: zu Klampen 1989. 144 S.

* Boockmann, Hartmut: Einführung in die Geschichte des Mittelalters. 2. verb. Aufl. M: Beck (1978) 1981, 164 S. (BE) – [4]1988.

van den Boom, Holger: Philosophey. Eine Einf. T: Narr 1980. 106 S.

* Borowski, Peter; Vogel, Barbara; Wunder, Heide: Einführung in die Geschichtswissenschaft. Op: WV (1975) 1980. (Stber MoGE 1; 2). – Tl 1. Grundprobleme, Arbeitsorganisation, Hilfsmittel. 4. verb.

Aufl. (1975) 1980. 212 S. – Tl 2. Materialien zu Theorie und Methode. 2. Aufl. (1975) 1980. 146 S. – [5]1989.

Bosl, Karl: Die Gesellschaft in der Geschichte des Mittelalters. 3., erw. Aufl. G: V&R (1966) 1975. 118 S (KVR 1231) – [4]1987.

Bosl, Karl: Staat, Gesellschaft, Wirtschaft im deutschen Mittelalter. (S: Kl 1970.) M: dtv 1973 u. ö. 260 S. (Gebhardt, Hb der dten Gesch. 9., neu bearb. Aufl. hg v. Herbert Grundmann. Bd. 1. Tl 7.) (Tb-Ausg. Bd 7.) (dtv W 4207)

Bosl, Karl; Weis, Eberhard: Die Gesellschaft in Deutschland I. Von der fränk. Zeit bis 1848. M: Lurz 1976. 304 S. (StuG 2)

** v. Brandt, Ahasver: Werkzeug des Historikers. E. Einf. in d. Histor. Hilfswissensch.en 9., erg. Aufl. S': Ko 1980. 208 S. 8 Tafeln. (U 80.33) – [12]1989.

* Brecht, Arnold: Politische Theorie. D. Grundlagen polit. Denkens im 20. Jh. Stellenw. rev. u. erg. dte Ausg. ... 2. dchges. Aufl. (A d Am) T: Mohr (1961) 1976. XXV, 727 S.

Brouwer, Luitzen Egbertus Jan: Over de Grondslagen der Wiskunde. Academisch Proefschrift .... A, Lp: Maas & van Suchtelen 1907. 183, 8 S.

Brunner, Karl: Einführung in den Umgang mit Geschichte. W: Literas U's-Vl 1985. 268 S.

* Brunner, Otto: Sozialgeschichte Europas im Mittelalter. G: V&R 1978. 103 S. (KVR 1442)

Bubner, Rüdiger: Geschichtsprozesse und Handlungsnormen. Untersuchgen z. prakt. Philos. F: Su 1984. 303 S. (stw 463)

Bubner, Rüdiger: Handlung, Sprache und Vernunft. Grundbegriffe prakt.er Philos. Neuausg. m. e. Anhang. F: Su (1976 1982. 319 S. (stw 382)

Bubner, Rüdiger: Zur Sache der Dialektik. S: Re 1980. (RUB 9974.2)

** Bubner, Rüdiger; Cramer, Konrad; Wiehl, Reiner (Hg): Neue Hefte für Philosophie. G: V&R 1971 –. (= NHP) *In unregelmäßigem Abstand erscheinende Veröffentlichungsfolge zwischen Zeitschrift und Reihe. Für die Wissenschaftstheorie sind vor allem folgende Hefte wichtig:*

Handlungstheorie. 1976. 160 S. (9)

Kants Ethik heute. 1983. 120 S. (22)

Recht und Moral. 1979. 125 S. (17)

Tendenzen der Wissenschaftstheorie. 1974. 168 S. (6/7)

* Bubner, Rüdiger; Cramer, Konrad; Wiehl, Reiner (Hg): Hermeneutik und Dialektik. Aufsätze. (Hans-Georg Gadamer zum 70. Geburtstag.) T: Mohr 1970. Bd 1; 2. – Bd 1. Methode und Wissenschaft. Lebenswelt und Geschichte. X, 356 S. – Bd 2. Sprache und Logik. Theorie der Auslegung und Probleme der Einzelwissensch.en. VIII, 380 S.

Bucher, Theodor G.: Einführung in die angewandte Logik. B': dGr 1987. 400 S. (SG 2231) *Lehrbuch für Geisteswiss'ler ohne Vorkenntnisse in Logik.*

Buchstabe und Geist. Zur Überlieferung und Edition philos. Texte. Im Auftrag der Arbeitsgem. philos. Editionen der Allg. Ges. f. Ph in Dtld hg v. Walter Jaeschke ... [u. drei a. Hg.] H: Meiner 1986. 256 S.

Bühl, Walter Ludwig (Hg): Verstehende Soziologie. Grundzüge u. Entwicklgstendenzen. M: Ny 1972. 320 S. (ntw 9)

* Bühler, Karl: Sprachtheorie. Die Darstellungsfunktion der Sprache. 2., unv. Aufl. M. e. Geleitw. v. Friedrich Kainz. ... S: GFi (1934) (1965) 1982. XXXIV, 434 S. (UTB 1159)

* Bünting, Karl-Dieter: Einführung in die Linguistik. Durchges. u. erg. Ausg. F: AFT (1970) 1972 u. ö. 216 S. (FATS 2011)

Büssem, Eberhard; Neher, Michael (Hg): Arbeitsbuch Geschichte. Mittelalter (3. bis 16. Jh). Repetitorium. Bearb. v. Karl Brunner. 7. Aufl. M: VD 1983. 329 S. (UTB 411) – [9]1990.

Bultmann, Rudolf: Geschichte und Eschatologie. (Aus der engl. Originalfassung.) (1957.) 3. fotomech. Aufl. T: Mohr (1958) 1979. VIII, 188 S.

* Burckhardt, Jacob: Über das Studium der Geschichte. D. Text der ‚Weltgesch. Betrachtgen' auf Grund der Vorarbeiten v. Ernst Ziegler nach d. Hss hg v. Peter Ganz. M: Beck 1982. 582 S.

* Burckhardt, Jacob: Weltgeschichtliche Betrachtungen. T: Reichl 1949. 347 S. (Leuchter-Ausg. Hg u. eingel. v. Rudolf Stadelmann.) *Hiernach zitiert. – Neuere Ausgabe:*

* Burckhardt, Jacob: Weltgeschichtliche Betrachtungen. Erläut. Ausg. Hg v. Rudolf Marx. S: Kröner 1978. 496 S. (KTA 55)

Canaris, Claus-Wilhelm: Systemdenken und Systembegriff in der Jurisprudenz. Entwickelt am Beispiel des dten Privatrechts. B: D&H 1983. 169 S. (SzR 14)

* Cantor, Georg: Gesammelte Abhandlungen mathematischen und philosophischen Inhalts. M. erl. Anm. sowie m. Erg. aus d. Briefw. Cantor-Dedekind hg v. Ernst Zermelo. Nebst e. Lebenslauf Cantors v. Adolf Fraenkel. ... (B: Spri 1932.) – Reprogr. Nachdr. Hi: Olms 1962. VII, 486 S. – Reprint. B: Spri 1980. VII, 489 S.

* Carnap, Rudolf: „Beobachtungssprache und theoretische Sprache." In: Logica, Studia Paul Bernays dedicata. Neuchâtel: Griffon 1959. (BSc 34) S. 32–44.

* Carnap, Rudolf: Der logische Aufbau der Welt. [Erstausg.:] B: Spri 1928. [Gemeinsam mit der gleichfalls 1928 erschienenen Schrift:] Der logische Aufbau der Welt. – Scheinprobleme in der Philosophie. – M. e. Vorw. v. R. C. H 1961. B: Spri 1979. (Auch als: UM 35007)

* CARNAP, Rudolf: Scheinprobleme in der Philosophie. Das Fremdpsychische u. d. Realismusstreit. Nachw. von Günther Patzig. F: Su 1966 u. ö. 143 S. (Th 1)

CARNAP, Rudolf; STEGMÜLLER, Wolfgang: Induktive Logik und Wahrscheinlichkeit. W: Spri 1959. VIII, 261 S.

CARR, Edward Hallett: Was ist Geschichte? (A d En) (1961) 6. Aufl. S': Ko (1963) 1981. 168 S. (U 67)

* CHOMSKY, Noam: Aspekte der Syntax-Theorie. (A d Am) (1965) F: Su 1969 u. ö. 315 S. (Th 2) (Auch 1973 u. ö. als stw 42)

CHOMSKY, Noam: Strukturen der Syntax. (A d Am) (1957) DH, P: Mouton 1973. 136 S. (JL SM 182)

* CHURCHMAN, C. West: Philosophie des Managements. Ethik v. Gesamtsystemen und gesellschaftliche Planung. 2., unv. Aufl. (A d Am) (1968) (Fb: Romb 1973.) Be: Haupt 1980. 251 S. (SR NF 19) (BzWP 31)

CHURCHMAN, C. West: Systemanalyse. (The Systems Approach.) (A d En) Gek. Tb-Ausg. M: MI 1974. 158 S. (MI Tber 308)

COLLINGWOOD, Robin George: Philosophie der Geschichte. (A d En) S: Ko 1955. 349 S.

* COSERIU, Eugenio: Sprache. Strukturen und Funktionen. 12. Aufs. zur allg. u. roman. Sprachwiss. ... 2., verb. Aufl. T: o. VI (1970) 1971. 234 S. (TBL 2) – [3]1979.

* COSERIU, Eugenio: Sprachkompetenz. Grundzüge der Theorie des Sprechens. Bearb. u. hg v. Heinrich Weber. T: Francke 1988. 313 S. (UTB 1481)

* COSERIU, Eugenio: Sprachtheorie und allg. Sprachwissenschaft. 5 Studien. (A d Sp) (1962, 1967) M: Fink 1975. 294 S. (IBaL 2)

* COSERIU, Eugenio: Synchronie, Diachronie und Geschichte. D. Problem des Sprachwandels. ... (A d Sp) (1958) M: Fink 1974. 250 S. (IBaL 3)

CRAEMER-RUEGENBERG, Ingrid: Moralsprache und Moralität. Zu Thesen der Sprachanal. Ethik. Diskuss., Kritik, Gegenmodell. Fb': Alber 1975. 198 S. (PrPh 1)

CRAMER, Wolfgang: Grundlegung einer Theorie des Geistes. 3. Aufl. F: Klost (1957) 1975. 108 S. (PhA 14)

v. CUBE, Felix: Was ist Kybernetik? Grundbegriffe, Methoden, Anwendungen. Bre: Schü 1967. 290 S.

CZAYKA, Lothar: Systemwissenschaft. E. krit. Darstellg. m. Illustr.sbeisp. aus den Wirtsch.swissensch.en. M: VD 1975. 110 S. (UTB 185)

DAHRENDORF, Ralf: Gesellschaft und Freiheit. Zur soziolog. Anal. der Gegenw. M: Pi 1961 u. ö. 455 S. (Veröfflg. d. Akad. f. Wtsch. u. Pol. Hbg) (SaP)

* DAHRENDORF, Ralf: Pfade aus Utopia. Arbeiten z. Theorie u. Me-

thode der Soziol. Ges. Abh. I. M: Pi (1967) 1974. 404 S. (SP 101)

DANTO, Arthur C.: Analytische Handlungsphilos. (A d En) (1973) Kst: Scr 1979. XV, 354 S. (MWG 11)

DANTO, Arthur C.: Analytische Philos. der Geschichte. (A d En) (1965) F: Su (1974) 1980. 503 S. (Th) (stw 328)

DAVIDSON, Donald: Handlung und Ereignis. (A d En) (1980) F: Su 1985. 421 S. (Auch 1990 als stw 895)

D'AVIS, Winfried: Neue Einheit der Wissenschaften. Methodologische Konvergenzen zwischen Natur- und Sozialwissenschaften. F: Cps 1984. 222 S.

* DEDEKIND, Richard: Was sind und was sollen die Zahlen? 10. Aufl. – Stetigkeit und Irrationale Zahlen. 7. Aufl. – Br: Vi (1987; 1872) 1965. 2. unv. Nachdr. 1969. [IV;] XI, 47; 22 S. (StA)

DELIUS, Harald: Untersuchungen zur Problematik der sogenannten synthetischen Sätze apriori. G: V&R 1963. 338 S.

DELIUS, Harald; PATZIG, Günther (Hg): Argumentationen. Fs f. Josef König. G: V&R 1964. 277 S.

* DIEDERICH, Werner (Einl. u. Hg): Theorien der Wissenschaftsgeschichte. Beiträge zur diachronen Wissenschaftstheorie. F: Su 1974 u. ö. 311 S. (Th. Th-Disk)

DIEHLE, Albrecht: Die Goldene Regel. Eine Einführung in die Geschichte der antiken und frühchristlichen Vulgärethik. G: V&R 1962. 135 S. (Sthe z. Altertumswsch 7)

** DIEMER, Alwin (Hg): Die Struktur wissenschaftlicher Revolutionen und die Geschichte der Wissenschaften. Symposion ... 1975 in Münster. Msh: Hain 1977. [V,] 119 S. (SW 10)

** DIEMER, Alwin (Hg): System und Klassifikation in Wissenschaft und Dokumentation. Vortr. u. Disk. ... 1967 in Düsseldorf. Msh.: Hain 1968. [IX,] 183 S. (SW 2)

DIEMER, Alwin (Hg) i. Zus.arb. m. Lutz GELDSETZER u. Frank ROTTER: Der Methoden- und Theorienpluralismus in den Wissenschaften. Vortr. u. Disk. ... 1969 und ... 1970. Msh: Hain 1971. [VI,] 325 S. (SW 6)

* DIERSE, Ulrich: Enzyklopädie. Z. Gesch. eines philos. u. wissensch'theoret. Begriffs. Bn: Bouv 1977. VIII, 274 S. (AfB. Suppl.-H. 2)

DILTHEY, Wilhelm: Gesammelte Schriften. Bisher Bd 1–19. Bd 1–12: Lp: Teub 1914–1936. Neuaufl.: S: Teub; G: V&R 1962 –. Bd 13; 14: G: V&R; B: dGr 1966. Bd 15–19: G: V&R.

* DILTHEY, Wilhelm: Der Aufbau der geschichtlichen Welt in den Geisteswissenschaften. Einl. v. Manfred RIEDEL. F: Su 1970. 404 S. (Th) – TA: F: Su 1981. 404 S. (stw 354) *Der Text ist dem 7. Band der Gesamm. Schr. entnommen. – Riedels Einleitung: S. 9–86.*

Dilthey, Wilhelm: Die Philosophie des Lebens. Eine Auswahl aus s. Schriften. 1867–1910. Hg v. Herman Nohl. F: Klost 1956. 100 S. (PhT 2)

* Dilthey, Wilhelm: Die Philosophie des Lebens. Aus s. Schriften ausgewählt v. Herman Nohl. M. Vorw. v. Otto Friedrich Bollnow. S: Teub; G: V&R 1961. 339 S.

* Dilthey, Wilhelm: Texte zur Kritik der historischen Vernunft. Hg u. eingel. v. Hans-Ulrich Lessing. G: V&R 1983. 306 S. (SV)

* [Dilthey, Wilhelm:] Materialien zur Philosophie W. D.s. s. Rodi/Lessing.

* Dingler, Hugo: Die Ergreifung des Wirklichen. Kap. I–IV. (M: Eidos-Vl 1955) M. e. Einl. v. Kuno Lorenz u. Jürgen Mittelstraß. F: Su 1969. 275 S. (Th 1) *Die Einl. S. 7–55.*

Dray, William H.: Laws and Explanation in History. L: OUP (1957) 1964. 174 S. (OCPhM)

Dray, William H. (Hg): Philosophical Analysis and History. NY': H&R 1966. VII, 390 S. (SCPh)

Dray, William H.: Philosophy of History. EC: PH 1964. X, 116 S. (FoPh)

Dreier, Ralf: Recht, Moral, Ideologie. Studien zur Rechtstheorie. F: Su 1981. 364 S. (stw 344)

Dreier, Ralf: Was ist und wozu Allgemeine Rechtstheorie? T: Mohr 1975. 34 S. (RS 444/445)

* Dreitzel, Hans Peter: Die gesellschaftlichen Leiden und das Leiden an der Gesellschaft. Eine Pathologie des Alltagslebens. 3., neubearb. Aufl. S: Enke (1968) 1980. XI, 347 S. (Flex Tb Soz) – Auch als: M: dtv. (dtv W 4128)

Dreitzel, Hans Peter (Hg): Sozialer Wandel. Zivilisation u. Fortschr. als Kategorien der soziol. Theor. Nw': Lu 1967. 514 S. (ST 41)

** Droysen, Johann Gustav: Historik. Vorlesgen üb. Enzykl. u. Meth.logie der Geschichte. Hg v. Rudolf Hübner. 8., unv. Aufl. M': Old (1937) 1977. XXI, 444 S.

** Droysen, Johann Gustav: Historik. Hist.-krit. Ausg. v. Peter Leyh. Bd 1–3. S: FH 1977 –. – Bd 1. Rekonstr. d. ersten vollst. Fassg. der Vorlesgen (1857). ‚Grdriß der Historik' in d. ersten hs. (1857/58) u. i. d. letzten gedr. Fassg (1882). 1977. XXX, 532 S. – Bd 2. Appendices zu d. ‚Historik'-Vorlesgen u. zum ‚Grdriß der Historik'. Erg. Mat.alien. [In Vorber.] – Bd 3. Apparateband. M. e. Skizze v. Genese u. Transformationen der Gesch.theor. Droysens. [In Vorber.]

** Droysen, Johann Gustav: Historik. Studienausg. Textausg. v. Peter Leyh. Rekonstr . . . [weiter wie Bd 1 der großen Ausg.] S: FH 1977. XXX, 532 S.

* Droysen, Johann Gustav: Texte zur Geschichtstheorie. M. ungedr.

Mat.alien zur ‚Historik'. Hg v. Günter Birtsch u. Jörn Rüsen. G: V&R 1972. 92 S. (KVR 366-8)

* DUBISLAV, Walter: Die Definition. 4. Aufl. Unv. Nachdr. der 3., völl. umgearb. u. erw. Aufl. von 1931. M. e. neuen Einf. v. Wilhelm K. Essler. H: Meiner 1981. XIX, 160 S.

DÜHRING, Eugen: Logik und Wissenschaftstheorie. Denkerisches Gesamtsystem verstandessouveräner Geisteshaltung. 2. dchgearb. u. verm. Aufl. Lp: Theod. Thomas (1878) 1905. XVI, 632 S.

DURKHEIM, Emile: Frühe Schriften zur Begründung der Sozialwissenschaften. (A d Fz) Hg, eingel. u. übs. v. Lore Heisterberg. Nw: Lu 1981. 152 S. (ST NF 122)

DURKHEIM, Emile: Die Regeln der soziologischen Methode. Les règles de la méthode sociologique. (1895) In neuer Übs. hg u. eingel. v. René König. Nw: Lu 1961 u. ö. 247 S. (ST 3) (F: Su 1984, stw 464)

EBELING, Gerhard: Artikel „Hermeneutik". In: RGG^3 3. Sp. 242–262.

ECO, Umberto: Einführung in die Semiotik. (A d It) M: Fink 1972. 474 S. (UTB 105) – ^{6}1988.

ECO, Umberto: Zeichen. (Segno.) Einf. in e. Begriff u. s. Gesch. (A d It) (1973) F: Su 1977 u. ö. 203 S. (es 895)

* v. EHRENFELS, Christian: „Über Gestaltqualitäten." In: Vjs f. wiss. Ph. 14 (1890).

EICKELPASCH, Rolf; LEHMANN, Burkhard: Soziologie ohne Gesellschaft? Probleme einer phänomenol. Grundlegung der Soziol. M: Fink 1983. 112 S.

EIFLER, Günther (Hg): Postmoderne – Anbruch einer neuen Epoche? Eine interdisz. Erörterung. W: Passagen-Vl 1990. 294 S. (Passagen Ph)

ENGELIEN, G: Der Begriff der Klassifikation. H 1971.

ENGELMANN, Peter (Hg): Postmoderne und Dekonstruktion. Texte fz'er Philos.en der Gegenwart. (A d Fz) S: Re 1990. 284 S. (RUB 8668)

* ENGELS, Eve-Marie: Erkenntnis als Anpassung? E. Studie zur evolutionären Erkenntnistheorie. F: Su 1989. 518 S.

ENGELS, Friedrich: Dialektik der Natur. – In: Karl Marx; Friedrich Engels: Werke (MEW). Bd 20. – Die Einleitung auch in: Karl Marx; Friedrich Engels: Ausgewählte Schriften in zwei Bänden. Bd 2. S. 51–67.

ENGELS, Friedrich: Die Entwicklung des Sozialismus von der Utopie zur Wissenschaft. – In: Karl Marx; Friedrich Engels: Werke (MEW). Bd 19. – Auch in: Karl Marx; Friedrich Engels: Ausgewählte Schriften in zwei Bänden. Bd 2. S. 80–140. – Ferner in: Karl Marx; Friedrich Engels: StA in vier Bänden. Hg v. Iring Fetscher. Bd 1. S. 145–181.

Engels, Friedrich: Herrn Eugen Dührings Umwälzung der Wissenschaft („Anti-Dühring"). – In: Karl Marx; Friedrich Engels: Werke (MEW). Bd 20. – 14., verb. Aufl. Ost-B: Dietz (1948) 1969. 346 S.

Engels, Friedrich: Werke und Briefe. (= MEW) s. Marx, Karl; Engels, Friedrich: Werke . . .

* Engelsing, Rolf: Zur Sozialgeschichte deutscher Mittel- und Unterschichten. 2. erw. Aufl. G: V&R (1972) 1978. 341 S. (KStGw 4)

** Engelsing, Rolf: Sozial- und Wirtschaftsgeschichte Deutschlands. 3., bibl. ern. Aufl. G: V&R (1973) 1983. 222 S. (KVR 1381)

* Enzyklopädie der geisteswissenschaftlichen Arbeitsmethoden. M, W: Old 1968 –. S. Methoden . . .

* Erbe, Michael: Zur neueren französ. Sozialgeschichtsforschg. Die Gruppe um die ‚Annales'. Dst: WB 1979. XII, 159 S. (EdF 110)

Esser, Hartmut; Klenovits, Klaus; Zehnpfennig, Helmut: Wissenschaftstheorie. Bd 1; 2. S: Teub 1977. (SSS 28; 29) – Bd 1. Grundlagen u. Analyt. Wth. 285 S. (28) – Bd 2. Funktionalanal. u. herm.-dial. Ansätze. 261 S. (29)

Essler, Wilhelm Karl: Einführung in die Logik. . . . 2., überarb. u. erw. Aufl. S: Kröner (1966) 1969. 325 S. (KTA 381)

Essler, Wilhelm Karl: Induktive Logik. Grundlagen und Voraussetzungen. Fb: Alber 1970. 378 S.

* Faber, Karl-Georg: Theorie der Geschichtswissenschaft. 5., erw. Aufl. M: Beck (1971) 1982. 267 S. (BSR 78)

Faber, Karl-Georg; Meier, Christian (Hg): Historische Prozesse. M: dtv 1978. 469 S. (Th d Gesch 2) (BzH 2) (dtv WR 4304)

Faulenbach, Bernd (Hg): Geschichtswissenschaft in Deutschland. Tradit. Positionen u. gegenw. Aufgaben. 11 Beitr. M: Beck 1974. 201 S. (BSR 111)

Fetscher, Iring (Hg): Grundbegriffe des Marxismus. Eine lexikal. Einf. H: H&C 1976. 303 S. (KW)

Fetscher, Iring: Karl Marx und der Marxismus. Von der Philosophie des Proletariats zur proletarischen Weltanschauung. M: Pi 1967. 349 S. (PP)

* Fetscher, Iring: Der Marxismus. S. Gesch. in Dokumenten. Philosophie, Ideologie, Ökonomie, Soziologie, Politik. Neuausg. 3. Aufl. der einbändigen Ausg. M': Pi (1962) 1983 u. ö. 960 S. (SP 296)

Fetscher, Iring: Von Marx zur Sowjetideologie. Darst., Krit. u. Dokumentation d. sowjet., jugoslaw. u. chines. Marxismus. 20. Aufl. F: Diest 1977. 288 S.

Feyerabend, Paul K.: Ernenntnis für freie Menschen. Veränderte Ausg. F: Su (1979) 1980. 270 S.

* Feyerabend, Paul K.: Wider den Methodenzwang. (Against Method.) [Neuausg.] (A d En) (1975) 3. Aufl. [Dter Text neu bear.] F: Su (1976) 1983. 423 S. (WP)

* FICHTER, Joseph H.: Grundbegriffe der Soziologie. Hg v. Erich Bodzenta. (A d En) 3. Aufl. W': Spri (1968) 1970. XI, 255 S.

FLASHAR, Hellmut; GRÜNDER, Karlfried; HORSTMANN, Axel (Hg): Philologie und Hermeneutik im 19. Jh. Z. Gesch. u. Meth.logie der Gw.en. M. Beitr. v. .... G: V&R 1979. 421 S. (Aus d. Förd'bereich ‚Grdlagen d. gw.lichen Forschg' der FTS)

FLASHAR, Hellmut; LOBKOWICZ, Nikolaus; PÖGGELER, Otto (Hg): Geisteswissenschaft als Aufgabe. Kulturpolit. Perspekt.en u. Aspekte. B': dGr 1978. VI, 243 S.

* FLECHTNER, Hans-Joachim: Grundbegriffe der Kybernetik. Eine Einf. ... 5. Aufl. S: WVg (1966) 1970. XI, 423 S. (BZNR) Lizenzausg. S: Hirzel 1972. – TA: M: dtv 1984. 423 S. (dtv W 4422)

FLEISCHER, Helmut: Marx und Engels. Die philos. Grundlinien ihres Denkens. 2., um e. Nachw. erw. Aufl. Fb': Alber (1970) 1974. 232 S. (KPh)

* FLEISCHER, Helmut: Marxismus und Geschichte. 5. Aufl. F: Su (1969) 1975. 169 S. (es 323)

FLOUD, Roderick: Einführung in quantitative Methoden für Historiker. Dte. Bearb, aufgrd d. Übs. v. Volker Henn u. Ursula Irsigler. Hg v. Franz Irsigler. (A d En) (1973, 1979) S: Kl-C 1980. 244 S.

* FODOR, Jerry A.; KATZ, Jerrold J.: „Sprachphilosophie und Sprachwissenschaft." (A d Am) In: Kursbuch 5. F: Su 1966. S. 153–177.

FRAENKEL, Abraham A.: Mengenlehre und Logik. B: D&H 1959. 110 S. (ED 2)

FRANK, Helmar: Kybernetische Grundlagen der Pädagogik. Eine Einf. in d. Inf.psych. u. ihre philos., mathem. u. physiolog. Grundlagen. ... BB: Agis; P: Gauthier-Villars 1962. 175 S.

* FRANKENA, William K.: Analytische Ethik. Eine Einf. Hg u. übs. v. Norbert Hoerster. (A d En) (1963) 3. Aufl. M: dtv (1972) 1981. 144 S. (dtv W 4376)

FREESE, Hans-Ludwig: Kinder sind Philosophen. Weinheim': Quadriga-Vl 1989. 176 S. (Aspekte des Menschen)

FREGE, Gottlob: Funktion, Begriff, Bedeutung. Fünf log. Studien. Hg v. Günther Patzig. 5. Aufl. G: V&R (1962) 1980. 104 S. (KVR 1144) – ^{6}1986.

FREGE, Gottlob: Logische Untersuchungen. Hg u. eingel. v. Günther Patzig. 2., erg. Aufl. G: V&R (1966) 1976. 145 S. (KVR 1219) – ^{3}1986.

* FREUDENTHAL, Hans: Wahrscheinlichkeit und Statistik. (A d Holl) 4. Aufl. M': Old (1963) 1981. 143 S.

* FREY, Gerhard: Die Mathematisierung unserer Welt. S': Ko (1967) 1969. 168 S. (U 105)

FREYER, Hans: Theorie des objektiven Geistes. E. Einl. in die Kulturphilos. 2. durchges. u. teilw. veränd. Aufl. Lp': Teu 1928. 153 S.

* v. Friedeburg, Ludwig; Habermas, Jürgen (Hg): Adorno-Konferenz 1983. F: Su 1984. 380 S. (stw 460)

** Friedenthal, Richard: Karl Marx. Sein Leben und seine Zeit. M: Pi 1981. 652 S. (1990 als SP 1172)

Friedmann, Johannes: Kritik konstruktivistischer Vernunft. Zum Anfangs- und Begründungsproblem bei der Erlanger Schule. M: Fink 1981, 251 S.

* Friedrich, Wolf-Hartmut: Killy Walther (Hg): Literatur II. – Tl 1; 2. – F: Fi B 1965 u. ö. (FL 35/1; 25/2) – Tl 1. 347 S. – Tl 2. S. 348–718. – *Hierin vor allem folgende Artikel:* Ricklefs, Ulfert: „Hermeneutik." Tl 1. S. 277–293. – Friedrich, Wolf-Hartmut: „Philologische Methode." Tl 2. S. 408–422. Friedrich, Wolf-Hartmut: „Textkritik. I. Klassische Philologie." Tl 2. S. 549–558. – Zeller, Hans: „Textkritik. II. Neuere Philologie." Tl 2. S. 558–563.

* Friedrich, Wolf-Hartmut: „Philologische Methode." In: Friedrich/Killy, Literatur II, 2, S. 408–422.

* Friedrich, Wolf-Hartmut: „Textkritik. I. Klassische Philologie." In: Friedrich/Killy, Literatur II, 2, S. 549–558.

Friedrichs, Jürgen: Methoden empirischer Sozialforschung. 11. Aufl. Op: WV (1973) 1982. 430 S. (WV st 28) – [14]1990.

Friedrichsdorf, Ulf: Einführung in die Logik. Unter besond. Berücks. der Modallogik. Bd 1. Konstanz 1989. 134 S. (U Konstanz, Fachgruppe Sprachwsch. Arbeitspapier 7)

Früh, Werner: Inhaltsanalyse. M: Ölsch 1981. 214 S. (UP) – [2]1989.

* Fuchs, Walter Robert: Knaurs Buch der modernen Mathematik. M. e. Geleitw. v. Hermann Boni. ... M': DrKn 1966. 287 S. (ExGe)

Fuchs, Walther Peter: Nachdenken über Geschichte. Vortr. u. Aufs. ... S: Kl-C 1980. 374 S.

Fühlau, Ingunde: Die Sprachlosigkeit der Inhaltsanalyse. Linguist. Bemerkungen zu e. sozialwiss. Methode. T: Narr 1982. 205 S. (Kodikas, Code. Suppl. 14)

Fuhrmann, Manfred: Das systematische Lehrbuch. Ein Beitrag zur Geschichte der Wissenschaft in der Antike. G: V&R 1960. 192 S.

Funkkolleg Geschichte. ... Studienbegleitbriefe 1–13. Hg v. DIFF an der Univ. Tübingen. ... Wh': Beltz 1979–80. Je etwa 100 S. DIN A 4.

Funkkolleg Geschichte. Conze, Werner; Faber, Karl-Georg; Nitschke, August (Hg): Funk-Kolleg Geschichte. Bd 1; 2. M. Beitr. v. ... F: Fi T 1981 (f 6858; 6859) – Bd 1. 310 S. – Bd 2. 445 S.

Funkkolleg Praktische Philosophie/Ethik. ... Studienbegleitbriefe 1–13. Hg v. DIFF an der Univ. Tübingen. ... Wh': Beltz 1980–81. Je etwa 100 S. DIN A 4.

Funkkolleg Praktische Philosophie/Ethik. Apel, Karl-Otto; Böhler, Dietrich; Berlich, Alfred; Plumpe, Gerhard (Hg): Praktische Philosophie/Ethik. Aktuelle Materialien. Reader zum Funk-Kolleg. Bd 1. Hg v. ~. F: Fi T 1980. 493 S. (FK Prakt. Philos./Eth.) (f 6854)

FUNKKOLLEG Praktische Philosophie/Ethik. HÖFFE, Otfried; KADELBACH, Gerd; PLUMPE, Gerhard (Hg): Praktische Philosophie/Ethik. Reader zum Funk-Kolleg. Bd 2. Hg v. ~. F: Fi T 1981. 368 S. (FK Prakt. Philos./Eth.) (f 6588)

GABRIEL, Gottfried: Definitionen und Interessen. Über die praktischen Grundlagen der Definitionslehre. S: FH 1972. 136 S. (pra 13)

** GADAMER, Hans-Georg: Hermeneutik I. Wahrheit und Methode. Grundzüge einer philos. Hermeneutik. 5. Aufl. 1986 (dchges. u. erw. [für „GW"]). 6. Aufl. 1990. T: Mohr (1960) 1990. XII, 495 S. (GW 1) *Ausgabe von „Wahrheit und Methode" im Rahmen der GW.*

** GADAMER, Hans-Georg: Hermeneutik II. Wahrheit und Methode. Ergänzungen. Register. T: Mohr 1986. VII, 533 S. (GW 2)

* GADAMER, Hans-Georg: Art. „Verstehen". In: RGG^3 6. Sp. 1381–1383.

** GADAMER, Hans-Georg: Wahrheit und Methode. Grundzüge einer philos. Hermeneutik. 4. Aufl. Unv. Nachdr. der 3., erw. Aufl. T: Mohr (1960) 1975. XXXI, 553 S.

GARAUDY, Roger: Marxismus im 20. Jh. (A d Fz) Rb: Ro 1969 u. ö. 187 S. (ra 1148)

* GAUGER, Hans-Martin: Sprachbewußtsein und Sprachwissensch. M: Pi 1976. 214 S. (SP 144)

GAUGER, Hans-Martin: Wort und Sprache. Sprachwiss. Grundfragen. T: Niem 1970. IX, 137 S. (KSL 3)

GEHLEN, Arnold: Der Mensch. Seine Natur und seine Stellung in der Welt. 12. Aufl. Unv. Nachdr. d. 9. Aufl. (1940) 1972. Wb: AVg Ath (1940) 1978. 410 S. – ^{13}1986.

* GEIGER, Theodor: Ideologie und Wahrheit. Eine soziolog. Kritik des Denkens. S 1953.

GEISS, Imanuel; TAMCHINA, Rainer (Hg): Ansichten einer künftigen Geschichtswissenschaft. 1. Kritik, Theorie, Methode. M: Ha 1974. 191 S. (RH 153)

GELDSETZER, Lutz: Logik. Aal: Scia 1987. 354 S.

* GERBER, Uwe (Hg): Hermeneutik als Kriterium für Wissenschaftlichkeit? Der Standort der Hermeneutik im gegenw. Wissensch.skanon. Dokumente des Kolloquiums ... 1971. Loccum: EA 1972. [V,] 200 S. (LK 2)

* GERBER, Uwe; BOSCH, Michael (Hg): Geschichte als Überlieferung und Konstruktion. Dokumente der Fachtaggen ... 1974 und ... 1975. Loccum: EA 1976. [III,] 183 S. (LK 4)

GERHARDUS, Dietfried; KLEDZIK, Silke M.; REITZIG Gerd H.: Schlüssiges Argumentieren. Logisch-propädeut. Lehr- u. Arbeitsbuch. M. e. Nachw. v. Kuno Lorenz. G: V&R 1975. 162 S. (KVR 1417)

Gert, Bernard: Die moralischen Regeln. E. neue rationale Begründg der Moral. (A d En) (1970, 1973) F: Su 1983. 316 S. (stw 405)

* Giesen, Bernhard; Schmid, Michael (Hg): Theorie, Handeln und Geschichte. Erklärungsprobleme in d. Sw.en. H: H&C 1975. 352 S. (Rea)

Ginters, Rudolf: Werte und Normen. Einführung in die philos. u. theol. Ethik. G: V&R; Ddf: Patmos 1982. 346 S.

Gipper, Helmut: Denken ohne Sprache? Ddf: Schw 1971. 124 S.

Gipper, Helmut: Gibt es ein sprachliches Relativitätsprinzip? Untersuchungen zur Sapir-Whorf-Hypothese. F: Fi 1972. XX, 349 S. (CH)

Gipper, Helmut: Das Sprachapriori. Sprache als Voraussetzung menschl. Denkens u. Erkennens. S: FH 1987. 328 S. (pra 110)

* Gipper, Helmut: Sprachwissenschaftl. Grundbegriffe und Forschungsrichtgen. Orientierungshilfen f. Lehrende u. Lernende. M: Hueber 1978. 263 S. (LS 1)

Gloy, Karen; Rudolph, Enno (Hg): Einheit als Grundfrage der Philosophie. Dst: WB 1985. XV, 395 S.

Glucksmann, André: Die Meisterdenker. (A d Fz) Rb: Ro 1978. 317 S.

Göbbeler, Hans-Peter; Lessing, Hans-Ulrich (Hg): Otto Friedrich Bollnow im Gespräch. ... Vorw. v. Frithjof Rodi. Fb': Alber 1983. 140 S. (BPh)

Göttner, Heide: Logik der Interpretation. Analyse e. literaturwiss. Methode unt. krit. Betrachtg. d. Hermeneutik. M: Fink 1973. 191 S. (MUS – PhFa 11)

Goffman, Erving: Stigma. Über Techniken der Bewältigung beschädigter Identität. (A d Am) (1963) F: Su 1967 u. ö. 180 S. (Auch 197 u. ö. als stw 140)

* Gomperz, Heinrich: Über Sinn und Sinngebilde. Verstehen und Erklären. T: Mohr 1929. VIII, 256 S.

Goodman, Nelson: Tatsache, Fiktion, Voraussage. (A d En) (1955, 1965, 1973) F: Su 1975. 156 S. (Th) – (Auch 1988 als stw 732)

Goodman, Nelson: Weisen der Welterzeugung. (A d Am) (1978) F: Su 1984. 179 S. (Auch 1990 als stw 863)

Greven, Michael Th.: Systemtheorie und Gesellschaftsanalyse. Krit. d. Werte u. Erk.mögl.ktn in Ges.modellen d. kyb. Systemtheorie. Dst: Lu 1974. 330 S. (SL 154)

Grewendorf, Günther; Meggle, Georg (Hg): Seminar: Sprache und Ethik. Zur Entwicklung d. Metaethik. F: Su 1974. 354 S. (stw 91)

** Grieswelle, Detlef: Allgemeine Soziologie. Gegenst., Grundbegr.e u. Methode d. Soziol. 2. unv. Aufl. S': Ko (1974) 1978. 112 S. (U 80.177)

Groh, Dieter: Kritische Geschichtswissensch. in emanzipatorischer Absicht. Überleggen zur Gesch.wiss. als Soz.wiss. S: Ko 1973. 114 S. (U 80.846)

** Grondin, Jean: Einführung in die philos. Hermeneutik. Dst: WB 1991. XI, 249 S. (Ph)

* Gründel, Johannes (Hg): Das Gewissen. Subjektive Willkür oder oberste Norm? .... Ddf: Pat 1990. 126 S. (Schriften der Kath. Akad. in Bayern. 135.)

** Gründer, Karlfried: Reflexion der Kontinuitäten. Z. Gesch.denken der letzten Jahrzehnte. G: V&R 1982. 177 S.

Gutknecht, Christoph: Grundbegriffe und Hauptströmungen der Linguistik. H: H&C 1977. 380 S. (KW)

Haas, Gerrit: Konstruktive Einführung in d. formale Logik. Mh': BI 1984. 268 S.

Habermas, Jürgen: „Erkenntnis und Interesse." In: Habermas, Technik und Wissensch. als ‚Ideologie', S. 146–168.

✓Habermas, Jürgen: Erkenntnis und Interesse. M. e. neuen Nachw. 5. Aufl. F: Su (1968) 1973 u. ö. 420 S. (stw 1)

** Habermas, Jürgen: Zur Logik der Sozialwissenschaften. 5., erw. Aufl. (T: Mohr 1967.) F: Su (1970) 1982. 607 S. (1985 als stw 517)

Habermas, Jürgen: Moralbewußtsein und kommunikatives Handeln. F: Su 1983. 240 S. (stw 422)

Habermas, Jürgen: Protestbewegung und Hochschulreform. F: Su 1969 u. ö. 275 S. (es 354)

* Habermas, Jürgen (Hg): Stichworte zur ‚Geistigen Situation der Zeit'. Bd 1; 2. F: Su 1979 u. ö. (es 1000) – Bd 1. Nation und Republik. 440 S. – Bd 2. Politik und Kultur. [IV S.,] S. 441–861.

Habermas, Jürgen: Technik und Wissenschaft als ‚Ideologie'. F: Su 1968 u. ö. 169 S. (es 287)

* Habermas, Jürgen: Theorie des kommunikativen Handelns. Bd. 1; 2. 3., dchges. Aufl. F: Su (1981) 1985. – Bd 1. Handlungsrationalität und gesellschaftl. Rationalisierung. 534 S. – Bd 2. Zur Kritik der funktionalistischen Vernunft. 641 S.

* Habermas, Jürgen: Theorie und Praxis. Sozialphilosophische Studien. (Nw': Lu 1963.) F: Su (1971) 1978 u. ö. 473 S. (stw 243)

* Habermas, Jürgen: Vorstudien und Ergänzungen zur Theorie des kommunikativen Handelns. F: Su 1984. 607 S. *Hierin:* „Wahrheitstheorien." (S. 127–183.

* Habermas, Jürgen: „Wahrheitstheorien." In: Fahrenbach, Wirklichkeit und Reflexion. *Jetzt in:* Habermas, Vorstudien und Ergänzungen, S. 127–183.

Hacking, Ian: Über die Bedeutung der Sprache für die Philosophie. (A d En) Msh: Hain 1984. 180 S. (PhAG 10)

* HÄNDLE, Frank; JENSEN, Stefan (Hg): Systemtheorie und Systemtechnik. M: Ny 1974. 322 S. (ntw 15)

HAFERKAMP, Hans: Soziologie als Handlungstheorie. ... [Verschied. Autoren] in vergl. Analyse u. Kritik. 2. Aufl. (Ddf: BUV 1972.) Opl: WV 1975. 146 S. (SzS 2)

HANSEN, Klaus (Hg): Verständliche Wissenschaft. Probleme d. journalist. Popularisierg wissenschaftl.er Aussagen. Gu: THA 1981. 159 S. (THA. Dok'ion 5)

HARE, Richard Mervyn: Freiheit und Vernunft. (A d En) (1963) (Ddf: Pat 1973.) F: Su 1983. 254 S. (stw 457)

* HARE, Richard Mervyn: Die Sprache der Moral. The Language of Morals. Übs. v. Petra v. Morstein. (A d En) (1952) F: Su (1972) 1983. 243 S. (stw 412)

HARRAS, Gisela: Handlungssprache und Sprachhandlung. E. Einf. in d. handlgstheoret. Grdlagen. B: dGr 1983. 228 S. (SG 2222)

* HART, Herbert L. A.: Recht und Moral. Drei Aufsätze. A d En übs. u. m. e. Einl. hg v. Norbert Hoerster. G: V&R 1971. 114 S. (KVR 339)

HARTFIEL, Günter; HILLMANN, Karl-Heinz: Wörterbuch der Soziologie. 3., überarb. u. erw. Aufl. S: Kröner (1972) (1976) 1982. X, 832 S. (KTA 410)

* HARTH, Dietrich (Hg): Propädeutik der Liter.wissensch. M. Beitr. v. ... M: Fink 1973. 283 S. (UTB 205)

* HARTMANN, Heinz (Hg): Moderne amerikanische Soziologie. Neuere Beitr. z. soziol. Theor. 2., umgearb. Aufl. (S: Enke [1967] 1973) M: dtv; S: Enke 1973. XII, 428 S. (dtv thieme 4131)

** HARTMANN, Nicolai: Ethik. 4. Aufl. B': dGr (1926) 1962. XXII, 321 S.

** HARTMANN, Nicolai: Das Problem des geistigen Seins. Untersuchgen z. Grundlegg. d. Gesch.philos. u. d. Geisteswiss.en. 3. Aufl. B': dGr (1933, 1949) 1962. XVI, 564 S.

HAUCK, Gerhard: Geschichte der soziologischen Theorie. E. Ideologiekrit. Einf. Rb: Ro 1984. (re 401)

HAUG, Wolfgang Fritz (Hg): Kritik der bürgerl. Geschichtswissenschaft I. B: Arg 1972. [VI,] 332 S. (Arg 1970. Sdbd)

** HAYAKAWA, Samuel Ichiyé: Sprache im Denken und Handeln. Allgemeinsemantik. (A d Am) Übs. u. hg v. Günther Schwarz. (1939; 1972) 5., erw. Aufl. Dst: Vl Dst'er Blätter (1967) 1976. 457 S. – ^{6}1981. (Spr. u. Kommunik. 1)

* HEDINGER, Hans-Walter: Einführung in die Theorie der Geschichtswissenschaft. Dst: WB 1991. (Die Geschichtswsch.) (Die Ph) *In Vorbereitung.*

* HEDINGER, Hans-Walter: Subjektivität und Geschichtswissenschaft. B: D&H 1969.

* HEDINGER, Hans-Walter: „Theorienpluralismus in der Geschichtswis-

senschaft." In: DIEMER, Alwin (Hg): Der Methoden- u. Theorienpluralismus i. d. Wissensch.en. Msh: Hain 1971. (SW 6) S. 229–258.

* HEDINGER, Hans-Walter: „Über die Wissenschaftlichkeit der Geschichte." In: HÜBNER/MENNE, Natur und Geschichte, H: H&C 1973. S. 190–205.

HEGEL, Georg Wilhelm Friedrich: Enzyklopädie der philosophischen Wissenschaften im Grundrisse. (1830) Hg v. Friedhelm Nicolin und Otto Pöggeler. 7., dchges. Aufl. Erneut dchges. Nachdr. H: Meiner (1870) (1969) 1975. LII, 506 S. (PhB 33)

HEGEL, Georg Wilhelm Friedrich: Grundlinien der Philosophie des Rechts. ... Hg v. Johannes Hoffmeister. 4. Aufl. Nachdr. d. Ausg. 1955. H: Meiner (1955) 1967. XVIII, 434 S. (PhB 124 a)

HEGEL, Georg Wilhelm Friedrich: Vorlesungen über Naturrecht und Staatswissenschaft. Heidelberg 1817/18. M. Nachträgen aus der Vorlesg. 1818/19. Nachgeschrieb. v. P. Wannenmann. Hg v. C. Bekker ... [u. a.] M. e. Einl. v. Otto Pöggeler. H: Meiner 1983. LIII, 307 S. (G. W. F. Hegel. Vorlesg.en. Ausgew. Nachschr.en u. Mss 1)

HEGEL, Georg Wilhelm Friedrich: Phänomenologie des Geistes. (1807) F: Su (1970) 1973 u. ö. 622 S. (stw 8) (= Th-Werkausg. G. W. F. Hegel. Werke in 20 Bdn. F: Su 1969–1971. Bd 3.)

HEGEL, Georg Wilhelm Friedrich: Philos. des Rechts. Die Vorlesg. v. 1819/20 in e. Nachschr. Hg v. Dieter Henrich. F: Su 1983. 389 S. (SuW)

HEGEL, Georg Wilhelm Friedrich: Die Philos. des Rechts. Die Mitschriften Wannenmann (Heidelberg 1817/18) u. Homeyer (Berlin 1818/19). Hg, eingel. u. erl. v. Karl-Heinz Ilting. S: Kl-C 1983. 399 S.

HEGEL, Georg Wilhelm Friedrich: Die Vernunft in der Geschichte. Hg v. Johannes Hoffmeister. Unv. Nachdr. d. 5. Aufl. (1955) unter Hinzufügg. v. Lit.-Hinweisen. H: Meiner (1917) (1955) 1970. XI, 290 S. (G. W. F. Hegel: Vorlesg.en üb. d. Philos. d. Weltgesch. 1. Hälfte Bd 1) (PhB 171 a)

HEIMPEL, Hermann: Kapitulation vor der Geschichte? Gedanken zur Zeit. 3., verm. Aufl. G: V&R (1956) 1960. 118 S. (KVR 27/a)

HEIMPEL, Hermann: Der Mensch in seiner Gegenwart. Acht histor. Essais. 2., erw. Aufl. G: V&R (1954) 1957. 231 S.

HEINISCH, Klaus J. (Hg): Der utopische Staat. Morus: Utopia; Campanella: Sonnenstaat; Bacon: Neu-Atlantis. Übers. u. m. e. Essay ..., Bibl. u. Komm. hg v. ~. Rb: Ro (1960) 1968. 292 S. (rk 68/69)

* HEISS, Robert: Wesen und Formen der Dialektik. K': K&W 1959. 191 S.

* HELBIG, Gerhard: Geschichte der neueren Sprachwissenschaft. (Lp: VEB BI 1970.) Rb: Ro 1974. 393 S. (rst. Ling 48) – Op: WV [8]1989. (WV St 48)

* Hempel, Carl Gustav: Aspekte wissenschaftlicher Erklärung. Vom Autor erg. u. überarb. Schlußkap. v. ‚Aspects ... and Other Essays ... .' 1965. (Teils a d En) (1965) [Orig. deutsch:] Nachw. 1976 = Abschn. 3.7., S. 98–123. B': dGr 1977. IX, 240 S. (GdK) (dGr Stb)

* Hempel, Carl Gustav: Grundzüge der Begriffsbildung in der empirischen Wissenschaft. (A d En) (1952) Ddf: BUV 1974. 104 S. (WWS 5)

** Henke, Wilhelm: Kritik des Kritischen Rationalismus. T: Mohr 1974. 28 S. (RS 434)

** Henning, Friedrich-Wilhelm: Wirtschafts- und Sozialgeschichte. Bd 1–3. Pd: Scho. (UTB) – Bd 1. Das vorindustrielle Deutschland. 800 bis 1800. 3. Aufl. (1974) 1977. 319 S. (398) – [4]1985. – Bd 2. Die Industrialisierung in Deutschland. 1800 bis 1914. 5. Aufl. (1973) 1979. 304 S. (145) – [7]1989. – Bd 3. Das industrialisierte Deutschland. 1914 bis 1976. ... 5. Aufl. (1974) 1979. 292 S. (337) – [6]1988.

* Henningsen, Jürgen: „‚Enzyklopädie'. Zur Sprach- und Bedeutungsgeschichte eines pädag. Begriffs." In: AfB 10 (1966). S. 271–362.

Henrichs, Norbert: Bibliographie der Hermeneutik und ihrer Anwendungsbereiche seit Schleiermacher. 2. Aufl. Ddf: Phia (1968) 1972. (KPB 1)

Hermes, Hans: Aufzählbarkeit, Entscheidbarkeit, Berechenbarkeit. Einf. i. d. Theor. der rekursiven Funktionen. ... 2. Aufl. B': Springer (1961) 1971. X, 246 S. (GMW 109) – [3]1978. XIII, 258 S. (Hb T 87).

Hermes, Hans: Einführung in die mathematische Logik. Klass. Prädikatenlogik. 4. Aufl. S: Teub (1963) 1976. 206 S. (ML) – [5]1991.

Herrmann, Theo W. (Hg): Dichotomie und Duplizität. Grundfragen psycholog. Erkenntnis. Ernst August Dölle zum Gedächtnis. Mitarbeiter: ... Be': Huber 1974. 248 S.

Heussi, Karl: Die Krisis des Historismus. T: Mohr 1932. IV, 104 S.

* Heyting, Arend: Mathematische Grundlagenforschung, Intuitionismus, Beweistheorie. B: Spri 1934. – Reprint 1974. IV, 73 S.

Hilbert, David: Die Grundlagen der Geometrie. Mit Supplementen v. Paul Bernays. Lp: Teub 1899. 12. Aufl. S: Teub 1977. VII, 271 S. (TS)

Hilbert, David: Hilbertiana. Fünf Aufsätze von ~. Unv. reprogr. Nachdr. ... Dst: WB 1964. 108 S.

* Hilbert, David; Ackermann, Wilhelm: Grundzüge der theoretischen Logik. 6. Aufl. B': Spri (1928) 1972. VIII, 188 S. (GMW 27)

* Hilbert, David; Bernays, Paul: Grundlagen der Mathematik. Bd 1; 2. 2. Aufl. B': Spri. (GMW 40; 50) – Bd 1. (1934) 1968. XV, 473 S. – Bd 2. (1939) 1970. XIV, 561 S.

Hinst, Peter: Logische Propädeutik. Eine Einf. in die dedukt. Methode u. log. Sprachanalyse. M: Fink 1974. XI, 457 S. (KI 29)

* Hintze, Otto: Soziologie und Geschichte. Ges. Abh. z. Soziol., Pol. u. Theor. d. Gesch. Hg u. eingel. v. Gerhard Oestreich. 2., erw. Aufl. G: V&R 1964. 67+, 545 S.

Historie zwischen Ideologie und Wissenschaft. Z. Krit. d. herrschenden Geschichtswissensch. Disk.-Materialien. [Von einem] Autorenkollektiv: ... Basis GWS. 2. Aufl. H: Spartakus-Buchh. (1970) 1970. 152 S.

Hoche, Hans-Ulrich: Einführung in das sprachanalytische Philosophieren. Dst: WB 1990. XV, 250 S. (Ph)

Höffe, Otfried (Hg): Einführung in die utilitaristische Ethik. Klassische u. zeitgen. Texte. M: Beck 1975. 196 S. (BE)

* Höffe, Otfried: Ethik und Politik. Grundmodelle u. -probleme der prakt. Philos. F: Su 1979. 489 S. (stw 266)

Höffe, Otfried (Hg): Über John Rawls' Theorie der Gerechtigkeit. F: Su 1977. 303 S. (Th. Th-Disk)

* Höffe, Otfried (Hg) in Zus.arb. m. Maximilian Forschner, Alfred Schöpf u. Wilhelm Vossenkuhl: Lexikon der Ethik. 2., neubearb. Aufl. M: Beck (1977) 1980. 297 S. (BSR 152) – ³1986.

Hölscher, Uvo: Anfängliches Fragen. Studien zur frühen griech. Philos. G: V&R 1968. 221 S.

* Hörmann, Hans: Psychologie der Sprache. 2. überarb. Aufl. B': Spri (1967) 1977. XI, 223 S.

** Hoerster, Norbert (Hg): Recht und Moral. Texte zur Rechtsphilos. 2. Aufl. M: dtv (1977) 1980. 241 S. (dtvB 6083) – S: Re 1988. 292 S. (RUB 8389.4.)

** Hoerster, Norbert (Hg): Texte zur Ethik. *S.* Birnbacher/Hoerster.

Hoerster, Norbert: Utilitaristische Ethik und Verallgemeinerung. 2. Aufl. Fb': Alber (1971) 1977. 141 S.

Hofmann, Werner: Stalinismus und Antikommunismus. Zur Soziol. des Ost-West-Konflikts. F: Su 1967. 171 S. (es 222)

* Hofstadter, Douglas R.: Gödel, Escher, Bach. Ein endloses geflochtenes Band. (A d Am) (1979) S: Kl 1985. XVII, 844 S. (dtv-Kl-C 1991)

* Holzhey, Helmut (Hg): Interdisziplinär. Interdisz. Arbeit u. Wissenschaftstheorie. Beitr. v. .... Ba: Schwabe 1974. 131 S.

* [Holzhey, Helmut (Hg):] Wissenschaft/Wissenschaften. Interdisziplinäre Arbeit u. Wissensch.stheorie. Beitr. v. .... Ba: Schwabe 1974. 159 S. (Ph akt 3)

* [Holzhey, Helmut; Saner, Hans (Hg):] Gewissen? Beitr. v. .... Ba: Schwabe 1975. 169 S. (Ph akt 4)

Holzkamp, Klaus: Wissenschaft als Handlung. Versuch einer neuen Grundlegung der Wissenschaftslehre. B': dGr 1968. XII, 397 S.

* Homans, George Caspar: Theorie der sozialen Gruppe. (A d Am) 7. Aufl. K, Op: WV (1960) 1978. 452 S.

HONDRICH, Karl Otto; MATTHES, Joachim (Hg): Theorienvergleich in den Sozialwissenschaften. Nw': Lu 1978. 368 S. (ST NF 108)

* HONEGGER, Claudia (Hg): Schrift und Materie der Geschichte. Vorschläge zur systematischen Aneignung historischer Prozesse. [Aufsätze von] Marc Bloch, Fernand Braudel, Lucien Febvre u. a. (A d Fz) (1976) F: Su 1977. 453 S. (es 814)

* HORKHEIMER, Max: Zur Kritik der instrumentellen Vernunft. Aus d. Vortr. u. Aufzeichn. seit Kriegsende. Hg. v. Alfred Schmidt. F: Fi 1967. 357 S. – [3]1990.

* HORKHEIMER, Max: Kritische Theorie. Eine Dok.ion. Hg v. Alfred Schmidt. Bd 1; 2. F: Fi 1968. – Bd 1. XIV, 380 S. – Bd 2. XI, 362 S. – [3]1977.

HORKHEIMER, Max; ADORNO, Theodor W.: Dialektik der Aufklärung. Philos. Fragmente. A: Querido-Vl 1947. 311 S. – M. e. Vorw. Neuausg. F: Fi 1969. 296 S. – F: Fi T 1980. 229 S. (f BdW 6144) – [3]1990.

* HOWALD, Ernst; DEMPF, Alois; LITT, Theodor: Geschichte der Ethik vom Altertum bis zum Beginn des 20. Jhs. M. e. Vorw. v. Otfried Höffe. (Unv. reprogr. Nachdr. der Ausgabe M, B: Old 1931 (aus dem Handb. d. Philos. Abt. III, Beiträge B, C, D), erw. dch. e. Vorw. d. Otfried Höffe.) M, W: Old (1931) 1978. [Abschnitte einzeln paginiert:]A 11, B 64, C 111, D 184, E 20 S. – [2]1981.

HOYNINGEN-HUENE, Paul: Die Wissenschaftsphilosophie Thomas S. Kuhns. Rekonstruktion und Grundlagenprobleme. Br': Vi 1989. 288 S. (WWP 27)

HOYNINGEN-HUENE, Paul (Hg): Wozu Wissenschaftsphilosophie? Positionen und Fragen zur gegenwärtigen Wissenschaftsphilos. B': dGr 1988. VII, 433 S. (dGr Stb)

HUBIG, Christoph; v. RAHDEN, Wolfert (Hg): Konsequenzen kritischer Wissenschaftstheorie. B': dGr 1978. VIII, 398 S. (GdK) (dGr Stb)

* [HÜBNER, Kurt:] Die politische Herausforderung der Wissenschaft. Gegen eine ideolog. verplante Forschung. Hg v. Kurt HÜBNER, Nikolaus LOBKOWICZ, Hermann LÜBBE, Gerard RADNITZKY. Redakt. Bearb.: Willy HOCHKEPPEL. H: H&C 1976. 226 S. (KW)

HÜBNER, Kurt; MENNE, Albert (Hg): Natur u. Geschichte. H: H&C 1973.

HUGHES, G. L.; CRESSWELL, Max J.: Einführung in die Modallogik. Ein Lehrbuch. (A d En) (1968; 1971) B': dGr 1978. XII, 340 S. (GdK)

v. HUMBOLDT, Wilhelm: Über die Verschiedenheit des menschlichen Sprachbaues und ihren Einfluß auf die geistige Entwicklung des Menschengeschlechts. M. Nachw. des Verlegers. 2. Nachdr. Bn': Dümmler (1836) (1860) 1968. XX, CCCCXXXIV [=434] S.

HUSSERL, Edmund: Die Krisis der europäischen Wissenschaften und die transzendentale Phänomenologie. Eine Einl. in die phänomenol. Philos. Hg v. Walter Biemel. DH: Nij 1954. XXII, 559 S. (Hua 6)

HUSSERL, Edmund: Die Krisis der europäischen Wissenschaften und die transzendentale Phänomenologie. Eine Einl. in die phänomenol. Philos. Hg, eingel. u. m. Registern verseh. v. Elis. Ströker. (DH: Nij [1954] 1969.) H: Meiner 1977. XXXII, 119 S. (PhB 292)

* IGGERS, Georg G.: Deutsche Geschichtswissenschaft. Eine Krit. d. tradit. Geschichtsauffassg. v. Herder b. z. Gegenw. (A d En) (1968) M: dtv 1971. 398 S. (WR 4059)

* IGGERS, Georg G.: Neue Geschichtswissenschaft. V. Historismus z. Histor. Sozialwissensch. Ein internat. Vergleich. M. Beitr. v. Norman BAKER u. Michael FRISCH. (A d En) (1975) M: dtv 1978. 276 S. (WR 4308)

* INEICHEN, Hans: Erkenntnistheorie u. geschichtlich-gesellschaftliche Welt. Diltheys Logik der Geisteswissenschaften. F: Klost 1975. VIII, 249 S. (StPhLi 28) (FTS)

INHETVEEN, Rüdiger: Konstruktive Geometrie. Eine formentheoret. Begründg. d. euklid. Geometr. Mh': BIW 1983. [VII,] 175 S.

IRSIGLER, Franz (Hg): Quantitative Methoden in der Wirtschafts- und Sozialgeschichte der Vorneuzeit. S: Kl-C 1978. 173 S. (HSF 4)

ISRAEL, Joachim: Der Begriff Dialektik. Erk'theorie, Sprache u. dial. Gesellschaftswiss. Rb: Ro 1980. (r 384)

* JACOBS, Konrad: „Besprechung der Bücher Kamlah/Lorenzen, Logische Propädeutik und Lorenzen/Schwemmer, Konstr. Logik, Ethik und Wissenschaftstheorie." In: Perspektiven der Philos. Neues Jahrb. 6 (1980). S. 329–357.

JÄCKEL, Eberhard; WEYMAR, Ernst (Hg): Die Funktion der Geschichte in unserer Zeit. . . . S: Kl 1975. 360 S.

JANICH, Peter (Hg): Wissenschaftstheorie und Wissenschaftsforschung. M: Beck 1981. 157 S. (EB)

* JANICH, Peter; KAMBARTEL, Friedrich; MITTELSTRASS, Jürgen: Wissenschaftstheorie als Wissenschaftskritik. F: asp 1974. 168 S.

* JANTSCH, Erich: Die Selbstorganisation des Universums. Vom Urknall zum menschl. Geist. M. e. Vorw. v. Paul Feyerabend. (M: Ha 1979.) M: dtv 1982. 462 S. (dtvW 4397)

* JASPERS, Karl: Vom Ursprung u. Ziel d. Geschichte. M: Pi 1949 u. ö. 349 S.

JENSEN, Stefan: Systemtheorie. S: Ko 1983. 155 S. (Ko Soziol.)

JÖHR, Walter Adolf: Gespräche über Wissenschaftstheorie. T: Mohr 1973. VII, 109 S.

* JOHACH, Helmut: Handelnder Mensch und objektiver Geist. Zur Theor. d. Geistes- u. Sozialwiss.en bei Wilhelm Dilthey. Msh: Hain 1974. [VIII,] 203 S. (SW 8)

Jonas, Hans: Das Prinzip Verantwortung. Versuch einer Ethik für die technolog. Zivilisation. F: Insel 1979. 426 S. (Sda 1983. 440 S.)

Käfer, Dieter: Rudolph Beck-Dülmen. Denker in dunkler Zeit. Die erste Biographie m. Selbstzeugnissen und Bilddokumenten. ... Weingarten: Drumlin 1985. 219 S. (Drumlins phantast. Moderne.)

* Kainz, Friedrich: Psychologie der Sprache. Bd 1. Grundlagen d. allgem. Sprachpsych. 3., unv. Aufl. S: Enke 1962. XII, 373 S.

* Kainz, Friedrich: Über die Sprachverführung des Denkens. B: D&H 1973. 518 S.

Kalinowski, Georges: Einführung in die Normenlogik. (A d Fz) F: Ath 1972. XIX, 162 S. (SLK 2)

* Kambartel, Friedrich: Erfahrung und Struktur. Bausteine zu einer Kritik des Empirismus und Formalismus. F: Su 1968 u. ö. 260 S. (Th 2)

* Kamlah, Wilhelm: Philosophische Anthropologie. Sprachkrit. Grundlegung und Ethik. Mh': BIW 1972. 192 S.

* Kamlah, Wilhelm: Von der Sprache zur Vernunft. Philos. u. Wissensch. in d. neuzeitl. Profanität. Mh': BIW 1975. 230 S.

Kamlah, Wilhelm: Utopie, Eschatologie, Geschichtsteleologie. Krit. Untersuchg.en zum Ursprung u. z. futurischen Denken d. Neuzeit. Mh': BI 1969. 106 S. (BI Ht 461/a)

Kamlah, Wilhelm: „‚Zeitalter' überhaupt, ‚Neuzeit' und ‚Frühneuzeit'." In: Saeculum 8 (1957). S. 313–332.

** Kamlah, Wilhelm; Lorenzen, Paul: Logische Propädeutik. Vorschule des vernünftigen Redens. 2., verbess. u. erw. Aufl. Mh': BIW (1967) 1973. 239 S. (BI Ht 227) Unv. Nachdr. 1990.

Kanitscheider, Bernulf: Wissenschaftstheorie der Naturwissenschaft. B': dGr 1981. 284 S. (SG 2216)

Kant, Immanuel: Werkausgabe. Hg v. Wilhelm Weischedel. Text- und seitengleich mit der Theorie-Werkausgabe von Suhrkamp nach dem Insel Verlag 1968. Lizenzausgabe in 12 Bänden. F: Su 1977. (stw)

Kant, Immanuel: Kritik der reinen Vernunft. Hg v. Wilhelm Weischedel. (Wb: Insel 1956.) (F: Su 1968. [Th-Werkausg.]) F: Su 1976. (stw 55) – 2 Halbbände [= Insel II = Su 3 u. 4]: Hbd 1. 340[, VI] S. – Hbd 2. S. 341–717[, VI] S.

Kant, Immanuel: [2.] Kritik der praktischen Vernunft. [1.] Grundlegung zur Metaphysik der Sitten. Hg v. Wilhelm Weischedel. (Wb: Insel 1956.) (F: Su 1968. [Th-Werkausg.]) F: Su 1976 u. ö. 302 S. (stw 56) – [= Insel IV 1 = Su 7]

Kant, Immanuel: Die Metaphysik der Sitten [und zwei weitere Schriften]. Hg v. Wilhelm Weischedel. (Wb: Insel 1956) (F: Su 1968. [Th-Werkausg.]) F: Su 1977 u. ö. S. 303–885[, X] S. (stw 190) – [= Insel IV 2 = Su 8]

Kant, Immanuel: Schriften zur Metaphysik und Logik. Hg v. Wilhelm Weischedel. (Wb: Insel 1958.) (F: Su 1968. [Th-Werkausg.]) F: Su 1977. (stw 188; 189) 2 Halbbände [=Insel III=Su 5 u. 6]: Hbd 1. 373[, X] S. – Hbd 2. S. 375–685[, X] S.

KATZ, Jerrold J.: Philosophie der Sprache. (A d Am) (1966) F: Su 1969 u. ö. 292 S. (Th 2.)

KAULBACH, Friedrich: Einführung in die Philosophie des Handelns. 2. Aufl. Dst: WB (1982) 1986. XII, 178 S. (Ph)

* KAULBACH, Friedrich: Ethik und Metaethik. Darst. u. Krit. metaeth. Arg.e. Dst: WB 1974. XIV, 233 S. (IdF 14)

KAYSER, Wolfgang: Das sprachliche Kunstwerk. E. Einf. in d. Lit.wissensch. 16. Aufl. Be': Fr (1948) 1973. 460 S. – [19]1983.

KEDROW, B. M.: Klassifizierung der Wissenschaften. (A d En) Bd 1; 2. K 1975; 1976.

* v. KEMPSKI, Jürgen: Brechungen. Krit. Versuche z. Philos. d. Gegenw. Rb: Ro 1964. 331 S. (rpb)

KEUTH, Herbert: Wissenschaft und Werturteil. Zu Werturteilsdiskussion und Positivismusstreit. T: Mohr 1989. VI, 209 S. (EG 59)

* KIRCHGÄSSNER, Gebhard: „Zwischen Dogma und Dogmatismusvorwurf. Bemerkungen zur Diskussion zwischen Kritischem Rationalismus und konstruktivistischer Wissenschaftstheorie." In: Jb f Sw. 1/33 (1982), S. 64–91. [G: V&R]

* KIRN, Paul; LEUSCHNER, Joachim: Einführung in die Geschichtswissenschaft. 5., bearb. u. erg. Aufl.; 6. Aufl. v. J. L. B: dGr (1947) 1972. 134 S. (SG 270)

KISIEL, Theodore: „Zu einer Hermeneutik naturwissenschaftlicher Entdeckung." In: ZaW 2 (1971)/2, S. 195–221.

KITTLER, Friedrich A. (Hg): Austreibung des Geistes aus den Geisteswissenschaften. Programme des Poststrukturalismus. Pd: Schö 1980. 224 S. (UTB 1054)

KLAUS, Georg: Wörterbuch der Kybernetik. Bd 1; 2. überarb. Neuaufl. F: FiT (1969) Fi Hdber 1073–74) 1979. (FiT AR) – Bd 1. (FiT AR 4503) – Bd 2. (FiT AR 4504)

KLEIN, Hans-Dieter; OESER, Erhard (Hg): Geschichte und System. Fs f. Erich Heintel z. 60. Geb'tag. W': Old 1972. 328 S.

KLINGENSTEIN, Grete; LUTZ, Heinrich (Hg): Spezialforschung und ‚Gesamtgeschichte'. Beispiele u. Methodenfragen z. Geschichte d. frühen Neuzeit. Redaktion: Gernot Heiss. W: VGP (WBGN 8). 1981. 335 S.

* KLÜVER, Jürgen: Operationalismus. Kritik u. Geschichte einer Philosophie d. exakten Wissenschaften. S: FH 1971. 220 S. (pra 2)

* KLUG, Ulrich: Juristische Logik. 4., neubearb. Aufl. B': Spri 1982. IX, 227 S.

KLUXEN, Kurt: Vorlesungen zur Geschichtstheorie. Bd 1; 2. Pd: Schö. (SSGG) – Bd. 1. 1974. 252 S. – Bd. 2. 1981. 264 S.

KNAPP, Hans Georg: Logik der Prognose. Semantische Grundlegung teleolog. u. sozialwissenschaftl. Vorhersagen. Fb': Alber 1978. 338 S. (BPh)

KNITTERMEYER, Hinrich: Artikel „Dialektik". In: RGG[3] 2. Sp. 167 –.

KOB, Janpeter: Das soziale Berufsbewußtsein des Lehrers der höheren Schule. Eine soziologische Leitstudie. Wz: WbV 1958. 106 S. (WE 21)

KOCH, Hans-Albrecht in Verb. mit KRUP-EBERT, Agnes (Hg): Welt der Information. Wissen und Wissensvermittlung in Geschichte und Gegenwart. S: Me 1990. XI, 219 S.

KOCH, Walter A. (Hg): Semiotik und Wissenschaftstheorie. Bochum: Brockmeyer 1990. 167 S. (Bochumer Beitr. zur Semiotik 14)

KOCKA, Jürgen (Hg): Interdisziplinarität. Praxis, Herausforderung, Ideologie. F: Su 1987. 168 S. (stw 671)

KOCKA, Jürgen: Sozialgeschichte. Begriff, Entwicklung, Probleme. G: V&R 1977. 173 S. (KVR 1434)

** KOCKA, Jürgen (Hg): Theorien in der Praxis des Historikers. Forschungsbeispiele u. ihre Diskussion. G: V&R 1977. 225 S. (GG Sh 3)

KOCKA, Jürgen; NIPPERDEY, Thomas (Hg): Theorie und Erzählung in der Geschichte. M: dtv 1980. (Th d Gesch 3) (BzH 3) (dtv 4342)

KOCKA, Jürgen; REPGEN, Konrad; QUANDT, Siegfried: Theoriedebatte und Geschichtsunterricht. Sozialgeschichte, Paradigmawechsel und Geschichtsdidaktik in d. aktuellen Diskussion. Pd: Schö 1982. 90 S. (Sh 3 d. Zs ,Gesch.; Pol. u. ihre Did.')

KÖNIG, Eckard; KÖSSLER, Henning; RINGEL, Gustav: Basiswissen Philosophie. Eine praxisbezogene Einf. Methoden vernünftigen Redens u. Handelns. M: MV 1975. 127 S. (Bw)

KÖNIG, Gert: Was heißt Wissenschaftstheorie? Ddf: Phia 1971

KÖNIG, Josef: Festschrift s. DELIUS/PATZIG.

* KÖNIG, René: Handbuch der empirischen Sozialforschung. Bd. I. 3., umgearb. u. erw. Aufl. als Band 1–4 d. TA. S: Enke (1962–1967) 1973–1974. (Band 1–4) (Flex Tb)

* KÖNIG, René: Handbuch der empirischen Sozialforschung. Bd. II. 2., völlig neubearb. Aufl. als Band 5–14 d. TA. S: Enke (1969) 1976–1979. (Band 5–14) (Flex Tb)

KÖNIG, René (Hg): Soziologie. Umgearb. u. erw. Neuausg. F: Fi B (1958, 1967) 1969. 394 S. (FL 10)

KOFLER, Leo: Geschichte und Dialektik. Studien z. Methodenlehre d. marx. Dialektik. (1955) 2. Aufl. Hg: K. H. Neumann, K. P. Thiel, W. Schella. Oberaula: Marxismus-Vl. R. Böhme 1970. V, 238 S.

KOHLSTRUNK, Irene: Logik und Historie in Droysens Geschichtstheorie. Eine Analyse v. Genese u. Konstitutionsprinzipien seiner ‚Historik'. Wb: St 1982. VI, 182 S. (FHA 23)

* Kolakowski, Leszek: Die Hauptströmungen des Marxismus. Entstehung, Entwicklung, Zerfall. (A d Poln) Bd. 1–3. M: Pi. – Bd. 1. 1977. 489 S. – Bd. 2. 1978. 588 S. – Bd. 3. 1979. 614 S.

* Kolakowski, Leszek: Marxismus. Utopie u. Anti-Utopie. S: Ko 1975. 133 S. (U 865)

* Kolakowski, Leszek: Der Mensch ohne Alternative. Von d. Möglichkeit u. Unmöglichkeit, Marxist zu sein. (A d Poln) Neuausg. M: Pi (1960) (1967) 1976. 312 S. (SP 140)

Kolbe, Jürgen (Hg): Ansichten einer künftigen Germanistik. 2., dchges. u. erg. Aufl. 1969. 3. Aufl. als Nachdr. d. 2. M: Ha (1969) 1970. 224 S. (RH 29) (Auch 1974 u. ö. als UM 3017)

* Korsch, Karl: Karl Marx. Im Auftr. d. Internat. Instituts f. Sozialgesch. hg v. Götz Langkau. 2. unv. Aufl. F: EVA; W: EV (1967) 1969. XV, 283 S. (PT) (Satzgleiche TA:) Korsch, Karl: Karl Marx, Marxistische Theorie und Klassenbewußtsein. Rb: Ro 1981. XV, 280 S. (rsb 7429)

Korsch, Karl: Marxismus und Philosophie. Hg u. eingel. v. Erich Gerlach. 6. Aufl. F: EVA; W: EV (1966) 1975. 184 S. (PT)

* Koselleck, Reinhart (Hg): Historische Semantik und Begriffsgeschichte. S: Kl-C 1979. 400 S. (SpGe 1)

Koselleck, Reinhart: Vergangene Zukunft. Zur Semantik geschichtl. Zeiten. F: Su 1979. 389 S. (Tb) (1989 als stw 757)

Koselleck, Reinhart; Lutz, Heinrich; Rüsen, Jörn: Formen der Geschichtsschreibung. M: dtv 1982. 630 S. (Th d Gesch 4) (BzH 4) (dtv W 4389)

Koselleck, Reinhart; Mommsen, Wolfgang. J: Rüsen, Jörn (Hg): Objektivität und Parteilichkeit in der Geschichtswissenschaft. M: dtv 1977. 496 S. (Th d Gesch 1) (BzH 1) (dtv W 4281)

* Koselleck, Reinhart; Stempel, Wolf-Dieter: Geschichte – Ereignis und Erzählung. M: Fink 1973. 600 S. (PH 5)

Koslowski, Peter: Ethik des Kapitalismus. M. e. Kommentar v. J. M. Buchanan. T: Mohr 1982. 80 S. (WEIVA 87) – ²1984.

Kosthorst, Erich (Hg): Geschichtswissenschaft. Didaktik, Forschung, Theorie. M. Beitr. v. . . . . G: V&R 1977. 66 S. (KVR 1430)

Krämer, H.: „Grundsätzliches zur Kooperation zwischen historischen und systematischen Wissenschaften." In: ZphF 32/4 (1978)

Kraft, Julius: Die Unmöglichkeit der Geisteswissenschaft. Dritte (inhaltl. unv.) Aufl. (Mit Registern) H: Meiner (1934, 1957) 1977. IV, 138 S.

** Kraft, Victor: Erkenntnislehre. W: Spri 1960. VIII, 379 S.

* Kraft, Victor: Die Grundlagen der Erkenntnis und der Moral. B: D&H 1968. 146 S. (ED 28)

* Kraft, Victor: Mathematik, Logik und Erfahrung. 2., neubearb. Aufl. W': Spri (1947) 1970. [XIII,] 104 S. (LEP 2)

* Kraft, Victor: Der Wiener Kreis. Der Ursprung des Neopositivismus. Ein Kapitel der jüngsten Philosophiegeschichte. 2., erw. u. verbess. Aufl. W': Spri (1950) 1968. VIII, 202 S.

* Krauch, Helmut: Die organisierte Forschung. Nw': Lu 1970, 288 S. (SL 2)

* Krauch, Helmut (Hg): Systemanalyse in Regierung und Verwaltung. Fb: Romb 1972.

* Krauch, Helmut; Kunz, Werner; Rittel, Horst (Hg): Forschungsplanung. M': 1966.

* Kraus, Karl: Die Sprache. 4. Aufl. M: Kös (1937, 1954) 1962. 448 S. (= 2. Bd. d. Werke v. Karl Kraus) – TA: M: dtv 1969. 337 S. (dtv 613)

* Kronasser, Heinz: Handbuch der Semasiologie. Kurze Einf. i. d. Geschichte, Problematik u. Terminologie d. Bedeutungslehre. 2., unv. Aufl. Hd: Winter (1952) 1968. 204 S. (BAS 1. Rh.: Hdber)

Krummacher, Hans-Henrik (Hg): Geisteswissenschaften – wozu? Beisp. ihrer Gegenstände und ihrer Fragen. E. Vortragsreihe der ... U Mainz .... Wb: St 1988. 286 S.

Kümmel, Friedrich: Verständnis und Vorverständnis. Subjektive Voraussetzungen u. objektiver Anspruch des Verstehens. Essen: nds 1965. 74 S. (npb 22)

Kuhn, Thomas Samuel: Die Entstehung des Neuen. Studien z. Struktur d. Wissenschaftsgeschichte. Hg v. Lorenz Krüger. (A d En) F: Su 1977. 473 S. (Auch 1978 als stw 236)

* Kuhn, Thomas Samuel: Die Struktur wissenschaftlicher Revolutionen. 2. rev. u. um d. Postskriptum v. 1969 erg. Aufl. (A d En) (1962, 1970) F: Su (1967) (1973) 1976. 239 S. (stw 25)

Kulenkampff, Arend (Hg): Methodologie der Philosophie. Dst: WB 1979. XVI, 292 S. (WdF 216)

Lakatos, Imre: Mathematik, empirische Wissenschaft und Erkenntnistheorie. Hg v. John Worrall u. Gregory Currie. (A d En) (1978) Br': Vi 1982. X, 279 S. (PhS 2)

Lakatos, Imre: Die Methodologie der wissenschaftlichen Forschungsprogramme. Br': Vi 1982. X, 255 S. (PhS 1)

* Lakatos, Imre; Musgrave, Alan (Hg): Kritik und Erkenntnisfortschritt. Abhandlgg. des Intern. Kolloquiums üb. d. Philosophie d. Wissenschaft. London 1965. Band 4. M. Beitr. v. .... (A d En) (Criticism and the Growth of Knowledge. L: CUP 70) Br: Vi 1974. XI, 324 S. (WWP 9)

* Landmann, Michael: Philosophische Anthropologie. Menschliche Selbstdarstellung in Geschichte u. Gegenwart. 5., durchges. Aufl. B: dGr (1955) 1982. 225 S. (SG 2201)

LANDMANN, Michael: Was ist Philosophie? 3. Aufl. Bn: Bouv (1972) 1977. 320 S. – [4]1985.

* LANGACKER, Ronald W.: Sprache und ihre Struktur. ... (A d Am) (1968) 2., dchges. u. erw. Aufl. T: Niem (1971) 1976. X, 286 S. (KSL 10)

LASZLO, Ervin: Introduction to Systems Philosophy. Toward a New Paradigm of Contemporary Thought. With a Foreword by Ludwig von Bertalanffy. NY': H&R (1972) 1973. XXI, 328 S. (HT 1762) – [Hardc. Ausg.] NY: G+B 1972

LAZARSFELD, Paul: Am Puls der Gesellschaft. Zur Methodik d. empirischen Soziologie. (A d Am) W': EV 1968. 184 S. (EP)

LEFÈBVRE, Henri: Der Marxismus. (Le Marxisme.) (A d Fz) (1948) M: Beck 1975. 107 S. (BSR 127)

* LEISI, Ernst: Der Wortinhalt. Seine Struktur im Deutschen u. Englischen. 5. Aufl. Hd: Q&M (1952) 1975. 141 S. (UTB 95)

LENIN (, Wladimir Iljitsch): Aus den Schriften 1895–1923. Hg v. Hermann Weber. M: dtv 1967 u. ö. 339 S. (dtv D 2919)

LENIN (, Wladimir Iljitsch): Studienausgabe. Hg v. Iring Fetscher. Bd 1; 2. F: FiT 1970 u. ö. 396; 398 S. (fBdW 6012–13)

** LENK, Hans (Hg): Handlungstheorien interdisziplinär. [Bd] 1–4. M: Fink. (KI) – [Bd.] 1. Handlungslogik, formale u. sprachwiss. Handlungstheorien. 1980. 492 S. (62) – [Bd.] 2. Handlungserklärungen u. philosophische Handlungsinterpretation. 1. Halbband. 1978. 398 S. (63) 2. Halbband. 1979. IX S., S. 399–774. (63) – [Bd.] 3. Verhaltenswissenschaft u. psycholog. Handlungstheorien. 1. Halbband. 1981. IX, 496 S. (64) 2. Halbband. – [Bd.] 4. Sozialwissenschaftl. Handlungstheorien u. spezielle systemwissenschaftl. Ansätze. 1977. 414 S. (65)

LENK, Hans: Kritik der logischen Konstanten. Philosophische Begründungen d. Urteilsformen vom Idealismus b. z. Gegenwart. B: dGr 1968. XXVIII, 687 S.

* LENK, Hans (Hg): Neue Aspekte der Wissenschaftstheorie. ... M. Beitr. v. ...... Br: Vi 1971. 249 S. (WWP 8)

LENK, Hans (Hg): Normenlogik. Grundprobleme der deontischen Logik. Mit Beitr. v. ... Pu: VD 1974. 256 S. (UTB 414)

* LENK, Hans: Pragmatische Philosophie. Plädoyers u. Beispiele f. e. praxisnahe Philosophie u. Wissenschaftstheorie. H: H&C 1975. 321 S. (KW)

* LENK, Hans: Pragmatische Vernunft. Philosophie zw. Wissenschaft u. Praxis. S: Re 1979. 205 S. (RUB 9956.2)

** LENK, Hans; ROPOHL, Günter (Hg): Systemtheorie als Wissenschaftsprogramm. Kst: Ath 1978. 271 S.

LENK, Hans; STAUDINGER, Hansjürgen; STRÖKER, Elisabeth (Hg): Ethik der Wissenschaften. Bd 1 –. – Bd 1. Ethik der Wissenschaften? Philos. Fragen. Hg v. Elis. STRÖKER. Pd: Schö; M: Fink 1984. 150 S.

** LENK, Kurt: Ideologie. Ideologiekritik und Wissenssoziologie. 8. Aufl. Dst': Lu 1978. – 9. überarb. u. erw. Aufl. F: Cps 1984. 432 S.

LEONHARD, Wolfgang: Sowjetideologie heute. 2. Die politischen Lehren. F: FiT 1962 u. ö. 335 S. (f BdW 461)

* LESSING, Theodor: Geschichte als Sinngebung des Sinnlosen. Oder die Geburt der Geschichte aus dem Mythos. (M: Beck 1916.) Nachw. v. Christian Gneuss. H: R&L 1962. 349 S.

* LESSING, Theodor: Geschichte als Sinngebung des Sinnlosen. M. e. Nachw. v. Rita Bischof. M: M&S 1983. 291 S. (Batterie 17)

** LEWIN, Kurt: Feldtheorie in den Sozialwissenschaften. Ausgew. theoret. Schriften. Hg v. Dorwin Cartwright. ... [A d Am] (Be': Huber 1963. 395 S.) Jetzt als: K. LEWIN: Feldtheorie. Hg v. Carl F. Graumann. S: Kl-C 1982. 396 S. (Kurt-Lewin-WA 4)

** LEWIN, Kurt: Wissenschaftstheorie I; II. Hg v. Alexandre Métraux. S: Kl-C. (Kurt-Lewin-WA 1; 2) I. 1981. 400 S. – II. 1983. 531 S.

LIEBER, Hans-Joachim (Hg): Ideologienlehre und Wissenssoziologie. Die Disk. um d. Ideologieproblem i. d. 20er Jahren. Dst: WB 1974. VI, 621 S. (WdF 117)

LIEBER, Hans-Joachim (Hg): Ideologie, Wissenschaft, Gesellschaft. Neuere Beiträge zur Diskussion. Dst: WB 1976. IX, 564 S. (WdF 342)

LIEBER, Hans-Joachim; HELMER, Gerd (Hg): Marx-Lexikon. Zentrale Begriffe der polit. Philos. von Karl Marx. Dst: WB 1988. XV, 715 S.

LISCH, Ralf; KRIZ, Jürgen: Grundlagen und Modelle der Inhaltsanalyse. Op: WV 1978. (WV st 117)

* LITT, Theodor: Das Allgemeine im Aufbau der geisteswissenschaftlichen Erkenntnis. M. e. Einl. hg v. Friedhelm Nicolin. H: Meiner 1980. XIX, 80 S. (PhB 328)

* LITT, Theodor: Ethik der Neuzeit. 2. unv. Nachdr. d. Ausg. v. 1931, verm. um ein v. Friedhelm Nicolin bearb. Register. M: Old 1976. 191 S. *Einbezogen in* HOWALD/DEMPF/LITT.

* LITT, Theodor: Die Wiedererweckung des geschichtlichen Bewußtseins. M. Geleitworten ... z. 75. Geb'tag d. Verfassers. Hd: Q&M 1956. 244 S.

LÖWITH, Karl: Weltgeschichte und Heilsgeschehen. Die theol. Voraussetzungen d. Geschichtsphilosophie. 7. Aufl. S: Ko (1953) 1979. 231 S. (U 2) – ^{8}1990.

LORENZ, Kuno (Hg): Konstruktionen versus Positionen. Beiträge z. Disk. um d. konstruktive Wiss'theorie. Hg. v. ~. Bd 1; 2. B': dGr 1979. – Bd 1. Spezielle Wissenschaftstheorie. XX, 350 S. – Bd 2. Allgemeine Wissenschaftstheorie. X, 406 S.

* LORENZEN, Paul: Differential und Integral. Eine konstruktive Einführg. i. d. klassische Analysis. M. 30 Fig. F: AVg 1965. [VII,] 293 S.

** LORENZEN, Paul: Einführung in die operative Logik und Mathematik. 2. Aufl. B': Spri (1955) 1969. [VIII,] 298 S. (GMW 78)

* LORENZEN, Paul: Die Entstehung der exakten Wissenschaften. M. 70 Abb. B': Spri 1960. V, 163 S. (VeWi GW Abt. 72)

LORENZEN, Paul: Formale Logik. 4. verb. Aufl. B: dGr (1958) 1970. 184 S. (SG 1176/a)

LORENZEN, Paul: Konstruktive Wissenschaftstheorie. F: Su 1974. 236 S. (stw 93)

LORENZEN, Paul: Lehrbuch der konstruktiven Wissenschaftstheorie. Mh': BI W 1987. 331 S.

* LORENZEN, Paul: Metamathematik. 2. Aufl. Mh: BI (1962) 1980. 175 S. (BI Ht 25)

** LORENZEN, Paul: Methodisches Denken. F: Su (1968 [Th 2]) 1974 u. ö. 162 S. (stw 73)

LORENZEN, Paul: Theorie der technischen und politischen Vernunft. S: Re 1978. 168 S. (RUB 9867.2)

LORENZEN, Paul; LORENZ, Kuno: Dialogische Logik. Dst: WB 1978. VIII, 238 S.

LORENZEN, Paul; SCHWEMMER, Oswald: Konstruktive Logik, Ethik und Wissenschaftstheorie. Mh': BI (BI W) 1973. 247 S. (BI Ht 700)

LOSEE, John: Wissenschaftstheorie. Eine hist. Einf. ... (A d Am) (1972) M: Beck 1977. 218 S. (BE)

LOUBSER, Jan J.; BAUM, Rainer C.; EFFRAT, Andrew; MEYER LIDIZ, Victor (Hg): Allgemeine Handlungstheorie. F: Su 1981. 420 S. (Th)

LUDZ, Peter Ch.: Ideologiebegriff und marxistische Theorie. 2. dchges. Aufl. Op: WV (1976) 1977. XVIII, 338 S.

LÜBBE, Hermann: Die Einheit von Naturgeschichte und Kulturgeschichte. Bemerkungen zum Geschichtsbegriff. Wb: St 1981. 19 S. (AM – GS 1981.10)

* LÜBBE, Hermann: Geschichtsbegriff und Geschichtsinteresse. Analytik u. Pragmatik d. Historie. Ba': Schwabe 1977. 346 S.

LÜBBE, Hermann: Praxis der Philosophie, Praktische Philosophie, Geschichtstheorie. S: Re 1978. 157 S. (RUB 9895.2)

LÜBBE, Hermann (Hg): Wozu Philosophie? Stellungnahmen eines Arbeitskreises. B': dGr 1978. IX, 393 S. (dGr Stb)

LÜDTKE, Alf; MEDICK, Hans (Vorw.): Klassen und Kultur. Sozialanthr. Persp'en i. d. Gesch'sschreibg. (Teilw. a d En u. It) F: Sy 1982. 370 S.

* LUHMANN, Niklas: Zweckbegriff und Systemrationalität. Über d. Funktion v. Zwecken in sozialen Systemen. (T: Mohr 1968) F: Su 1973. 390 S. (stw 12)

* Lukács, Georg: Geschichte und Klassenbewußtsein. 2. Aufl. Nw': Lu (1968) 1976. 733 S. (Werke 2. Frühschriften II.)

* Lukács, Georg: Geschichte und Klassenbewußtsein. Studien üb. marxistische Dialektik. 8. Aufl. Dst': Lu (1968) (1970) 1983. 519 S. (SL 11) – ^{10}1988.

Lukács, Georg: Schriften zur Ideologie und Politik. Ausgew. u. eingel. v. Peter Ludz. Nw': Lu 1967. LV, 851 S. (Werkausw. 2.) (ST 51)

Luther, Wilhelm: Sprachphilosophie als Grundlagenwissenschaft. Ihre Bedeutung f. d. wissenschaftl. Grundlagenbildg. u. d. sozialpol. Erziehung. Hd: Q&M 1970. 454 S.

** Lyons, John: Einführung in die moderne Linguistik. (A d En) ... F. d. dten Leser einger. v. Werner Abraham. 5. Aufl. M: Beck (1971) 1980. XXI, 538 S. (BE) – ^{7}1989.

* Lyons, John: Semantik. (A d En) (1977) Übertragen u. f. d. dten Leser einger. v. .... Bd 1; 2. M: Beck. (BE) – Bd 1. 1980. 399 S. – Bd 2. 1983. 508 S.

** Lyons, John: Die Sprache. (A d En) Übertr. u. f. d. dten Leser einger. v. Christoph Gutknecht unt. Mitarb. v. .... M: Beck 1983. 318 S. – ^{3}1990.

Mac Intyre, Alasdair: Geschichte der Ethik im Überblick. Vom Zeitalter Homers bis zum 20. Jh. (A d Am) Msh: Hain 1984. 250 S.

* Maihofer, Werner (Hg): Begriff und Wesen des Rechts. Dst: WB 1973. XXXVIII, 508 S. (WdF 79)

** Maihofer, Werner (Hg): Naturrecht oder Rechtspositivismus? 3., unv. Aufl. Dst: WB (1962) 1981. XI, 644 S. (WdF 16)

Malewski, Andrzej: Verhalten und Interaktion. Die Theorie d. Verhaltens u. d. Problem d. sozialwissenschaftl. Integration. ... (A d Poln) 2. Aufl. T: Mohr (1967) 1977. XIX, 157 S. (EG 6)

** Mangold, Werner: Empirische Sozialforschung. Grundlagen u. Methoden. Hd: Q&M 1967. 93 S. (GE 2)

* Mannheim, Karl: Ideologie und Utopie. ([Teilweise] a d En) 3., verm. Aufl. F: SchB 1952. XXVII, 296 S. – F: Klost. ^{7}1985.

** Mannheim, Karl: Wissenssoziologie. Auswahl aus dem Werk. Eingel. u. hg v. Kurt H. Wolff. 2. Aufl. B, Nw: Lu (1964) 1970. 750 S. (ST 28) *Auch:* WB.

Markovič, Mihailo: Dialektik der Praxis. (A d Serb) F: Su 1968. 195 S. (es 285)

Marquard, Odo: Schwierigkeiten mit der Geschichtsphilosophie. F: Su 1973. 249 S. (Th) (Auch 1982 als stw 394)

* Martens, Gunter; Zeller, Hans (Hg): Texte und Varianten. Probleme ihrer Edition und Interpretation. M: Beck 1971. X, 441 S.

** Martinet, André: Grundzüge der Allgemeinen Sprachwissenschaft (A d Fz) (1960) 5. unv. Aufl. S: Ko (1963) 1971. 201 S. (U 69)

Marx, Karl: Die Frühschriften. Von 1837 bis zum Manifest der Kommunistischen Partei 1848. Hg v. Siegfried Landshut. 6. Aufl. S: Kröner 1971. LX, 588 S. (KTA 209)

Marx, Karl: Manifest der kommunistischen Partei. (In: Karl Marx; Friedrich Engels: Werke. Band 4). Auch in: Karl Marx; Friedrich Engels: Ausgewählte Schriften in zwei Bänden. Band I. S. 17–57. Ferner in: Karl Marx; Friedrich Engels: Studienausg. in vier Bänden. Hg v. Iring Fetscher. Bd III. S. 59–87.

Marx, Karl: Manifest der kommunistischen Partei. Hg, eingel. u. erläut. v. Theo Stammen. M: Fink 1969. 165 S. (ST 4)

Marx, Karl: Das Kapital. Kritik der politischen Ökonomie. Erster Band. Buch I: Der Produktionsprozeß des Kapitals. 4. Aufl. B: Dietz (1962) 1969. 955 S. (MEW 23)

Marx, Karl: Werke, Schriften, Briefe. Bd 1–6. Hg v. Hans-Joachim Lieber, Peter Furth u. Benedikt Kautsky. S. 1960–1964. – Je nach Bd: WB 3–5 1975–1990.

Marx, Karl; Engels, Friedrich: Werke und Briefe. (= MEW) 26 Bde Texte, 13 Bde Briefe; 2 Erg.bde, 2 Reg.bde. OstB: Dietz 1957–.

Marx, Karl; Engels, Friedrich: Ausgewählte Schriften in zwei Bänden. B: Dietz. (1951, 1952) – Bd I. 18. Aufl. 1970. 761 S. – Bd II. 16. Aufl. 1968. 615 S.

* Marx, Karl; Engels, Friedrich: Studienausgabe in vier Bänden. Hg v. Iring Fetscher. F: Fi 1966 (Bücher d. Wissens. 764–767) I. Philosophie. 255 S. II. Politische Ökonomie. 288 S. III. Geschichte und Politik 1. 255 S. IV. Geschichte und Politik 2. Abhandlungen und Zeitungsaufsätze zur Zeitgeschichte. 284 S.

* Mathematik 1. (Grundlagen, Algebra, Klassische Analysis.) Verf. u. hg v. Heinrich Behnke, Reinhold Remmert, Hans-Georg Steiner, Horst Tietz. F: FiT 1964 u. ö. 383 S. (FL 29/1)

Matthes, Joachim: Einführung in das Studium der Soziologie. Rb: Ro 1973 u. ö. 348 S. (rst. SW 15) 3. Aufl. Op: WV (1973) 1981. 348 S. (WV st 15)

Maurer, Reinhart Klemens: Jürgen Habermas' Aufhebung der Philosophie. T: Mohr 1977. 70 S. (PhR Bh 8)

Mauthner, Fritz: Zur Sprachwissenschaft. B: Ul 1982. 718 S. (UlB 35146)

* Mayntz, Renate; Holm, Kurt; Hübner, Peter: Einführung in die Methoden der empirischen Soziologie. 5. Aufl. K': WV (1969) 1978. 240 S.

* Meggle, Georg (Hg): Analytische Handlungstheorie. Bd 1. Handlungsbeschreibungen. F: Su 1977. XXVIII, 428 S. (Th) [Bd 2: s. Beckermann]

* Meggle, Georg: Grundbegriffe der Kommunikation. B': dGr 1981. XIV, 350 S. (GdK) (dGr Stb)

Meggle, Georg (Hg): Handlung, Kommunikation, Bedeutung. F: Su 1979. 400 S. (Th)

Meggle, Georg; Beetz, Manfred: Interpretationstheorie und Interpretationspraxis. Krb: Scr 1976. 158 S. (MWG 3)

** Meinecke, Friedrich: Die Entstehung des Historismus. Hg u. eingel. v. Carl Hinrichs. 4. Aufl. (2. Aufl. im Rahmen der ‚Friedrich-Meinecke-Werke'.) M: Old (1959) 1965. XLIX, 617 S. (Werke III)

** Meinecke, Friedrich: Zur Theorie und Philosophie der Geschichte. Hg u. eingel. v. Eberhard Kessel. 2. Aufl. S: K. F. Koehler (1959) 1965. XXXIV, 403 S. (Werke IV)

Meja, Volker; Stehr, Nico (Hg): Der Streit um die Wissenssoziologie. Bd 1; 2. F: Su 1982. (stw 361) – Bd 1. Die Entwicklung der deutschen Wissenssoziol. 413 S. – Bd 2. Rezeption u. Kritik d. Wissenssoziol. [VIII S.,] S. 415–975.

* Menne, Albert: Einführung in die Logik. 3. Aufl. M: Fr (1966) 1981. 131 S. (Dalp-Tber 384 D) (UTB 34) – ^{4}1986.

* Menne, Albert: Einführung in die Methodologie. Elementare allg. wissenschaftl. Denkmethoden im Überblick. 2., verb. Aufl. Dst: WB (1980) 1984. VIII, 133 S. (Ph)

* Menne, Albert: Folgerichtig denken. Logische Untersuchungen zu philos. Problemen und Begriffen. Dst: WB 1988. VI, 188 S.

Merleau-Ponty, Maurice: Die Abenteuer der Dialektik. (A d Fr) F: Su 1968. 281 S. (1975 als stw 105)

Merleau-Ponty, Maurice: Phänomenologie der Wahrnehmung. (A d Fz) (1966) B: dGr 1976. XXVIII, 535 S. (dGr Stb)

Merton, Robert King: Social Theory and Social Structure. Enlarged Edition. NY: FP; L: CM (1949, 1957, 1965) 1968. XXVII, 702 S.

** Meschkowski, Herbert: Einführung in die moderne Mathematik. 3., verb. Aufl. Mh: BI (1964) 1971. 214 S. (BI Ht 75)

Meschkowski, Herbert: Richtigkeit und Wahrheit in der Mathematik. 2. dchges. Aufl. Dst: WB 1978. 219 S.

* Meschkowski, Herbert: Was wir wirklich wissen. Die exakten Wissenschaften u. ihr Beitr. z. Erk. M: Pi; Dst: WB 1984. 300 S.

* Methoden der Geschichtswissenschaft und der Archäologie. Dargest. v. Karl Acham ... [u. a.] M: Old 1974. 301 S. (EgA 10)

* Methoden der Logik und Mathematik. Statistische Methoden. Dargest. v. Hans Hermes [u.] Erich Mittenecker. M': Old 1968. 141 S. (EgA 3)

* Methoden der Sozialwissenschaften. Dargest. v. Eberhard Fels ... [u. a.] M': Old 1967. 258 S. (EgA 8)

* Methoden der Sprachwissenschaft. Dargest. v. Helmut Schnelle ... [u. a.] M': Old 1968. 173 S. (EgA 4)

Metz, Karl Heinz: Grundformen historiographischen Denkens. Wissenschaftsgeschichte als Methodologie. Dargest. an Ranke,

Treitschke u. Lamprecht. M. e. Anh. üb. zeitgenössische Geschichtstheorie. M: Fink 1979. 739 S. (MUS. Reihe d. Ph. Fak. 21)

MEYER, Eduard: Zur Theorie und Methodik der Geschichte. Geschichtsphilosophische Untersuchungen. Halle: Niem 1902. VIII, 56 S.

MILL, John Stuart: Der Utilitarismus. (Utilitarianism.) Übs., Anm. u. Nachw. v. Dieter Birnbacher. S: Re 1976. 127 S. (RUB 9821.2)

MISCH, Georg: Lebensphilosophie und Phänomenologie. Eine Auseinandersetzung d. Dilthey'schen Richtung mit Heidegger u. Husserl. 2. Aufl. Lp u. B: Teub 1931. X, 324 S.

* v. MISES, Richard: Kleines Lehrbuch des Positivismus. Einführung in die empiristische Wissenschaftsauffassung. (DH: van Stockum 1939. XII, 467 S.) Hg u. eingel. v. Friedrich Stadler. F: Su 1990. 559 S. (stw 871)

MITTELSTRASS, Jürgen: Neuzeit und Aufklärung. Studien zur Entstehung der neuzeitlichen Wissenschaft und Philosophie. B': dGr 1970. XVI, 651 S.

* MITTELSTRASS, Jürgen; RIEDEL, Manfred (Hg): Vernünftiges Denken. Studien zur praktischen Philosophie und Wissenschaftstheorie. B': dGr 1978. XII, 468 S.

MOMMSEN, Wolfgang J.: Die Geschichtswissenschaft jenseits des Historismus. Erw. Fassg. e. Antrittsvorlesg. Ddf. 1970. Ddf: Droste 1971. 46 S.

** MORRIS, Charles William: Grundlagen der Zeichentheorie. Ästhetik und Zeichentheorie. ... (A d Am) (1938, 1939) M. e. Nachw. v. Friedrich Knilli. (M: Ha 1972. [RH 106]) B: Ul 1980. 129 S. (UM 35006) F: Fi 1988 (FiW 7406)

MORRIS, Charles William: Pragmatische Semiotik und Handlungstheorie. M. e. Einleitg hg v. Achim Eschbach. F: Su 1977. 423 S. (stw 179)

* MORRIS, Charles William: Zeichen, Sprache und Verhalten (A d Am) (1946) M. e. Einf. v. Karl-Otto Apel. (Ddf: Schw 1973 [SpLe 28]) Lizenzausg. F: Ul 1981. 431 S. (UM 35077)

* MÜLLER, Kurt; SCHEPERS, Heinrich; TOTOK, Wilhelm (Hg): Die Bedeutung der Wissenschaftsgeschichte für die Wissenschaftstheorie. Sympos. ... Hannover ... 1974. Wb: St 1977. VIII, 170 S. (St Lb. Sh 6)

* MÜLLER, Kurt; SCHEPERS, Heinrich; TOTOK, Wilhelm (Hg): Der Wissenschaftsbegriff in den Natur- und Geisteswissenschaften. Symp. ... Hannover ... 1973. Wb: St 1975. VIII, 302 S. (St Lb. Sh 5)

MÜLLER, Rolf: Astronomische Begriffe. Mh: BI 1964. 186 S. (BI 57/a)

MÜNCH, Richard: Theorie des Handelns. Zur Rekonstruktion der Beitr. v. Talcott Parsons, Emile Durkheim u. Max Weber. F: Su 1982. 693 S. (1987 als stw 704)

* MÜNCH, Richard: Theorie sozialer Systeme. E. Einf. i. Grundbegriffe, Grundannahmen u. log. Struktur. Op: WV 1976. 188 S. (Stb S 30)

* NARR, Wolf-Dieter: Theoriebegriffe und Systemtheorie. 4. Aufl. S: Ko (1969) 1976. 210 S. (Narr/Naschold: Einf. i. d. mod. pol. Theorie 1)

* NASCHOLD, Frieder: Systemsteuerung. 3. Aufl. S: Ko (1969) 1972. 187 S. (Narr/Naschold: Einf. i. d. mod. pol. Theorie 2)

* NEURATH, Otto: Gesammelte philosophische und methodologische Schriften. Hg v. Rudolf Haller u. Heiner Rutte. Bd 1; 2. W: HPT 1981. – Bd 1. XVI, 527 S. – Bd 2. VIII S., S. 529–1033.

* NEURATH, Otto: Wissenschaftliche Weltauffassung, Sozialismus und Logischer Empirismus. Hg v. Rainer Hegselmann. F: Su 1979. 311 S. (stw 281)

** NEURATH, Paul: Statistik für Sozialwissenschaftler. E. Einf. i. d. statist. Denken. M. 81 Abb. u. 58 Tab. S: Enke 1966. XIX, 488 S.

NEUSÜSS, Arnhelm (Hg): Utopie. Begriff u. Phänomen d. Utopischen. Hg u. eingel. v. ~. Nw': Lu 1968. 525 S. (ST 44) – F: Cps 1986.

NIETHAMMER, Lutz: Posthistorie. Ist die Geschichte zu Ende? Rb: Ro 1989. 189 S. (re 504)

NIETZSCHE, Friedrich: Erkenntnistheoretische Schriften. Nachw. v. Jürgen Habermas. F: Su 1968. 264 S. (Th)

* NIETZSCHE, Friedrich: Vom Nutzen und Nachteil der Historie für das Leben. (Unzeitgemäße Betrachtungen. Zweites Stück.) In: Werke in drei Bänden. Hg v. Karl Schlechta. Erster Band. M: Ha 1954. S. 209–285.

* NIPPERDEY, Thomas: Gesellschaft, Kultur, Theorie. Ges. Aufs. z. neueren Geschichte. G: V&R 1976. 466 S. (KSt Gw 18)

NITSCHKE, August: Revolutionen in Naturwissenschaft und Gesellschaft. S: FH 1979. 207 S. (pra 83)

* NOHL, Herman: Das historische Bewußtsein. Hg v. Erika Hoffmann u. Rudolf Joerden. M. e. Nachw. v. Otto Friedrich Bollnow. G': Mu 1979. 135 S.

OESER, Erhard: Begriff und Systematik der Abstraktion. W': Old 1969.

OESER, Erhard (Hg): Das Realismusproblem. W: Ed. S. [sic!] 1988. 357 S. (Wiener St'ien zur Wth 2)

OESER, Erhard: System, Klassifikation, Evolution. Hist. Analysen u. Rekonstruktion d. wissenschaftstheoretischen Grundlagen d. Biologie. W': Brau 1974. X, 158 S.

* OESER, Erhard: Wissenschaft und Information. System. Grundlagen einer Theorie d. Wissenschaftsentwickl. Bd 1–3. W': Old 1976. (SN) – Bd 1. Wissenschaftstheorie u. empir. Wiss.schaftsfschg. 158 S. – Bd 2. Erkenntnis als Informationsprozeß. 144 S. – Bd 3. Struktur u. Dynamik erfahr.wiss. Systeme. 160 S.

Oeser, Erhard: Wissenschaftstheorie als Rekonstruktion der Wissenschaftsgeschichte. Fallstudien z. e. Theorie d. Wissenschaftsentwicklg. Bd 1; 2. W': Old 1979. (SN) – Bd 1. Metrisierg., Hypothesenbildg., Theoriendynamik. 198 S. – Bd 2. Experiment, Erklärg., Prognose. 182 S.

* Odgen, Charles Kay; Richards, Ivor Armstrong: Die Bedeutung der Bedeutung. Eine Untersuchung üb. d. Einfluß d. Sprache auf d. Denken. ... (A d En) (1923) F: Su 1974. 384 S. (Th)

Ohler, Norbert: Quantitative Methoden für Historiker. Eine Einführg. M. e. Einf. i. d. EDV für Historiker v. Hermann Schäfer. M: Beck 1980. 291 S. (BE)

Opgenoorth, Ernst: Einführung in das Studium der neueren Geschichte. M. e. Geleitw. v. Walther Hubatsch. Br: West 1969. XII, 225 S. – Pd: Schö 1989. 283 S. (UTB 1553)

Opp, Karl-Dieter: Die Entstehung sozialer Normen. T: Mohr 1983. IX, 240 S. (EG 33)

Opp, Karl-Dieter: Methodologie der Sozialwissenschaften. Einf. in Probleme ihrer Theorienbildg. Durchgreifend rev. u. wesentl. erw. Neuausgabe. Rb: Ro (1970) 1976. 429 S. (rst SW 91)

* Orth, Ernst Wolfgang: Einführung in die Phänomenologie. Dst: WB ca 1985. ca 160 S. (Ph) *In Vorbereitung.*

* Palmer, Frank: Grammatik und Grammatiktheorie. Eine Einf. i. d. mod. Linguistik. A d En übertr. u. f. d. dt. Leser einger. v. Christoph Gutknecht. (1971, 1973) M: Beck 1974. 184 S. (BE)

* Palmer, Frank: Semantik. Eine Einf. A d En übtr. u. f. d. dten Leser einger. v. Christoph Gutknecht. M: Beck 1977. 160 S. (BE)

* Parsons, Talcott: Beiträge zur soziologischen Theorie. (A d En) Hg u. eingel. v. Dietrich Rüschemeyer. 3., unv. Aufl. Dst u. Nw: Lu (1964) 1973. 314 S.

Parsons, Talcott: Gesellschaften. Evol. u. komparative Perpektiven. (A d Am) (1966) F: Su 1975 u. ö. 197 S. (stw 106)

Parsons, Talcott: The Social System. NY: FP (1951) 1964. XVIII, 575 S.

* Parsons, Talcott: Zur Theorie sozialer Systeme. (A d En) Hg u. eingel. v. Stefan Jensen. Op: WV 1976. 318 S. (SzS 14)

Parsons,Talcott; Shils, Edward A. (Hg); Edward C. Tolman ... [u. a.]: Toward a General Theory of Action. CM: HUP (1951) 1962. XI, 506 S.

Patzig, Günther: Die Aristotelische Syllogistik. Logisch-philologische Untersuchungen ... 3., veränd. Aufl. G: V&R (1959) 1969. 217 S. (AG-PH 3. F 42)

** Patzig, Günther: Ethik ohne Metaphysik. 2., dchges. u. erw. Aufl. G: V&R (1971) 1983. 174 S. (KVR 1326)

** Patzig, Günther: „Kant. Wie sind synthetische Urteile a priori möglich?“ In: Speck, Josef (Hg): Grundprobleme d. großen Philosophen. Philos. d. Neuzeit 2. G: V&R 1976. (UTB 464) S. 9–70.

* PATZIG, Günther: „Satz und Tatsache.“ In: DELIUS, Harald; PATZIG, Günther (Hg): Argumentationen. Fs. für Josef König. G: V&R 1964. S. 170–191.

** PATZIG, Günther: Sprache und Logik. 2., durchges. u. erw. Aufl. G: V&R 1981. II, 132 S. (KVR 1281)

** PATZIG, Günther: Tatsachen, Normen, Sätze. Aufsätze u. Vorträge. M. e. autobiogr. Einleitung. S: Re 1980. 181 S. (RUB 9986.2)

* PATZIG, Günther; SCHEIBE, Erhard; WIELAND, Wolfgang (Hg): Logik, Ethik, Theorie der Geisteswissenschaften. XI. Dt. Kongreß f. Philosophie. . . . 1975. H: Meiner 1977. X, 554 S.

PAWLOWSKI, Tadeusz: Begriffsbildung und Definition. (A d Poln) B: dGr 1980. 280 S. (SG 2213)

PAWLOWSKI, Tadeusz: Methodologische Probleme in den Geistes- und Sozialwissenschaften. (A d Poln) Wb, Br: Vi; Wa: PWN Poln. Verl. der Wiss. (1975). X, 130 S.

PETROVIČ, Gajo: Wider den autoritären Marxismus. (A d Jugosl.) F: EVA 1969. 225 S.

PETROVIČ, Gajo (Hg): Revolutionäre Praxis. Jugosl. Marxismus d. Gegenwart. (A d Jugosl) Fb: Romb 1969. 286 S. (SR NF 3)

PFAFFEROTH, Gerhard: Ethik und Hermeneutik. Mensch u. Moral i. Gefüge d. Lebensform. Kst: Fa 1981. XIV, 336 S. (Mph F 208)

PFEIFFER, Gerhard: Das Gewissen in geistesgeschichtlicher Sicht. Sbr: Dadder 1990. 132 S. (Schr’en z. int. Kultur- u. Geisteswelt 8)

* PIAGET, Jean: Einführung in die genetische Erkenntnistheorie. Vier Vorlesungen. (A d Am) F: Su 1973 u. ö. 104 S. (stw 6)

PIEPER, Annemarie: „Analytische Ethik. Ein Überblick über die seit 1900 in England u. Amerika ersch. Ethik-Literatur.“ In: Phil. Jb 78 (1971). S. 144 –.

* PIEPER, Annemarie: Einführung in die philosophische Ethik. Kurseinheit 1–3. Hagen: Fernuniv. – 1. Gegenstand und Aufgabe der Ethik. 1988. XII, 45 S. – 2. Die Ethik als autonome Wsch. 1988. 40 S. – 3. Meth’en und Theorien der Ethik. 1988. 56 S.

* PIEPER, Annemarie: Pragmatische und ethische Normenbegründung. Zum Defizit an ethischer Letztbegründung in zeitgenössischen Beiträgen z. Moralphilosophie. Fb’: Alber 1979. 235 S. (Pr Ph 9)

PINKUS, Theo (Hg): Gespräche mit Georg Lukács. [Gesprächspartner:] Hans Heinz Holz, Leo Kofler, Wolfgang Abendroth. Rb: Ro 1967. 135 S. (rpb 57)

* PLESSNER, Helmuth: Zwischen Philosophie und Gesellschaft. Ausgew. Abhandlgg. u. Vorträge. Be: Fr 1953. 334 S. *Jetzt auch:* F: Su 1979. (st 544)

PLESSNER, Helmuth (Hg): Symphilosophien. Bericht über d. 3. Dt.

Kongreß f. Philosophie Bremen 1950. Im Einvernehmen m. d. Allg. Ges. f. Philosophie i. Deutschld. bearb. v. Ingetrud Pape u. Wilfried Stache. M: Lehnen 1952. 368 S.

** PLESSNER, Helmuth (Hg): Untersuchungen zur Lage der deutschen Hochschullehrer. Band I. Nachwuchsfragen im Spiegel einer Erhebung 1953–1955. Bearb. v. Ilse Asemissen ... [u. a.]. G: V&R 1956. 328 S.

PÖGGELER, Otto (Hg): Hermeneutische Philosophie. Texte v. Dilthey, Heidegger, Gadamer, Ritter, Apel, Habermas, Ricoeur, O. Becker, Bollnow. M 1972.

* POINCARÉ, Henry: Wissenschaft und Hypothese. (A d Fz) 1902). Autorisierte dt. Ausg. mit erläuternden Anm. v. F. u. L. Lindemann. Lp: Teub 1904. XVI, 342 S.

* POPITZ, Heinrich: Der Begriff der sozialen Rolle als Element der soziologischen Theorie. T: Mohr 1967. 51 S. (RS 331/332) – [4]1975.

* POPPER, Karl R.: Ausgangspunkte. Meine intellektuelle Entwicklung. (A d En) (1974). (Dte Fassg. v. Autor überarb.) H: H&C 1979. X, 371 S.

* POPPER, Karl R.: Das Elend des Historizismus. (A d En) (1960) 6., dchges. Aufl. T: Mohr (1965) 1987. XVI, 132 S. (EG 3)

** POPPER, Karl R.: Logik der Forschung. 7., verb. u. dch 6 Anhänge verm. Aufl. T: Mohr 1982. XXIX, 468 S. (EG 4) – [9]1989.

** POPPER, Karl R.: Die offene Gesellschaft und ihre Feinde. (A d En) (1944) 2 Bde. 6. Aufl. M: Francke 1980. (UTB 472; 473) – Bd 1. Der Zauber Platons. (1957) 436 S. – Bd 2. Falsche Propheten. Hegel, Marx u. die Folgen. (1958) 483 S.

* PORZIG, Walter: Das Wunder der Sprache. Probleme, Methoden und Ergebnisse d. Sprachwissenschaft. 7. Aufl. Hg v. Andrea Jecklin u. Heinz Rupp. M: Fr (1950) 1982. 431 S. (UTB 32) – [8]1986.

* POSER, Hans (Hg): Philosophische Probleme der Handlungstheorie. Beiträge von .... Fb': Alber 1982. 361 S. (Pr Ph 17)

* Der POSITIVISMUSSTREIT in der deutschen Soziologie. [Von] Theodor W. Adorno, Hans Albert ... [u. a.]. 10. Aufl. Nw, B: Lu (1969) (1972) 1982. 352 S. (SL 72) – [13]1989.

PRINZ, Wolfgang; WEINGART, Peter (Hg): Die sog[enannten] Geisteswissenschaften. Innenansichten. .... F: Su 1990. 487 S. (stw 854)

* PUNTEL, Lourencino Bruno (Hg): Der Wahrheitsbegriff. Neue Erklärungsversuche. Dst: WB 1987. XII, 395 S. (WdF 636)

* PUNTEL, Lourencino Bruno: Wahrheitstheorien in der neueren Philosophie. Eine krit.-syst. Darstellung. M. e. Vorw. zur 2., unv. Aufl. 1983. Dst: WB (1978) 1983. XIV, 248 S. (EdF 83)

* QUINE, Willard van Orman: Grundzüge der Logik. (A d En) (1964) F: Su 1969 u. ö. 344 S. (Auch 1974 u. ö. als stw 65)

* QUINE, Willard van Orman: Ontologische Relativität und andere Schriften. (A d En) (1969, 1971). S: Re 1975. 231 S. (RUB 9804.3)

QUINE, Willard van Orman: Theorien und Dinge. (A d En) F: Su 1985. 256 S. (Th)

** QUINE, Willard van Orman: Wort und Gegenstand (Word and Object.) (A d En) (1960, 1976) Übers. v. Joachim Schulte in Zusammenarb. m. Dieter Birnbacher. S: Re 1980. 504 S. (RUB 9987.6)

QUINE, Willard van Orman: Die Wurzeln der Referenz. (A d En) (1974) F: Su 1976. 204 S. (Auch 1989 als stw 764)

QUIRIN, Heinz: Einführung in das Studium der mittelalterlichen Geschichte. M. e. Geleitw. v. Hermann Heimpel. 3. verm. Aufl. Br: West (1950) 1964. 363 S. – Wb: St [5]1991.

RADBRUCH, Knut: Mathematik in den Geisteswissenschaften. G: V&R 1990. 173 S. (KVR 1540)

* RADNITZKY, Gerard: Contemporary Schools of Metascience. Anglo-Saxon Schools of Metascience. Continental Schools of Metascience. 2. Rev. Edit. in One Volume. Göt: Af (1968) 1970. XLVIII, 202 S.; S. XLIX–LIV, 200 S. (StTS) (SUB)

RADNITZKY, Gerard; ANDERSSON, Gunnar (Hg): Fortschritt und Rationalität der Wissenschaft. M. Beitr. v. . . . (A d En) (1978) Verb. u. erw. dt. Ausg. T: Mohr 1980. X, 482 S. (EG 24)

RADNITZKY, Gerard; ANDERSSON, Gunnar (Hg): Voraussetzungen und Grenzen der Wissenschaft. M. Beitr. v. . . . . (A d En) (1979) Verb. u. erw. dt. Ausg. T: Mohr 1981. VIII, 390 S. (EG 25)

** v. RANKE, Leopold: Über die Epochen der neueren Geschichte. Vorträge, dem Könige Maximilian II. v. Bayern gehalten. Hundertjahr-Gedächtnisausgabe. 1954. Unv. reprogr. Nachdr. Dst: WB 1989. VIII, 167 S.

RAPOPORT, Anatol: Allgemeine Systemtheorie. Wesentliche Begriffe und Anwendungen. (A d Am) Dst: Vl Dst'er Blätter 1988. 280 S. (Wsch und Ph 11)

* RAWLS, John: Gerechtigkeit als Fairneß. Hg v. Otfried Höffe m. e. Beitr. „Rawls' Theorie d. pol.-sozialen Gerechtigkeit". (A d En) (1958) Fb': Alber 1977. 198 S. (Pr Ph 6)

* RAWLS, John: Eine Theorie der Gerechtigkeit. (A Theory of Justice.) Übers. v. Hermann Vetter. (A d En) (1971) 4. Aufl. F: Su (1975) (1979) 1988. 674 S. (stw 271)

REHBEIN, Jochen: Komplexes Handeln. Elemente zur Handlungstheorie der Sprache. S: Me 1977. X, 309 S.

REHFUS, Wulff D.: Die Vernunft frißt ihre Kinder. Zeitgeist und Zerfall des modernen Weltbilds. H: H&C 1990. 302 S.

van REIJEN, Willem (Hg): Grand Hotel Abgrund. E. Photobiographie d. Frankfurter Schule. Überarb. u. erw. Neuausg. H: Junius-Vl 1990. 187 S.

Reimann, Bruno W.: System und Selbstorganisation. Nw': Lu 1974. (SL 172)

Reiner, Hans: Die Grundlagen der Sittlichkeit. 2. Aufl. Msh: Hain 1974.

Reiner, Hans: Grundlagen, Grundsätze und Einzelnormen des Naturrechts. Fb: Alber 1964. 64 S.

Reiner, Hans: Die philosophische Ethik. Ihre Fragen und Lehren in Geschichte und Gegenwart. Bn: Bouv 1975.

Reiners, Ludwig: Stilkunst. Ein Lehrbuch deutscher Prosa. Sonderausgabe. M: Beck (1943) 1967 u. ö. XV, 784 S. (BS) *Völlig überarb. Ausg. 1991.*

* Remane, Adolf: Die biologischen Grundlagen d. Handelns. Wb 1951.

* v. Renthe-Fink, Leonhard: Geschichtlichkeit. Ihr terminologischer u. begriffl. Ursprung bei Hegel, Haym, Dilthey und Yorck. 2., dchges. Aufl. G: V&R (1964) 1968. 157 S. (AG-PH 3. F 59)

* Ricken, Friedo (Hg): Lexikon der Erkenntnistheorie und Metaphysik. M: Beck 1984. XIII, 256 S. (BSR 288)

* Rickert, Heinrich: Die Grenzen der naturwissenschaftlichen Begriffsbildung. Eine log. Einl. i. d. hist. Wissenschaften. 5., verb., um einen Anh. u. ein Reg. verm. Aufl. T: Mohr (1896–1902) 1929. XXXI, 776 S.

** Rickert, Heinrich: Kulturwissenschaft und Naturwissenschaft. (Freiburg 1899.) Nachdr. d. Ausg. T: Mohr 1927. Hi: Olms [in Subskr.]. XV, 144 S. (DS Ser 6) – (Auch 1986 als RUB 8356.2)

* Ricklefs, Ulfert: „Hermeneutik“. In: Friedrich/Killy, Literatur II, 1, S. 277–293.

* Riedel, Manfred: Norm und Werturteil. Grundprobleme d. Ethik. S: Re 1979. 141 S. (RUB 9958.2)

** Riedel, Manfred (Hg): Rehabilitierung der praktischen Philosophie. Bd 1. Geschichte, Probleme, Aufgaben. Fb: Romb 1972. 584 S. (SR NF 14)

** Riedel, Manfred (Hg): Rehabilitierung der praktischen Philosophie. Bd 2. Rezeption, Argumentation, Diskussion. Fb: Romb 1974. 640 S. (SR NF 23)

Riedel, Manfred: Verstehen oder Erklären? Zur Theorie u. Geschichte d. hermeneutischen Wissenschaften. S: Kl-C 1978. 231 S.

Ritter, Joachim: „Die Aufgabe der Geisteswissenschaften in der modernen Gesellschaft.“ In: Jahresschrift 1961 der Gesellschaft zur Förderung der Westf. Wilh.-Univ. zu Münster. Mü: Aschendorff 1961. S. 11–39.

Rodi, Frithjof: Erkenntnis des Erkannten. Zur Hermeneutik des 19. und 20. Jh's. F: Su 1990. 190 S. (stw 858)

* Rodi, Frithjof; Lessing, Hans-Ulrich (Hg): Materialien zur Philosophie Wilhelm Diltheys. F: Su 1983. 480 S. (stw 439)

Rohs, Peter: Die Zeit des Handelns. Eine Untersuchung zur Handlungs- und Normentheorie. Kst: Hain 1980. IX, 176 S.

** Ropohl, Günter: „Einführung in die allgemeine Systemtheorie." In Lenk, Hans; Ropohl, Günter: Systemtheorie als Wissenschaftsprogramm, S. 9–49.

Ropohl, Günter: Eine Systemtheorie der Technik. Zur Grundlegung der Allgemeinen Technologie. M': Ha 1979. 336 S.

** Ropohl, Günter: „Ein systemtheoretisches Beschreibungsmodell des Handelns." In: Lenk, Hans, Handlungstheorie interdisziplinär. Bd 1. S. 323–360.

Rosenbaum, W: Naturrecht und positives Recht. Nw: Lu 1972.

Rothacker, Erich: „Die dogmatische Denkform in den Geisteswissenschaften und das Problem des Historismus." Wb: VA; St i. Komm. 1954. 60 S. (AM-GS 1954. 6)

* Rothacker, Erich: Einleitung in die Geisteswissenschaften. 2., photomech. gedr., durch e. ausführl. Vorw. erg. Aufl. (T: Mohr 1930.) Reprogr. Nachdr. Dst: WB 1972, II, XXIII, 288 S.

** Rothacker, Erich: Logik und Systematik der Geisteswissenschaften. (M: Old 1926.) Bn: Bouv 1947. 171 S. (Sda a. d. Hb d. Ph)

* Rürup, Reinhard (Hg): Historische Sozialwissenschaft. Beiträge zur Einführg. i. d. Forschungspraxis. Mit Beitr. v. . . . . G: V&R 1977. 161 S. (KVR 1431)

* Rüsen, Jörn: Für eine erneuerte Historik. Studien z. Theorie d. Geschichtswissenschaft. S: FH 1976. 251 S. (Grundzüge einer Historik 2) (KG 1)

Rüsen, Jörn (Hg): Historische Objektivität. Aufsätze z. Geschichtstheorie. M. Beitr. v. . . . . G: V&R 1975. 102 S. (KVR 1416)

* Rüsen, Jörn: Historische Vernunft. Die Grundlagen der Geschichtswissenschaft. G: V&R 1983. 157 S. (Grundzüge einer Historik 1) (KVR 1489)

* Rüsen, Jörn: Rekonstruktion der Vergangenheit. Die Prinzipien der historischen Forschung. G: V&R 1986. 173 S. (Grundzüge einer Historik 2) (KVR 1515)

Rüsen, Jörn; Süssmuth, Hans (Hg): Theorien in der Geschichtswissenschaft. Ddf: Schw 1982. 176 S. (GeSo 2)

* Ryle, Gilbert: Der Begriff des Geistes. (A d En) (1949) S: Re 1969. 464 S. (RUB 8331.6)

[Saner, Hans (Hg):] Euthanasie. Zur Frage vom Leben- und Sterbenlassen. Beitr. v. . . . . Ba: Schwabe 1976. (Ph akt 10)

** Sapir, Edward: Die Sprache. Eine Einf. i. d. Wesen d. Sprache. Für den dt. Leser bearb. v. Conrad P. Homberger. (A d En) (1921) 2., unv. Aufl. M: Hueber (1961) 1972. 206 S.

Sasse, Günter; Turk, Horst (Hg): Handeln, Sprechen und Erkennen.

Zur Theorie und Praxis der Pragmatik. M. Beitr. v. .... G: V&R 1978. 239 S. (KVR 1447)

** de SAUSSURE, Ferdinand: Grundlagen der Allgemeinen Sprachwissenschaft. Hg v. Charles Bally u. Albert Sechehaye. Unter Mitw. v. Albert Riedlinger übers. v. Herman Lommel. (A d Fr) (1916) 2. Aufl. u. Nachdrucke. M. neuem Reg. u. e. Nachw. v. Peter v. Polenz. B: dGr (1931) 1967 u. ö. XVI, 294 S.

v. SAVIGNY, Eike: Analytische Philosophie. Fb': Alber 1970. 176 S. (K Ph)

* v. SAVIGNY, Eike: Zum Begriff der Sprache. Konvention, Bedeutung, Zeichen. S: Re 1983. 320 S. (RUB 7997.4)

v. SAVIGNY, Eike: Grundkurs im logischen Schließen. Übungen z. Selbststudium. M: dtv 1976. 204 S. (dtv WR 4173) – 2. verb. Aufl. G: V&R 1984. (KVR 1504)

v. SAVIGNY, Eike: Grundkurs im wissenschaftlichen Definieren. Übungen z. Selbststudium. 4. Aufl. M: dtv (1970) 1976. 169 S. (dtv WR 4062)

* v. SAVIGNY, Eike (Hg): Philosophie und normale Sprache. Texte der Ordinary-Language-Philos. (A d En) Fb: Alber 1969. 230 S.

* v. SAVIGNY, Eike: Die Philosophie der normalen Sprache. E. krit. Einf. i. d. „Ordinary Language Philosophy". Völlig neu bearb. Ausg. 2. Aufl. F: Su 1969. 472 S. (Auch 1974 u. ö. als stw 29)

* v. SAVIGNY, Eike (Hg): Probleme der sprachlichen Bedeutung. Unter besonderer Berücksichtigung d. Verhältnisses Fachsprache–Umgangssprache. Grundlagenforschung in Artikeln 1968–1973. Krb: Scr 1976. 262 S. (Wth Gr 5)

v. SAVIGNY, Eike; NEUMANN, Ulfried; RAHLF, Joachim: Juristische Dogmatik und Wissensch.stheorie. M: Beck 1976. 171 S. (BSR 136)

* SEARLE, John R.: Sprechakte. Ein sprachphilosophischer Essay. (A d En) (1969) F: Su 1971 u. ö. 306 S. (Th) (Auch 1983 als stw 458)

SEEL, Gerhard: Die Aristotelische Modaltheorie. B': dGr 1982. XIX, 486 S. (QStPh 16)

SEIFFERT, Helmut: Einführung in die Hermeneutik. Die Lehre von der Interpretation in den Fachwissenschaften. T: Francke 1992. ca. 260 S. (UTB)

SEIFFERT, Helmut: Einführung in die Wissenschaftstheorie. Erster Band. Sprachanalyse, Deduktion, Induktion in Natur- und Sozialwissenschaften. 11. Aufl. [2., unv. Aufl. der Neubearb.] M: Beck (1969) (1983) 1991. 277 S. (BsR 60)

SEIFFERT, Helmut: Einführung in die Wissenschaftstheorie. Zweiter Band. Geisteswissenschaftl. Methoden: Phänomenologie, Hermeneutik und hist. Methode, Dialektik. 9. Aufl. [2., unv. Aufl. der Neubearbeitung.] M: Beck (1970) (1983) 1991. 367 S. (BsR 61)

SEIFFERT, Helmut: Einführung in die Wissenschaftstheorie. Dritter

Band. Handlungstheorie, Modallogik, Ethik, Systemtheorie. Literatur zu den Bänden 1–3. 2., überarb. Aufl. M: Beck (1985) 1992. 233 S. (BsR 270)

SEIFFERT, Helmut: Einführung in die Logik. Logische Propädeutik u. formale Logik. M: Beck 1973. 231 S. (BE)

SEIFFERT, Helmut: Information über die Information. Verständigg im Alltag, Nachrichtentechnik, Wissenschaftl. Verstehen, Informationssoziologie, das Wissen d. Gelehrten. 3., unv. Aufl. M: Beck (1968) 1971. 196 S. (BSR 56)

SEIFFERT, Helmut: Marxismus und bürgerliche Wissenschaft. 3. unv. Aufl. M: Beck (1971) 1977. X, 242 S. (BSR 75)

SEIFFERT, Helmut: Sprache heute. Eine Einführg. i. d. Linguistik. M: Beck 1977. 236 S. (BSR 149)

SEIFFERT, Helmut: Stil heute. Eine Einf. in die Stilistik. M: Beck 1977. 244 S. (BSR 159)

SICHTERMANN, Barbara: Der tote Hund beißt. Karl Marx, neu gelesen. B: Wagenbach 1990. 170 S. (Wagenbachs Tb'erei 184)

SIEVERING, Ulrich O. (Hg): Kritischer Rationalismus heute. F: Haag & Herchen 1988. 268 S. (Arnoldshainer Texte 54)

* SIMON-SCHAEFER, Roland: Dialektik. Kritik eines Wortgebrauchs. S: FH 1973. 168 S. (pra 24)

* SIMON-SCHAEFER, Roland; ZIMMERLI, Walther Ch.: Theorie zwischen Kritik und Praxis. J. Habermas u. d. Frankf. Schule. S: FH 1975. 186 S. (pra 37)

* SIMON-SCHAEFER, Roland; ZIMMERLI, Walther Ch. (Hg): Wissenschaftstheorie der Geisteswissenschaften. Konzeptionen, Vorschläge, Entwürfe. H: H&C 1975. 362 S. (KW)

SINGER, Marcus George: Verallgemeinerung in der Ethik. Zur Logik moralischen Argumentierens. (A d Am) (1961, 1971) F: Su 1975. 420 S. (Auch als stw 647)

* SKIRBEKK, Gunnar: Wahrheitstheorien. Eine Auswahl a. d. Diskussionen über Wahrheit im 20. Jahrhdt. Hg u. eingel. v. ~. F: Su 1977 u. ö. 532 S. (stw 210)

* SNOW, Charles P.: Die zwei Kulturen. Literarische und naturwissenschaftliche Intelligenz. „The Two Cultures: and A Second Look" (A d En) (L: CUP 1959, 1963) S: Kl 1967. 103 S. (Versuche 10)

SPAEMANN, Robert: Glück und Wohlwollen. Versuch über Ethik. S: Kl-C 1989. 254 S.

* SPAEMANN, Robert: Moralische Grundbegriffe. 4. Aufl. M: Beck (1982) 1992. 109 S. (BSR 256)

SPECK, Josef (Hg): Grundprobleme der großen Philosophen. G: V&R 1972 –. (UTB) – [A.] Philos. des Altertums u. d. Mittelalters. 1 Bd. – [B.] Philos. der Neuzeit. Bd 1 –. – [C.] Philosophie der Gegenwart. Bd 1 –. – *Laufend neue Bände und Auflagen.*

SPENGLER, Oswald: Der Untergang des Abendlandes. Umrisse einer Morphologie der Weltgeschichte. M. e. Nachw. v. Anton Mirko Koktanek. (M: Beck 1923) 6. Aufl. M: dtv (1972) 1980. XVII, 1269 S. (dtv 838)

* SPIEGEL-RÖSING, Ina Susanne: Wissenschaftsentwicklung und Wissenschaftssteuerung. Einführung und Material zur Wissenschaftsforschung. F: Ath 1973. X, 309 S. (SoPa = PW II c)

* SPINNER, Helmut F.: Ist der Kritische Rationalismus am Ende? Auf d. Suche nach den verlorenen Maßstäben des Krit. Rat. Für eine offene Sozialphilosophie u. Krit. Sozialwissenschaft. Wh: Beltz 1982. 100 S.

* SPRANDEL, Rolf: Mentalitäten und Systeme. Neue Zugänge zur mittelalterl. Geschichte. S: Kl-C 1972. 177 S.

* SPRANDEL, Rolf: Verfassung und Gesellschaft im Mittelalter. 2., überarb. Aufl. Pd': Schö (1975) 1978. 341 S. (UTB) 461) – [3]1988.

** SYSTEMTHEORIE. B: Colloquium-Verl. 1972. 198 S. (FI 12)

SZCZESNY, Gerhard (Hg): Marxismus, ernstgenommen. Ein Universalsystem auf d. Prüfstand d. Wissenschaften. 11 Beitr. v. Ludwig Bress u. a. Erstausg. Rb: Ro 1975. 250 S. (rsb 6933)

** SZONDI, Peter: Einführung in die literarische Hermeneutik. Hg v. Jean Bollack u. Helen Stierlin. F: Su 1975. 455 S. (StA d. Vorl'en 5) (stw 124)

* SCHAPP, Wilhelm: In Geschichten verstrickt. Zum Sein von Mensch und Ding. Vorw. v. Hermann Lübbe. 2. Aufl. Wb: Hey (1953) 1976. XII, 210 S. – F: Klost [3]1985.

SCHELER, Max: Wesen und Formen der Sympathie. ... (F: SchB 1948.) StA. Be: Francke 1974. 258 S.

SCHELSKY, Helmut: Auf der Suche nach Wirklichkeit. Ges. Aufs. Ddf: Died 1965. 488 S.

SCHEUCH, Erwin K.; KUTSCH, Thomas: Grundbegriffe der Soziologie. 2 Bde. S: Teub. (SSS 20; 21) – Bd 1. Grundlegung u. elementare Phänomenologie. 2., neubearb. u. erw. Aufl. 1975. 376 S. (20) – Bd 2. Komplexe Phänomene u. systemtheor. Konzeptionen. (21)

SCHEUCH, Erwin K.; v. ALEMANN, Heine (Hg): Das Forschungsinstitut. Formen der Institutionalisierung v. Wissenschaft. Erl: Dt. Gesellsch f. zeitgeschichtl. Fragen e. V. 1978. 260 S.

* SCHIEDER, Theodor: Geschichte als Wissenschaft. Eine Einführung. 2., überarb. Aufl. M, W: Old (1965) 1968. 247 S.

** SCHIEDER, Theodor; GRÄUBIG, Kurt (Hg): Theorieprobleme der Geschichtswissenschaft. Dst: WB 1977. XXXV, 500 S. (WdF 378)

* SCHIWY, Günther: Neue Aspekte des Strukturalismus. (M: Kös 1971) M: dtv 1973. 185 S. (dtv WR 4135)

SCHIWY, Günther: Poststrukturalismus und „Neue Philosophen". Überarb. Neuausg. Rb: Ro T 1985. 138 S. (re 413)
Frühere Ausg. u. d. T.: Kulturrevolution und „Neue Philosophen".

* SCHIWY, Günther: Strukturalismus und Zeichensysteme. M: Beck 1973. 179 S. (BSR 96)

SCHLICK, Moritz: Die Probleme der Philosophie in ihrem Zusammenhang. Vorlesung aus dem Wintersemester 1933/34. F: Su 1986. 257 S. (stw 580)

* SCHLIEBEN-LANGE, Brigitte (Hg): Sprachtheorie. H: H&C 1975. 344 S. (KW)

SCHMIDT, Alfred: Geschichte und Struktur. Fragen einer marxistischen Historik. 3. Aufl. M, W: Ha (1971) 1977. 141 S. (RH 84) – *Auch:* F: Ul. (UM 3449)

SCHNEEWIND, Klaus A.: Methodisches Denken in der Psychologie. Be, S, W: Huber 1969. 240 S.

** SCHOEPS, Hans-Joachim: Was ist und was will die Geistesgeschichte. Über Theorie u. Praxis der Zeitgeistforschg. 2. Aufl. G: Mu (1959) 1970. 141 S.

** SCHOPENHAUER, Arthur: Zürcher Ausgabe. Werke in 10 Bänden. Der Text folgt d. hist.-krit. Ausg. v. Arthur HÜBSCHER. (3. Aufl. Wb: Brockhaus 1972.) Die editor. Materialien bes. Angelika HÜBSCHER. ... Z: Diog 1977. (dtb 140/1–10)

* SCHÜTTE, Kurt: Beweistheorie. B: Spri 1960. X, 355 S. (GMW 103)

* SCHÜTTE, Kurt: Proof Theory. (A d Dt. Neubearb.) B: Spri (1960) 1977. XII, 299 S. (GMW 225)

* SCHÜTZ, Alfred: Der sinnhafte Aufbau der sozialen Welt. Eine Einl. i. d. verstehende Soziologie. (W: Spri 1932, 1960) F: Su (1974) 1981. 353 S. (stw 92)

* SCHÜTZ, Alfred; LUCKMANN, Thomas: Strukturen der Lebenswelt. Bd. 1; 2. F: Su (stw 284; 428) – Bd 1. 1979. 396 S. – Bd 2. 1983. Ca 400 S.

SCHULZ, Gerhard (Hg): Geschichte heute. Positionen, Tendenzen u. Probleme. G: V&R 1973. 327 S.

* SCHULZE, Winfried: Soziologie und Geschichtswissenschaft. Einf. in d Probleme d. Kooperation beider Wissenschaften. M: Fink 1974. 272 S. (KI 8)

SCHURZ, Gerhard (Hg): Erklären und Verstehen in der Wissenschaft. ... M: Old 1988. 341 S. (SN)

SCHWARTZ, Richard L.: Der Begriff des Begriffes in der philos. Lexikographie. Ein Beitrag zur Begriffsgeschichte. M: Mi 1983. X, 171 S.

STACHOWIAK, Herbert zus. mit ELLWEIN, Thomas; HERRMANN, Theo; STAPF, Kurt: Bedürfnisse, Werte und Normen im Wandel. Bd 1; 2. M, Pd: Fink/Schö 1982. – Bd 1. STACHOWIAK; ELLWEIN (Hg): Grundlagen, Modelle und Prospektiven. 473 S. – Bd 2. STACHOWIAK; HERRMANN; STAPF (Hg): Methoden und Analysen. 351 S.

* STAMMERJOHANN, Harro (Zus.stellg): Handbuch der Linguistik. Allg. u. angew. Sprachwsch. Aus Beitr. v. Hans Arens ... [u. a.]. Unter Mitarb. v. Hildegard Janssen zus.gest. v. ~. Dst: WB; M: Ny 1975. 584 S.

Stegmüller, Wolfgang: Aufsätze zur Wissenschaftstheorie. (1960, 1961, 1962 und 1966). RN. Dst: WB 1980 u. ö. V, 125 S. (Li 245)

* Stegmüller, Wolfgang: Einheit und Problematik der wissenschaftlichen Welterkenntnis. Vortrag gehalten ... München ... 1966. M: Hueber 1967. 22 S. (MUR NF 41)

** Stegmüller, Wolfgang: Hauptströmungen der Gegenwartsphilosophie. Eine krit. Einführg. Bd 1–4. S: Kröner. (KTA) – Bd 1. [Brentano bis Wittgenstein.] 7. Aufl. (1952) 1989. LV, 736 S. (308) – Bd 2. [Chomsky bis Sneed.] 8. Aufl. (1975) 1987. XX, 564 S. (309) – Bd 3. [Kosmos bis Th. S. Kuhn.] [Von Bd 2 abgetrennt ab Bd 2, 7. Aufl. 1986; Auflagenzählung von Bd 2 übernommen.] 8. Aufl. (1975; 1986) 1987. XXI, 351 S. (409) – Bd 4. [Wittgenstein/Kripke, Mackie.] 1. Aufl. 1989. XV, 524 S. (415)

Stegmüller, Wolfgang: Neue Wege der Wissenschaftsphilosophie. B, Hd, NY: Spri 1980. VI, 198 S.

** Stegmüller, Wolfgang: Erklärung, Begründung, Kausalität, 2., verb. u. erw. Aufl. 1. Aufl. u. d. T.: Wissenschaftliche Erklärung und Begründung. B': Spri (1969 [1974]) 1983. XX, 1116 S. (Pr Res 1)

** Stegmüller, Wolfgang: Theorie und Erfahrung. 1. Hbd. Begriffsformen, Wissenschaftssprache, empirische Signifikanz und theor. Begriffe. Verbess. Neudr. B': Spri (1970) 1974. (Pr Res 2 I)

** Stegmüller, Wolfgang: Theorie und Erfahrung. 2. Hbd. Theorienstrukturen und Theoriendynamik. B': Spri 1973. XVII, 327 S. (Pr Res 2 II) ^{2}1985

Stegmüller, Wolfgang: Die Entwicklung des neuen Strukturalismus seit 1973. B': Spri 1986. XVIII, 460 S. (Pr Res 2 III)

** Stegmüller, Wolfgang: Strukturtypen d. Logik. B': Spri 1984 (Pr Res 3)

** Stegmüller, Wolfgang: Personelle und Statistische Wahrscheinlichkeit. 1. Hbd. Personelle Wahrscheinlichkeit und Rationale Entscheidung. B': Spri 1973. [Neuaufl. in Vorber.] (Pr Res 4 I)

** Stegmüller, Wolfgang: Personelle und Statistische Wahrscheinlichkeit. 2. Hbd. Statistisches Schließen – Statistische Begründung – Statistische Analyse. B': Spri 1973. XVI, 420 S. (Pr Res 4 II)

* Stegmüller, Wolfgang: [1.] Das Problem der Induktion: Humes Herausforderung und moderne Antworten. (1971) – [2.] Der sogenannte Zirkel des Verstehens. (1974) – Dst: WB 1975. 88 S.

* Stegmüller, Wolfgang: Rationale Rekonstruktion von Wissenschaft und ihrem Wandel. M. e. autobiogr. Einleitg. S: Re 1979. 207 S. (RUB 9938.2)

Stegmüller, Wolfgang: Das Wahrheitsproblem und die Idee der Semantik. E. Einf. i. d. Theorien v. A. Tarski u. R. Carnap. 2. unv. Aufl. 1968. Unv. Nachdr. W: Spri (1957) (1968) 1977. X, 328 S.

** Stehr, Nico; König, René (Hg): Wissenschaftsoziologie. Studien und Materialien. Op: WV 1975. 525 S. (KZfSS, Sh 18/1975)

* Stehr, Nico; Meja, Volker (Hg): Wissenssoziologie. Opl: WV 1981. 477 S. (KZfSS, Sh 22/1980)

** v. der Stein, Alois: „Der Systembegriff in seiner geschichtlichen Entwicklung." In: Diemer, Alwin (Hg): System und Klassifikation .... 1968. (SW 2) S. 1–14.

** v. der Stein, Alois: „System als Wissenschaftskriterium." In: Diemer, Alwin (Hg): Der Wissenschaftsbegriff. ... 1970. (SW 4) S. 99–107.

Steinvorth, Ulrich: Klassische und moderne Ethik. Grundlinien e. materialen Moraltheorie. Rb: Ro 1990. 221 S. (re 505)

* Storz, Gerhard: Sprachanalyse ohne Sprache. Bemerkungen z. modernen Linguistik. S: Kl 1975. 90 S. (Versuche 21)

** Strasser, Stephan: Phänomenologie und Erfahrungswissenschaft vom Menschen. Grundgedanken zu einem neuen Ideal d. Wissenschaftlichkeit. B: dGr 1964. XVI, 313 S. (PPF 5)

Ströker, Elisabeth (Hg): Ethik der Wissenschaften? 1984. 150 S. *S.* Lenk/Staudinger/Ströker.

Stumpff, Karl (Hg): Astronomie. F: Fi 1957. 345 S. (FL 4)

** Tarski, Alfred: Einführung in die mathematische Logik. Auf Grund d. engl. u. franz. Ausg. u. d. Ergänzungen d. Verf. übs. ... 5., ... erw. Aufl. G: V&R (1966) 1977. 285 S. (MM 5)

* v. Thadden, Rudolf; v. Pistohlkors, Gert; Weiss, Hellmuth (Hg): Das Vergangene und die Geschichte. Fs f. Reinhard Wittram. G: V&R 1973. 472 S.

* Theimer, Walter: Was ist Wissenschaft? Praktische Wissenschaftslehre. T: Francke 1985. 163 S. (UTB 1352)

Theorie der Geschichte [Reihe bei dtv] [Reihen-Haupttitel]: *S.* Kokka/Nipperdey; Koselleck/Lutz/Rüsen; Koselleck/Mommsen/Rüsen; Meier/Faber. [Reihen-Untertitel:] Beiträge zur Historik.

Thiel, Christian: Elementare Logik. Kurseinheit 1; 2. Hagen: Fernuniv – 1. 1983. 145 S. – 2. 1983. 121 S.

** Thiel, Christian (Hg): Erkenntnistheoretische Grundlagen der Mathematik. Hg u. m. e. Einl. sowie Anm. vers. v. ~. Hi: Gerst 1982. 379 S. (Se Te 2. Math)

Thiel, Christian (Hg): Frege und die moderne Grundlagenforschung. Symposium ... Bad Homburg ... 1973. Msh: Hain 1975. [VII,] 168 S. (SW 9)

* Thiel, Christian: „Grundlagenforschung und Grundlagen der Wissenschaften." In: Meyers Enz. Lex. Bd. 11. M': BI 1974.

* Thiel, Christian: Grundlagenkrise und Grundlagenstreit. Studie üb. d. normative Fundament d. Wissenschaften am Beispiel v. Mathematik u. Sozialwissenschaft. Msh: Hain 1972. IX, 226 S.

Thiel, Christian (Hg): Philosophie und Mathematik. Dst: WB 1991. *In Vorbereitung.*

Thiel, Christian: Sinn und Bedeutung in der Logik Gottlob Freges. Msh: Hain 1965. VIII, 172 S. (MPhF 43)

Thompson, Paul: The Voice of the Past. Oral History. Ox: OUP 1978. XI, 257 S. (Opus. SH)

Tjaden, Karl Hermann (Hg): Soziale Systeme. Materialien z. Dokumentation u. Kritik soziol. Ideologie. Hg, eingel. u. m. e. Nachw. vers. v. ~ unter Mitarb. v. Armin Hebel. Nw': Lu 1971. 497 S. (ST 68)

** Topitsch, Ernst (Hg) unter Mitarb. v. Peter Payer: Logik der Sozialwissenschaften. 10., veränd. Aufl. (K: K&W 1965) Kst: AHSH 1980. 529 S. (NWB 6 Soziol.)
Beiträge z. T. ausgetauscht. Daher auch die Erstausgabe beachten!

* Topitsch, Ernst (Hg): Probleme der Wissenschaftstheorie. F. für Victor Kraft. W: Spri 1960. VII, 266 S.

Topitsch, Ernst: Die Sozialphilosophie Hegels als Heilslehre und Herrschaftsideologie. (Nw': Lu 1967. 102 S. [SE]) M: Pi 1981. 140 S. (SP 156)

Topitsch, Ernst: Sozialphilosophie zwischen Ideologie und Wissenschaft. 2. Aufl. Nw: Lu (1961) 1966. 363 S. (ST 10)

* Toulmin, Stephen Edelston: Einführung in die Philosophie der Wissenschaft. (A d En) (1953) G: V&R o. J. [1969] 182 S. (KVR 308 S)

Toynbee, Arnold J.: Der Gang der Weltgeschichte. (Nach dem ‚Abridgement' v. D. C. Somervell. A d En v. Jürgen v. Kempski.) Z': EV. Bd 1; 2. – Bd 1. Aufstieg und Verfall der Kulturen. 5. Aufl. (1949) 1961. XXXI, 583 S. – Bd 2. Kulturen im Übergang. 1958. XI, 416 S. M: dtv. (dtv W 4035)

Trillhaas, Wolfgang: Ethik. (2., neu bearb. Aufl.) B: Tö (1959) 1965. XVI, 498 S. (STö. 1. Rh 4) – 3., neu bearb. u. erw. Aufl. B: dGr 1970. XIX, 578 S. (d Gr Lb)

* Troeltsch, Ernst: Der Historismus und seine Probleme. Erstes [einziges] Buch: Das logische Problem der Geschichtsphilosophie. T: Mohr 1922. XI, 777 S. (GS 3) Neudr: Aal: Scia 1961. 2. Neudr. Scia 1977.

Troeltsch, Ernst: Der Historismus und seine Überwindung. Fünf Vorträge. Eingel. v. Friedrich v. Hügel. (T: Mohr 1924.) 2. Neudr. d. Ausg. 1924. Aa: Scia 1979. XIII, 108 S.

Türk, Klaus (Hg): Handlungssysteme. Op: WV 1978. 288 S. (SzS 35)

** Ullmann, Stephen: Grundzüge der Semantik. Die Bedeutg. in sprachwissensch. Sicht. Dte Fassg. v. Susanne Koopmann. (A d En) B: dGr 1967. X, 348 S. – ^{2}1972.

* Vico, Giambattista: Die neue Wissenschaft von der gemeinschaftlichen Natur der Nationen. Ausw., Übers. u. Einl. v. Ferdinand Fellmann. F: Klost 1981. 95 S. (TPh)

Vogt, Roland: Die Systemwissenschaften. Grundlagen und wissenschaftstheoretische Einordnung. F: H&H 1983. III, 179 S.

Vranicki, Predrag: Geschichte des Marxismus. Erw. Ausg. (A d Jugosl.) (1961, 1971) Bd 1; 2. (F: Su 1972. Bd 1; 2. Zus. 1180 S.) F: Su 1983. (stw 406) – 1. Bd 484 S. – 2. Bd [IX S.,] S. 485–1162.

* Wach, Joachim: Das Verstehen. Grundzüge einer Geschichte d. hermeneutischen Theorie im 19. Jh. T: Mohr. – Bd 1. Die Großen Systeme. 1926. VIII, 266 S. – Bd 2. Die theol. Hermeneutik von Schleiermacher bis Hofmann. 1929. VII, 379 S. – Bd 3. Das Verstehen in der Historik von Ranke bis zum Positivismus. 1933. IX, 350 S. – Nachdr. 3 Bde in 1 Bd. Hi: Olms 1966. XXIV, 995 S.

** Waismann, Friedrich: Einführung in das mathematische Denken. Die Begriffsbildg. d. modernen Mathematik. (Wien: Gerold 1936.) 3. ... dchges. u. verbess. Aufl. M: dtv 1970. 222 S. (dtv WR 4050)

* Waismann, Friedrich: Logik, Sprache, Philosophie. M. e. Vorrede v. Moritz Schlick. Hg v. Gordon P. Baker und Brian McGuinness unter Mitwirkg. v. Joachim Schulte. S: Re 1976. 662 S. (RUB 9827.8)

Waismann, Friedrich: Wille und Motiv. Zwei Abhandlungen üb. Ethik u. Handlungstheorie. Hg v. Joachim Schulte. S: Re 1983. 195 S. (RUB 8208.3)

** Wandruszka, Mario: Interlinguistik. Umrisse einer neuen Sprachwissenschaft. M: Pi 1971. 141 S. (SP 14)

** Wandruszka, Mario: Das Leben der Sprachen. S: DVA; Dst: WB 1984. 288 S.

* Wandruszka, Mario: „Wer fremde Sprachen nicht kennt ...“ Das Bild des Menschen in Europas Sprachen. M: Piper 1991.

** Weber, Max: Gesammelte Aufsätze zur Wissenschaftslehre. Hg v. Johannes Winckelmann. 4., erneut dchges. Aufl. 1973. – 5. Aufl. 1982. T: Mohr (1922) (1973) 1982. XII, 613 S. – ^{7}1988. (UTB 1492)

** Weber, Max: Methodologische Schriften. Studienausgabe. M. e. Einf. besorgt v. Johannes Winckelmann. F: Fi 1968. XIX, 362 S.

* Weber, Max: Soziologische Grundbegriffe. (Aus: „Wirtschaft und Gesellschaft“, 5. rev. Aufl.) 5. Aufl. T: Mohr 1981. 94 S. (UTB 541) – ^{6}1984.

** Weber, Max: Wirtschaft und Gesellschaft. Grundriß der verstehenden Soziologie. (1921) 5., rev. Aufl. Besorgt v. Johannes Winckelmann. Studienausg. 9.–13. Ts. T: Mohr (1972) 1976. XXXIII, 944 S.

** Wehler, Hans-Ulrich: Geschichte als Historische Sozialwissenschaft. F: Su 1973. 124 S. (es 650)

** Wehler, Hans-Ulrich (Hg): Geschichte und Soziologie. K: K&W (1971) 1976. 367 S. (NWB 53 Gesch)

* Wehler, Hans-Ulrich: Historische Sozialwissenschaft und Geschichtsschreibung. Studien zu Aufg. u. Traditionen deutscher Geschichtswissenschaft. G: V&R 1980. 409 S.

* Wehler, Hans-Ulrich (Hg): Moderne deutsche Sozialgeschichte. 5. Aufl. K: K&W (1966) 1976. 652 S. (NWB 10 Gesch)

Wehler, Hans-Ulrich: Modernisierungstheorie und Geschichte. G: V&R 1975. 85 S. (KVR 1407)

Wehler, Joachim: Grundriß eines rationalen Weltbildes. S: Re 1990. 285 S. (RUB 8680)

* Wein, Hermann: Kentaurische Philosophie. Vorträge u. Abhandlungen. M: Pi 1968. 338 S. (Pi StA)

* Weingart, Peter (Hg): Wissenschaftssoziologie. Ein Reader m. e. krit. Einl. d. Herausg. Bd 1; 2. F: AFT (FATS 4007/8) – Bd 1. Wissenschaftl. Entwicklg. als soz. Prozeß. 1972. 320 S. (4007) – Bd 2. Determinanten wissenschaftl. Entwicklung. 1974. 347 S. (4008)

* Weischedel, Wilhelm: Skeptische Ethik. F: Su (1976) 1980. 221 S. (st 635)

Weisgerber, Leo: Das Menschheitsgesetz der Sprache als Grundlage der Sprachwissenschaft. 2., neubearb. Aufl. Hd: Q&M 1964. 202 S.

Weisgerber, Leo: Zweimal Sprache. Deutsche Linguistik 1973 – Energetische Sprachwissenschaft. Ddf: Schw 1973. 228 S.

v. Weiss, Andreas: Neomarxismus. Die Problemdiskussion im Nachfolgemarxismus der Jahre 1945 bis 1970. Fb': Alber 1970. 164 S. (KPh)

** v. Weizsäcker, Carl Friedrich: „Sprache als Information." In: Die Sprache. Fünfte Folge des Jahrbuchs Gestalt u. Gedanke. Hg v. d. Bayer. Akademie d. Schönen Künste. M: Old 1959. S. 45–76.

v. Weizsäcker, Carl Friedrich: Die Tragweite der Wissenschaft. 6. Aufl. Mit dem bisher unveröff. 2. Teil in autoris. Übers. u. mit e. neuen Vorw. d. Verf. S: Hirzel 1990. XXIII, 481 S.

Wendt, Heinz Friedrich: Sprachen. ... F: FiT (1961) 1972. 381 S. (FL 25)

Webrik, Hans: Handlungstheorien. S: Ko 1978. 118 S. (Ko St Ps)

Wetter, Gustav A.: Sowjetideologie heute. Bd 1. Dialektischer und historischer Materialismus. F: FiT 1962 u. ö. 339 S. (f BdW 6045)

Wettstein, Harri: Über die Ausbaufähigkeit von Rawls' Theorie der Gerechtigkeit. Vorüberlegungen zu einer möglichen Rekonstruktion. Ba: Bir 1979. (S St 13)

Weyl, Hermann: Das Kontinuum. Kritische Untersuchungen über die Grundlagen der Analysis. Lp: Veit 1918. V, 83 S.

* Weyl, Hermann: Über die neue Grundlagenkrise der Mathematik. Vorträge gehalten im Math. Koll. Zürich. Sonderausg. (B: 1921) Unv. reprogr. Nachdr. Dst: WB 1965. 41 S. (Li 121)

* Weyl, Hermann: Philosophie der Mathematik und Naturwissenschaft. 4. Aufl. (Teilw. a d Am) M': Old (1928, 1949) 1976. 406 S. (SN) – [6]1990.

* Whorf, Benjamin Lee: Sprache, Denken, Wirklichkeit. Beiträge z.

Metalinguistik u. Sprachphilosophie. Hg u. übs. v. Peter Krausser. Rb: Ro 1963 u. ö. 158 S. (rde 1974) (jetzt re 403)

* Wiggershaus, Rolf: Die Frankfurter Schule. Geschichte, theoret. Entwicklung, polit. Bedeutung. M': Hanser 1986. 795 S. (Auch 1988 als dtv 4484)

Willke, Helmut: Systemtheorie. Eine Einführg. i. d. Grundprobleme. S: GFi 1982. 176 S. (UTB 1161) – 21987.

Willms, Bernard: Philosophie, die uns angeht. ... Gü: BLex 1975. 321 S. (AW)

Wilss, Wolfram (Hg): Übersetzungswissenschaft. Dst: WB 1981. XII, 414 S. (WdF 535)

Wimmer, Reiner: Universalisierung in der Ethik. Analytische Kritik u. Rekonstruktion ethischer Rationalitätsansprüche. F: Su 1980. 465 S.

** Windelband, Wilhelm: Präludien. Aufsätze und Reden zur Philosophie und ihrer Geschichte. 9., photo-mechanisch gedr. Aufl. Bd 1; 2. T: Mohr (1883, 1902, 1907, 1911, 1914) 1924. – Bd 1. XI, 299 S. – Bd 2. IV, 345 S. *Hierin vor allem:* „Geschichte und Naturwissenschaft." (Straßburger Rektoratsrede. 1894.) Bd 2. S. 136–160.

** Wissenschaft und Wirklichkeit. *S.* Anderegg, Johannes.

** Wittgenstein, Ludwig: Tractatus logico-philosophicus. Logisch-philosophische Abhandlung. (1921) (1922) F: Su (1960) 1963 u. ö. 115 S. (es 12)

** Wittram, Reinhard: Anspruch und Fragwürdigkeit der Geschichte. Sechs Vorlesungen z. Methodik d. Geschichtswissenschaft u. zur Ortsbestimmung der Historie. G: V&R 1969. 112 S. (KVR 297–299)

** Wittram, Reinhard: Das Interesse an der Geschichte. Zwölf Vorlesungen üb. Fragen d. zeitgenössischen Geschichtsverständnisses. 3. Aufl. G: V&R (1958) 1968. 178 S. (KVR 59–61)

Wittram, Reinhard; Gadamer, Hans Georg; Moltmann, Jürgen: Geschichte – Element der Zukunft. T: Mohr 1965. 74 S.

Witzel, Andreas: Verfahren der qualitativen Sozialforschung. Überblick und Alternativen. F: Cps 1983. 136 S. (CF 322)

Wolf, Ursula: Das Problem des moralischen Sollens. B': dGr 1984. IX, 236 S. (dGr Stb)

* v. Wright, Georg Henrik: Erklären und Verstehen. A d En v. Günther Grewendorf u. Georg Meggle. F: AFT 1974. 197 S. (FATG 1002)

* v. Wright, Georg Henrik: Handlung, Norm und Intention. Untersuchungen zur deontischen Logik. Hg u. eingel. v. Hans Poser. B': dGr 1977. XXIX, 158 S. (dGrStb)

v. Wright, Georg Henrik: Logik und Philosophie. Symposium in Düsseldorf 1978. Ddr: Rei 1980. 96 S.

* v. Wright, Georg Henrik: Norm und Handlung. Eine log. Untersuchung. (A d En) (1963) Kst: Scr 1979. 207 S. (MWG 10)

WÜRTZ, Dieter: Das Verhältnis von Beobachtungs- und theoret. Sprache i. d. Erkenntnistheorie Bertrand Russells. Be: Lang 1980. IV, 110 S. (EuHS 20. Ph 53)

* WÜSTEMEYER, Manfred: „Die ‚Annales': Grundsätze und Methoden ihrer neuen Geschichtswissenschaft." In: Vjs f. Soz.- u. Wtschsgesch. 54 (1967). S. 1–45.

* WUNDER, Heide (Hg): Feudalismus. Zehn Aufsätze. M: Ny 1974. 310 S. (ntw 17)

* WUNDERLICH, Dieter: Grundlagen der Linguistik. Rb: Ro 1974. 432 S. (rst Ling. 17) – ^{2}1981. (WV St 17)

* WUNDERLICH, Dieter (Hg): Wissenschaftstheorie der Linguistik. Krb: Ath 1976. 315 S. (AT 2104 Sprw)

* ZAHN, Manfred: Artikel „System". In: KRINGS)/BAUMGARTNER/WILD, Hb philos. Grundbegriffe. Bd 3 (StA Bd 5). S. 1458–1475.

ZAPF, Wolfgang (Hg): Theorien des sozialen Wandels. 4. Aufl. Kst': AHSH (1969) 1979. 534 S. (NWB 31 Soz)

* ZELLER, Hans: „Textkritik. II. Neuere Philologie." In: FRIEDRICH/KILLY, Literatur II, 2, S. 558–563.

* ZELTNER, Hermann: Sozialphilosophie. Die Kategorien d. menschl. Sozialität. Nachw. v. Ludwig Kröner. S: Kl-C 1979. 137 S.

ZILSEL, Edgar: Die sozialen Ursprünge der neuzeitlichen Wissenschaft. Hg u. übers. v. Wolfgang Krohn. F: Su 1976. 279 S. (stw 152)

* ZIMMERLI, Walther Ch.: „Jürgen Habermas: Auf der Suche nach der Identität von Theorie und Praxis." In: SPECK, Grundprobleme d. großen Philosophen. Philosophie d. Gegenwart Bd 4. S. 223–266.

ZIMMERLI, Walther Ch. (Hg): Technologisches Zeitalter oder Postmoderne? M: Fink 1988. 227 S.

[ZIMMERLI, Walther Ch. (Hg):] Die ‚wahren' Bedürfnisse. Oder: Wissen wir, was wir brauchen? Beitr. v. .... Ba: Schwabe 1978. 189 S. (Ph akt 11)

[ZIMMERLI, Walther Ch. (Hg):] Wissenschaftskrise und Wissenschaftskritik. Beiträge v. .... Ba: Schwabe 1974. 148 S. (Ph akt 1)

* ZORN, Wolfgang: Einführung in die Wirtschafts- und Sozialgeschichte des Mittelalters und der Neuzeit. Probleme u. Methoden .... 2., erw. Aufl. M: Beck (1972) 1974. 126 S. (BE)

Lexika in der Beck'schen Reihe

Wolfhart Henckmann / Konrad Lotter (Hrsg.)
Lexikon der Ästhetik
1992. 280 Seiten. Paperback
Beck'sche Reihe Band 466

Friedo Ricken (Hrsg.)
Lexikon der Erkenntnistheorie und Metaphysik
1984. XIII, 256 Seiten. Paperback
Beck'sche Reihe Band 288

Otfried Höffe (Hrsg.)
Lexikon der Ethik
In Zusammenarbeit mit Maximilian Forschner, Alfred Schöpf und Wilhelm Vossenkuhl
3., neubearbeitete Auflage. 1986. 304 Seiten. Paperback
Beck'sche Reihe Band 152

Wilfried Härle / Harald Wagner (Hrsg.)
Theologenlexikon
Von den Kirchenvätern bis zur Gegenwart
1987. XIV, 268 Seiten. Paperback
Beck'sche Reihe Band 321

Rüdiger vom Bruch / Rainer A. Müller (Hrsg.)
Historikerlexikon
Von der Antike bis zum 20. Jahrhundert
1991. X, 379 Seiten mit 8 Abbildungen. Paperback
Beck'sche Reihe Band 405

Verlag C.H.Beck München